中国农业通史

附录卷

第二版

闵宗殿　主编

中国农业出版社
北　京

《中国农业通史》第一版

编审委员会

《中国农业通史》第二版

编辑委员会

《中国农业通史》第一版

编辑委员会

《中国农业通史》第二版

出版说明

《中国农业通史》（以下简称《通史》）的编辑出版是由中国农业历史学会和中国农业博物馆共同主持的农业部重点科研项目，从1995年12月开始启动，经数十位农史专家编写，《通史》各卷先后出版。《通史》的出版，为传扬农耕文明，服务“三农”学术研究和实际工作发挥了重要作用，得到业界和广大读者的欢迎。二十余年来，中国农业历史研究取得许多新的成果，中国农业现代化建设特别是乡村振兴实践极大拓宽了“三农”理论视野和发展需求，对《通史》做进一步完善修订日显迫切，在此背景下，编委会组织编辑了《通史》（第二版）。

《通史》（第二版）编辑工作在农业农村部领导下进行，部领导同志出任编委会领导；根据人员变化情况，更新了编辑委员会组成。全书坚持以时代为经，以史事为纬，经直纬平，突出了每个阶段农业发展的重点、特征和演变规律，真实、客观地反映了农业发展历史的本来面貌。

这次修订，重点是补充完善卷目。《通史》（第二版）包括《原始社会卷》《夏商西周春秋卷》《战国秦汉卷》《魏晋南北朝卷》《隋唐五代卷》《宋辽夏金元卷》《明清卷》《近代卷》《附录卷》，全面涵盖了新中国成立以前的中国农业发展年代。修订中对全书重新校订、核勘，修改了第一版出现的个别文字、引用资料不准确、考证不完善之处。全书采用双色编排，既具历史的厚重感又具现代感。

我们相信，《中国农业通史》为各界学习、研究华夏农耕历史，展示农耕文明，传承农耕文化，提供了权威文献；对于从中国农业发展历史长河中汲取农耕文明精华，正确认识我国的基本国情、农情，弘扬中华农业文明，坚定文化自信，推进乡村振兴，等等，都具有重要意义。

2019 年 12 月

序

中国是世界农业主要发源地之一。在绵绵不息的历史长河中，炎黄子孙植五谷，饲六畜，农桑并举，耕织结合，形成了土地上精耕细作、生产上勤俭节约、经济上富国足民、文化上天地人和的优良传统，创造了灿烂辉煌的农耕文明，为中华民族繁衍生息、发展壮大奠定了坚实的基业。

新中国成立后，党和政府十分重视发掘、保护和传承我国丰富的农业文化遗产。在农业高等院校、农业科学院（所）成立有专门研究农业历史的学术机构，培养了一批专业人才，建立了专门研究队伍，整理校刊了一批珍贵的古农书，出版了《中国农学史稿》《中国农业科技史稿》《中国农业经济史》《中国农业思想史》等具有很高学术价值的研究专著。这些研究成果，在国内外享有盛誉，为编写一部系统、综合的《中国农业通史》提供了厚实的学术基础。

《中国农业通史》（以下简称《通史》）课题，是由中国农业历史学会和中国农业博物馆共同主持的农业部重点科研项目。全国农史学界数十位专家学者参加了这部大型学术著作的研究和编写工作。

在上万年的农业实践中，中国农业经历了若干不同的发展阶段。每一个阶段都有其独特的农业增长方式和极其丰富的内涵，由此形成了我国农业史的基本特点和发展脉络。《通史》的编写，以时代为经，以史事为纬，经直纬平，源通流畅，突出了每个阶段农业发展的重点、特征和演变规律，真实、客观地反映了农业发展历史的本来面貌。

一、中国农业史的发展阶段

（一）石器时代：原始农业萌芽

考古资料显示，我国农业产生于旧石器时代晚期与新石器时代早期的交替阶段，距今有1万多年的历史。古人是在狩猎和采集活动中逐渐学会种植作物和驯养动物的。原始人为什么在经历了数百万年的狩猎和采集生活之后，选择了种植作物和驯养动物来谋生呢？也就是说，古人为什么最终发明了“农业”这种生产方式？学术界对这个问题做了长期的研究，提出了很多学术观点。目前比较有影响的观点是“气候灾变说”。

距今约12 000年前，出现了一次全球性暖流。随着气候变暖，大片草地变成了森林。原始人习惯捕杀且赖以为生的许多大中型食草动物突然减少了，迫使原始人转向平原谋生。他们在漫长的采集实践中，逐渐认识和熟悉了可食用植物的种类及其生长习性，于是便开始尝试种植植物。这就是原始农业的萌芽。农业之被发明的另外一种可能是，在这次自然环境的巨变中，原先以渔猎为生的原始人，不得不改进和提高捕猎技术，长矛、掷器、标枪和弓箭的发明，就是例证。捕猎技术的提高加速了捕猎物种的减少甚至灭绝，迫使人类从渔猎为主转向以采食野生植物为主，并在实践中逐渐懂得了如何培植、储藏可食植物。大约距今1万年，人类终于发明了自己种植作物和饲养动物的生存方式，于是我们今天称为“农业”的生产方式就应运而生了。

在原始农业阶段，最早被驯化的作物有粟、黍、稻、菽、麦及果菜类作物，饲养的“六畜”有猪、鸡、马、牛、羊、犬等，还发明了养蚕缫丝技术。原始农业的萌芽，是远古文明的一次巨大飞跃。不过，那时的农业还只是一种附属性生产活动，人们的生活资料很大程度上还依靠原始采集狩猎来获得。由石头、骨头、木头等材质做成的农具，是这一时期生产力的标志。

（二）青铜时代：传统农业的形成

考古发现和研究表明，我国青铜器的起源可以追溯到大约5 000年前，此后经过上千年的发展，到距今4 000年前青铜冶铸技术基本形成，从而进入了青铜时代。在中原地区，青铜农具在距今3 500年前后就出现了，其实物例证是河南郑州商城遗址出土的商代二里岗期的铜以及铸造铜的陶范。可以肯定，青铜时代在年代上大约相当于夏商周时期（前21世纪—前8世纪）。主要标志是，从石器时代过渡到金属时代，发明了冶炼青铜技术，出现了青铜农具，原始的刀耕火种向比较成熟的饲养和种植技术转变。夏代大禹治水的传说反映出人类利用和改造自然的能力有了很大提高。这一时期的农业技术有划时代的进步。垄作、中耕、治虫、选种等技术相继发明。为适应农耕季节需要创立的天文历——夏历，使农耕活动由物候经验上升为历法规范。商代出现了最早的文字——甲骨文，标志着新的文明时代的到来。这一时期，农业已发展成为社会的主要产业，原始的采集狩猎经济退出了历史的舞台。这是我国古代农业发展的第一个高潮。

（三）铁农具与牛耕：传统农业的兴盛

春秋战国至秦汉时代（前8世纪—公元3世纪），是我国社会生产力大发展、社会制度大变革的时期，农业进入了一个新的发展阶段。这一时期农业发展的主要标志是，铁制农具的出现和牛、马等畜力的使用。可以认定，我国传统农业中使用的各种农具，多数是在这一时期发明并应用于生产的。当前农村还在使用的许多耕作农具、收获农具、运输工具和加工农具等，大都在汉代就出现了。这些农具的发明及其与耕作技术的配套，奠定了我国传统农业的技术体系。在汉代，黄河流域中下游地区基本上完成了金属农具的普及，牛耕也已广泛实行。中央集权、统一的封建国家的建立，兴起了大规模水利建设高潮，农业生产力有了显著提高。

生产力的发展促进了社会制度的变革。春秋战国时期，我国开始从奴隶社会向封建社会过渡，出现了以小农家庭为生产单位的经济形式。当时，列国并立，群雄争霸，诸侯国之间的兼并战争此起彼伏。富国强兵成为各诸侯国追求的目标。各诸侯国相继实行了适应个体农户发展的经济改革。首先是承认土地私有，并向农户征收土地税。这种赋税制度的变革，促进了个体小农经济的发展。到战国中期，向国家缴纳“什一之税”、拥有人身自由的自耕农已相当普遍。承认土地私有、奖励农耕、鼓励人口增长、重农抑商等，是这一时期的主要农业政策。

战国七雄之一的秦国在商鞅变法后迅速强盛起来，先后兼并了六国，结束了长期的战争和割据，建立了中央集权的封建国家。但秦朝兴作失度，导致了秦末农民大起义。汉初实行“轻徭薄赋，与民休息”的政策，一度对农民采取“三十税一”的低税政策，使农业生产得到有效恢复和发展，把中国农业发展推向了新的高潮，形成了历史上著名的盛世——“文景之治”。

（四）旱作农业体系：北方农业长足发展

2世纪末，黄巾起义使东汉政权濒于瓦解，各地军阀混乱不已，逐渐形成了曹魏、孙吴、蜀汉三国鼎立的局面。220年，曹丕代汉称帝，开始了魏晋南北朝时期。后来北方地区进入了由少数民族割据政权相互混战的“十六国时期”。5世纪中期，北魏统一了北方地区，孝文帝为了缓和阶级矛盾，巩固政权，实行顺应历史的经济变革，推行了对后世有重大影响的“均田制”，使农业生产获得了较快的恢复和发展。南方地区，继东晋政权之后，出现了宋、齐、梁、陈4个朝代的更替。此间，北方的大量人口南移，加快了南方地区的开发，加之南方地区战乱较少，社会稳定，农业有了很大发展，为后来隋朝统一全国奠定了基础。

这一时期，黄河流域形成了以防旱保墒为中心、以“耕—耙—耱”为技术保障的旱地耕作体系。同时，还创造实施了轮作倒茬、种植绿肥、选育良种等技术措施，农业生产各部门都有新的进步。6世纪出现了《齐民要术》这样的综合性农书，传统农学登上了历史舞台，成为总结生产经验、传播农业文明的一种新形式。

（五）稻作农业体系：经济重心向南方转移

隋唐时代，我国有一段较长时间的统一和繁荣，农业生产进入了一个新的大发展、大转折时期。唐初，统治者采取了比较开明的政策，如实行均田制，计口授田；税收推行"租庸调"制，减轻农民负担；兴办水利，奖励垦荒，农业和整个社会经济得以很快恢复和发展。唐初全国人口约3 000万人，到8世纪的天宝年间，人口增至5 200多万人，耕地1.4亿唐亩①，人均耕地达27唐亩，是我国封建社会空前繁荣的时期。

唐代中期的"安史之乱"（755—763年）后，唐王朝进入了衰落期，北方地区动荡多事，经济衰退。此间，全国农业和整个经济重心开始转移到社会相对稳定的南方地区。南方地区的水田耕作技术趋于成熟。全国农作物的构成发生了改变。水稻跃居粮食作物首位，小麦超过粟而位居第二，茶、甘蔗等经济作物也有了新的发展。水利建设的重点也从北方转向了南方，尤其是从晚唐至五代，太湖流域形成了塘浦水网系统，这一地区发展成为全国著名的"粮仓"。

（六）美洲作物的传入：一次新的农业增长机遇

从国外、特别是从美洲引进作物品种，对我国农业发展产生了历史性影响。据史料记载，自明代以来，我国先后从美洲等一些国家和地区引进了玉米、番薯、马铃薯等高产粮食作物和棉花、烟草、花生等经济作物。这些作物的适应性和丰产性，不但使我国的农业结构更新换代、得到优化，而且农产品产量大幅度提高，对于解决人口快速增长带来的巨大衣食压力问题起到了很大作用。

（七）现代科技武装：中国农业的出路

1840年爆发鸦片战争，西方列强武力入侵中国。我国的一些有识之士提出了"师夷之长技"的主张。西方近代农业科技开始传入我国，一系列与农业科技教育有关的新生事物出现了。创办农业报刊，翻译外国农书，选派农学留学生，招聘农业专家，建立农业试验场，开办农业学校等，在古老的华夏大地成为大开风气的时尚。西方的一些农机具、化肥、农药、作物和畜禽良种也被引进。虽然近现代农业科技并没有使我国传统农业得到根本改造，但是作为一种科学体系在我国的产生，其现实和历史意义是十分重大的。新中国成立、特别是改革开放以来，我国的农业科技获得了长足发展，农业增长中的科技贡献率

① 据陈梦家《亩制与里制》（《考古》1996年1期），1唐亩≈0.783市亩≈522.15米^2。下同。——编者注

明显提高。“人多地少”的基本国情决定了我国只能走一条在提高土地生产率的前提下，提高劳动生产率的道路。

回眸我国农业发展历程，有一个特别需要探讨的问题，就是人口的增加与农业发展的关系。我国的人口，伴随着农业的发展，由远古时代的100多万人，上古时代的2 000多万人，到秦汉时期的3 800万～5 000万人，隋唐时期3 000万～1.3亿人，元明时期1.5亿～3.7亿人，清代3.7亿～4.3亿人，民国时期5.4亿人，再到新中国成立后的2005年达到13亿人的规模。人口急剧增加，一方面为农业的发展提供了充足的人力资源。我国农业的精耕细作、单位面积产量的提高，是以大量人力投入为保障的。另一方面，为了养活越来越多的人口，出现了规模越来越大的垦荒运动。长期的大规模垦荒，在增加粮食等农产品产量的同时，带来了大片森林的砍伐和草地的减少，一些不适宜开垦的山地草原也垦为农田，由此造成和加剧了水土流失、土地沙化荒漠化等生态与环境恶化的严重后果，教训是深刻的。

二、中国农业的优良传统

在世界古代文明中，中国的传统农业曾长期领先于世界各国。我国的传统农业之所以能够历经数千年而长盛不衰，主要是由于我们祖先创造了一整套独特的精耕细作、用地养地的技术体系，并在农艺、农具、土地利用率和土地生产率等方面长期居于世界领先地位。当然，中国农业的发展并不是一帆风顺的，一旦发生天灾人祸，导致社会剧烈动荡，农业生产总要遭受巨大破坏。但是，由于有精耕细作的技术体系和重农安民的优良传统，每次社会动乱之后，农业生产都能在较短期内得到复苏和发展。这主要得益于中国农业诸多世代传承的优良传统。

（一）协调和谐的“三才”观

中国传统农业之所以能够实现几千年的持续发展，是由于古人在生产实践中摆正了三大关系，即人与自然的关系、经济规律与生态规律的关系以及发挥主观能动性和尊重自然规律的关系。

中国传统农业的指导思想是“三才”理论。“三才”最初出现在战国时代的《易传》中，它专指天、地、人，或天道、地道、人道的关系。“三才”理论是从农业实践经验中孕育出来的，后来逐渐形成一种理论框架，推广应用到政治、经济、思想、文化各个领域。

在“三才”理论中，“人”既不是大自然（“天”与“地”）的奴隶，又不是大自然的主宰，而是“赞天地之化育”的参与者和调控者。这就是所谓的“天人相参”。中国古代农业理论主张人和自然不是对抗的关系，而是协调的关系。这是“三才”理论的核心和灵魂。

（二）趋时避害的农时观

中国传统农业有着很强的农时观念。在新石器时代就已经出现了观日测天图像的陶尊。《尚书·尧典》提出“食哉唯时”，把掌握农时当作解决民食的关键。先秦诸子虽然政见多有不同，但都主张“勿失农时”“不违农时”。

“顺时”的要求也被贯彻到林木砍伐、水产捕捞和野生动物的捕猎等方面。早在先秦时代就有“以时禁发”的措施。“禁”是保护，“发”是利用，即只允许在一定时期内和一定程度上采集利用野生动植物，禁止在它们萌发、孕育和幼小的时候采集捕猎，更不允许焚林而搜、竭泽而渔。

孟子在总结林木破坏的教训时指出：“苟得其养，无物不长；苟失其养，无物不消。”①“用养结合”的思想不但适用于野生动植物，也适用于整个农业生产。班固《汉书·货殖列传》说：“顺时宣气，蕃阜庶物。”这8个字比较准确地概括了中国传统农业的经济再生产与自然再生产的关系。这也是我国传统农业之所以能够持续发展的重要基础之一。

（三）辨土肥田的地力观

土地是农作物和畜禽生长的载体，是最主要的农业生产资料。土地种庄稼是要消耗地力的，只有地力得到恢复或补充，才能继续种庄稼；若地力不能获得补充和恢复，就会出现衰竭。我国在战国时代已从休闲制过渡到连种制，比西方各国早约1 000年。中国的土地在不断提高利用率和生产率的同时，几千年来地力基本没有衰竭，不少的土地还越种越肥，这不能不说是世界农业史上的一个奇迹。

我国先民们通过用地与养地相结合的办法，采取多种方式和手段改良土壤，培肥地力。古代土壤科学包含了两种很有特色且相互联系的理论——土宜论和土脉论。土宜论认为，不同地区、不同地形和不同土壤都各有其适宜生长的植物和动物。土脉论则把土壤视为有血脉、能变动、与气候变化相呼应的活的机体。两者本质上讲的都是土壤生态学。

中国传统农学中最光辉的思想之一，是宋代著名农学家陈旉提出的“地力常新壮”论。正是这种理论和实践，使一些原来瘦瘠的土地改造成为良田，并在提高土地利用率和生产率的条件下保持地力长盛不衰，为农业持续发展奠定了坚实的基础。

（四）种养三宜的物性观

农作物各有不同的特点，需要采取不同的栽培技术和管理措施。人们把这

---

① 《孟子·告子上》。

概括为“物宜”“时宜”和“地宜”，合称“三宜”。

早在先秦时代，人们就认识到在一定的土壤气候条件下，有相应的植被和生物群落，而每种农业生物都有它所适宜的环境，“橘逾淮北而为枳”。但是，作物的风土适应性又是可以改变的。元代，政府在中原推广棉花和苎麻，有人以风土不宜为由加以反对。《农桑辑要》的作者著文予以驳斥，指出农业生物的特性是可变的，农业生物与环境的关系也是可变的。

正是在这种物性可变论的指引下，我国古代先民们不断培育新品种、引进新物种，不断为农业持续发展增添新的因素、提供新的前景。

（五）变废为宝的循环观

在中国传统农业中，施肥是废弃物质资源化、实现农业生产系统内部物质良性循环的关键一环。在甲骨文中，“粪”字作双手执箕弃除废物之形，《说文解字》解释其本义是“弃除”或“弃除物”。后来，“粪”就逐渐变为施肥和肥料的专称。

自战国以来，人们不断开辟肥料来源。清代农学家杨屾的《知本提纲》提出“酿造粪壤”十法，即人粪、牲畜粪、草粪（天然绿肥）、火粪（包括草木灰、熏土、炕土、墙土等）、泥粪（河塘淤泥）、骨蛤灰粪、苗粪（人工绿肥）、渣粪（饼肥）、黑豆粪、皮毛粪等，差不多包括了城乡生产和生活中的所有废弃物以及大自然中部分能够用作肥料的物质。更加难能可贵的是，这些感性的经验已经上升为某种理性认识，不少农学家对利用废弃物作肥料的作用和意义进行了很有深度的阐述。

（六）御欲尚俭的节用观

春秋战国的一些思想家、政治家，把“强本节用”列为治国重要措施之一。《荀子·天论》说：“强本而节用，则天不能贫。”《管子》也谈到“强本节用”。《墨子》一方面强调农夫“耕稼树艺，多聚菽粟”，另一方面提倡“节用”，书中有专论“节用”的上中下三篇。“强本”就是努力生产，“节用”就是节制消费。

古代的节用思想对于今天仍然有警示和借鉴的作用。如：“生之有时，而用之亡度，则物力必屈”，“天之生财有限，而人之用物无穷”，“地力之生物有大数，人力之成物有大限。取之有度，用之有节，则常足；取之无度，用之无节，则常不足”，等等。

古人提倡“节用”，目的之一是积储备荒。同时也是告诫统治者，对物力的使用不能超越自然界和老百姓所能负荷的限度，否则就会出现难以为继的危机。与“节用”相联系的是“御欲”。自然界能够满足人类的需要，但是不能满足人类的贪欲。今天，我们坚持可持续发展，有必要记取“节用御欲”的古训。

三、封建社会国家与农民关系的历史经验教训

封建社会国家与农民的关系，主要建立在国家对农民的政策调控和农民对国家承担赋役义务的基础上。尽管在一定的历史时期也有“轻徭薄赋”、善待农民的政策、举措，调动了农民的生产积极性，使农业生产得到恢复和发展，但是总的说，封建社会制度的本质决定了它不可能正确处理国家与农民的利益关系，所以在历代封建统治中，常常由于严重侵害农民利益而使社会矛盾激化，引发了一次又一次的农民起义和农民战争。其中的历史经验教训，值得认真探究和思考。

（一）重皇权而轻民主

古代重农思想的核心在于重“民”。但“民”在任何时候总是被怜悯的对象，“君”才是主宰。这使得以农民为主体的中国封建社会缺乏民主意识，农民从来都不能平等地表达自己的利益诉求。农民的利益和权益常常被侵犯和剥夺，致使统治者与农民的关系总是处于紧张或极度紧张的状态。两千多年的封建社会一直是在“治乱交替”中发展演进。一个不能维护大多数社会成员利益的社会不可能做到“长治久安”。

（二）重民力而轻民利

农业社会的主要特征是以农养生、以农养政。人的生存要靠农业提供衣食之源，国家政权正常运转要靠农业提供财税人力资源。封建君王深知“国之大事在农”。但是，历朝历代差不多都实行重农与重税政策。把土地户籍与赋税制度捆在一起，形成了一整套压榨农民的封建制度。从《诗经·魏风》中可以看到，春秋时代农民就喊出了“不稼不穑，胡取禾三百廛兮”的不满，后来甚至有“苛政猛于虎”的惊叹。可见，封建社会无法解决农民的民生民利问题。历史上始终存在严重的“三农”问题，这就是历次农民起义的根本原因。

（三）重农本而轻商贾

封建社会的全部制度安排都是为了巩固小农经济的社会基础。它总是把工商业的发展困囿于小农经济的范围之内。由此形成了中国封建社会闭关自守、安土重迁的民族性格。明代著名航海家郑和七下西洋，比哥伦布发现美洲大陆还早将近90年。可是，郑和七下西洋，却没有引领中国走向世界，没有促使中国走向开放，反而在郑和下西洋400多年后，西方列强的远洋船队把中国推进了半殖民地的深渊。同样，中国在明朝晚期就通过来华传教士接触到了西方近代科学，这个时间比东邻日本早得多。然而后起的日本在学习西方近代文明中很快强大起来，公然武力侵略中国，给中国人民造成了深重的灾难。这段沉痛的历史，永远值得中华民族炎黄子孙铭记和反思。

（四）重科举而轻科技

我国历朝历代的统治者基于重农思想而制定的封建农业政策，有效调控了农业社会的运行，创造了高度的农业文明。但是，中国传统文化缺少独立于政治功利之外的求真求知、追求科学的精神。中国近代以来的落后，归根到底是科学技术落后，是农业文明对工业文明的落后。由于中国社会科举、"官本位"的影响深重，"学而优则仕"的儒家思想根深蒂固，科技文明被贬为"雕虫小技"。这种情况造成了中国封建社会知识分子对行政权力的严重依附性。这就不难理解，为什么我国在强盛了几千年之后，竟在"历史的一瞬间"就落后到了挨打受辱的地步。

四、《中国农业通史》的主要特点

这部《通史》，从生产力和生产关系、经济基础和上层建筑的结合上，系统阐述了中国农业发生、发展和演变的全过程。既突出了时代发展的演变主线，又进行了农业各部门的宏观综合分析。既关注各个历史时代的农业生产力发展，也关注历史上的农业生产关系的变化。这是《通史》区别于农业科技史、农业经济史和其他农业专史的地方。

（一）全书突出了"以人为本"的主线

马克思主义认为，唯物史观的前提是"人"，唯物史观是"关于现实的人及其历史发展的科学"。生产力关注的是生产实践中人与自然的关系，生产关系关注的是生产实践中人与人的关系，其中心都是人。人不但是农业生产的主体，也是古代农业的基本生产要素之一。农业领域的制度、政策、思想、文化等，无一不是有关人的活动或人的活动的结果。《通史》的编写，坚持以人为主体和中心，既反映了历史的真实，又有利于把人的实践活动和客观的经济过程统一起来。

（二）反映了农业与社会诸因素的关系

《通史》立足于中国历史发展的全局，全面反映了历史上农业生产与自然环境以及社会诸因素的相互关系，尤其是农业与生态、农业与人口、农业与文化的关系。各分卷都设立了论述各个时代农业生产环境变迁及其与农业生产的关系的专题。

（三）对农业发展史做出了定性和定量分析

过去有人说，中国历史上的人口、耕地、粮食产量等是一笔糊涂账。《通史》在深入研究和考证的基础上，对各个历史阶段的农业生产发展水平做出了定性和定量分析。尤其对各个时代的垦田、亩产、每个农户负担耕地的能力、粮食生产数量、农副业产值比例等，均有比较准确可靠的估算。

(四) 反映了历史上农业发展的曲折变化

农业发展从来都不是直线和齐头并进的。从纵向发展看，各个历史阶段的农业发展，既有高潮，也有低潮，甚至发生严重的破坏和暂时的倒退逆转。而在高潮中又往往潜伏着危机，在破坏和逆转中又往往孕育着积极的因素。一旦社会环境得到改善，农业生产就会得到恢复，并推向更高的水平。从地区上说，既有先进，又有落后，先进和落后又会相互转化。《通史》的编写，注意了农业发展在时间和地区上的不平衡性，反映了不同历史时期我国农业发展的曲折变化。

(五) 反映了中国古代农业对世界的影响

延续几千年，中国的农业技术和经济制度远远走在了世界的前列。在文化传播上，不仅对亚洲周边国家产生过深刻影响，欧洲各国也从我国古代文明中吸取了物质和精神的文明成果。

就农作物品种而论，中国最早驯化育成的水稻品种，3 000年前就传入了朝鲜、越南，约2 000年前传入日本。大豆是当今世界普遍栽培的主要作物之一，它是我国最早驯化并传播到世界各地的。有文献记载，我国育成的良种猪在汉代就传到罗马帝国，18 世纪传到英国。我国发明的养蚕缫丝技术，2 000多年前就传入越南，3 世纪前后传入朝鲜、日本，6 世纪时传入希腊，10 世纪左右传入意大利，后来这些地区都发展成为重要的蚕丝产地。我国还是茶树原产地，日本、俄国、印度、斯里兰卡以及英国、法国，都先后从我国引种了茶树。如今，茶成为世界上的重要饮料之一。

中国古代创造发明的一整套传统农业机具，几乎都被周边国家引进吸收，对这些地区的农业发展起了很大作用。如谷物扬秕去杂的手摇风车、水碓水碾、水动鼓风机（水排鼓风铸铁装置）、风力水车以至人工温室栽培技术等的发明，都比欧洲各国早1 000多年。不少田间管理技术和措施也传到了世界其他国家。我国的有机肥积制施用技术、绿肥作物肥田技术、作物移栽特别是水稻移栽技术、园艺嫁接技术以及众多的食品加工技术等，组成了传统农业技术的完整体系，在文明积累的历史长河中起到了开创、启迪和推动农业发展的重要作用。正如达尔文在他的《物种起源》一书中所说："选择原理的有计划实行不过是近 70 年来的事情，但是，在一部古代的中国百科全书中，已有选择原理的明确记述。"总之，《通史》反映了中国的农业发明对人类文明进步做出的重大贡献。

2005 年 8 月，我在给中国农业历史学会和南开大学联合召开的"中国历史上的环境与社会国际学术讨论会"写的贺信中说过："今天是昨天的延续，现实是历史的发展。当前我们所面临的生态、环境问题，是在长期历史发展中累积下来的。许多问题只有放到历史长河中去加以考察，才能看得更清楚、更准确，才能找到正确、理性的对策与方略。”这是我的基本历史观。实践证明，采用历史与现实相结合的方法开展研究工作，思路是对的。

《中国农业通史》向世人展示了中国农业发展历史的巨幅画卷，是一部开创性的大型学术著作。这部著作的编写，坚持以马克思主义的历史唯物主义、毛泽东思想、邓小平理论和“三个代表”重要思想为指导，贯彻党中央确立的科学发展观和人与自然和谐的战略方针，坚持理论与实践相结合，对中国农业的历史演变和整个“三农”问题，做了比较全面、系统和尽可能详尽的叙述、分析、论证。这部著作问世，对于人们学习、研究华夏农耕历史，传承其文化，展示其文明，对于正确认识我国的基本国情、农情，制定农业发展战略、破解“三农”问题，乃至以史为鉴、开拓未来，都具有重要的借鉴意义。

以上，是我对中国农业历史以及编写《中国农业通史》的几点认识和体会。借此机会与本书的各位作者和广大读者共勉。

姜春云

2011年7月11日

前　言

本卷收录了与中国农业历史有关的一些专题资料，包括中国历史年代简表、中国农业历史大事年表、中国农田水利大事记、中国历代的人口与耕地统计、中国古代的度量衡、中国古代农官沿革表、中国历代农书简介七个专题。通过这些专题，以期从不同侧面反映中国历代农业的演进，同时，也备读者对某个专题进行查阅。

专题中的资料，主要采自历代的文献记载，同时也采用了当代专家和学者的研究成果。对于有的问题，专家和学者们的认识虽不尽一致，我们也原文照录，以供参考，同时也为了便于进一步的研究。

目　录

中国历史年代简表

原始社会	旧石器时代		距今约 180 万—1 万年
	新石器时代		约前 10000—前 3500 年
奴隶社会	夏		前 2070—前 1600 年
	商		前 1600—前 1046 年
	西周		前 1046—前 771 年
	东周	春秋	前 770—前 476 年
封建社会		战国	前 475—前 221 年
	秦		前 221—前 206 年
	汉	西汉	前 206—公元 25 年
		东汉	25—220 年
	三国	魏	220—265 年
		蜀	221—263 年
		吴	222—280 年
	晋	西晋	265—317 年
		东晋	317—420 年
	十六国	前赵	304—329 年
		后赵（魏）	319—352 年
		成（汉）	301—347 年
		前秦	351—394 年
		前燕	337—370 年
		后燕	384—409 年
		南燕	398—410 年
		后秦	384—417 年
		夏	407—431 年
		北燕	409—436 年
		前凉	317—376 年
		后凉	386—403 年
		南凉	397—414 年
		北凉	397—439 年
		西凉	400—421 年
		西秦	385—431 年

封建社会	南北朝	南朝	宋	420—479 年
			齐	479—502 年
			梁	502—557 年
			陈	557—589 年
		北朝	北魏	386—534 年
			东魏	534—550 年
			西魏	535—556 年
			北齐	550—577 年
			北周	557—581 年
	隋			581—618 年
	唐			618—907 年
	五代十国	后梁		907—923 年
		后唐		923—936 年
		后晋		936—947 年
		后汉		947—950 年
		后周		951—960 年
		十国		902—979 年
	辽			907—1125 年
	宋	北宋		960—1127 年
		南宋		1127—1279 年
	西夏			1038—1227 年
	金			1115—1234 年
	元			1206—1368 年
	明			1368—1644 年
	清			1616—1840 年
半殖民地半封建社会				1840—1911 年
	中华民国			1912—1949 年

中国农业历史大事年表

起自新石器时代，止于1949年中华人民共和国成立。包括农林牧渔各业，涉及经济、政策、科技、生产、文化等方面。所谓大事，一是指首创的；二是指有重大发展的；三是指产生重要影响的。时间的断定，一是据最早的考古发现；二是据最早的文献记载，不能确定确切年代的，则用一个约数表示。

新石器时代
（约前 10000—前 3500）

约前 12000—前 10000 年

◎湖南道县玉蟾岩遗址出土两枚水稻谷壳，通过电镜分析，发现一枚为普通野生稻，但具有人工干预的痕迹，另一枚为栽培稻，兼具野生稻、籼稻和粳稻的特征，是一种由普通野生稻向栽培稻演化的最原始的古栽培稻类型，被命名为“玉蟾岩古栽培稻”。这是目前世界上发现时代最早的人工栽培稻标本。另外，也发现了稻属硅酸体，还发现了火候很低、质地疏松、外表呈黑褐色的陶片，是中国已知最早的陶制品之一。

约前 10000—前 9000 年

◎江西万年县吊桶环遗址中层发现野生稻硅酸体，上层发现栽培稻硅酸体和野生稻硅酸体。

◎河北徐水区南庄头遗址所发现的狗和猪，很可能已经成为家畜。

前 7000 年左右

◎广西桂林甑皮岩洞穴已有磨制石器、陶器，猪已开始驯化，出土炭化块根茎植物遗存。

◎湖南澧县彭头山遗址出土了大量的炭化稻谷和稻壳，与现代水稻相接近。八十垱原始居民已使用掘土工具“木耒”，并有了具有壕沟和围墙的原始村落。此外，还发现了大量炭化稻谷与稻米，总粒数大约有 1.5 万粒，为一群籼、粳、野生稻特征兼具的小粒种类型，出土的家畜骨骼有牛、猪和鸡骨，植物遗存有菱角、芡实和莲子。

前 6000 年左右

◎黄河流域中、下游河南裴李岗新石器时代遗址发现炭化粟粒，出土的农具有石斧、石铲、石镰、石磨盘和石磨棒，家畜有猪、犬、羊。在贾湖遗址中，发现水稻。据鉴定，它为带有一定野生稻特征且籼粳分化不彻底的原始栽培稻。

◎河北磁山遗址有粟的窖藏，一般粟厚 0.3～2 米，有的厚达 2 米以上。农具有石镰、石铲和石磨盘，家畜有猪、犬、羊，可能已有家鸡。

◎甘肃大地湾遗址有黍和油菜籽的窖穴，家畜有猪、水牛、狗和鸡。

◎内蒙古敖汉旗兴隆洼遗址出土炭化粟、家猪的遗骸等。

◎浙江杭州跨湖桥遗址发现炭化的稻米、稻谷、稻壳、水稻硅酸体等，出土的农具有骨耜、木铲，家畜遗骸有狗和猪等。

前 5000 年

◎浙江河姆渡遗址出现世界上早期的栽培稻谷遗存，且有籼稻和粳稻之分；家畜有猪、犬、水牛；还留存有石、骨农具及涂朱红色生漆的木碗。

◎出现中国最早的原始井。

◎今辽宁沈阳新乐地区已有石铲、石磨盘、石磨棒等农业生产、加工工具，并有聚居住屋，显然已有原始农业。

前 5000—前 4000 年

◎陕西半坡村遗址已有粮食（粟）窖穴和家畜圈栏，还有芥菜或白菜一类种子；家畜有猪、犬、和鸡，黄牛可能也已家养；工具多样，由石、骨、角和陶制成。

◎太湖流域马家浜文化罗家角、崧泽、草鞋山、圩墩等遗址中均发现水稻遗存，其中，草鞋山遗址中有水稻田遗迹，农具有骨耜、石刀等。

前 5000—前 3000 年

◎河南、山西、山东一些新石器时代遗址中留有双齿木耒的痕迹，表明双齿木耒当时已较广泛使用。

◎甘肃永清大何庄齐家文化遗址出土有马骨，经鉴定与现代马无异。

◎龙山文化各遗址大型袋型窖穴普遍出现。

◎辽宁红山文化各遗址出土石耜、石刀等农具以及家猪骨骼。

前 4500 年

◎湖南澧县车溪乡南丘村原始民，已从事水稻生产，在该村城头山古城址东城墙下，发现了 100 多米^2 的汤家岗文化水稻田和原始灌溉设施及炭化稻谷叶等大批遗物。这是至今世界上发现历史最早、保存最完好的水稻田。

前 3000 年左右

◎长江流域下游已普遍使用石犁耕作，并已会酿酒。前 2750 年，浙江吴兴钱山漾原始居民已能织丝、麻织物，标志当时已有蚕丝生产和苎麻利用。

◎黄河上游马家窑文化各遗址种植粟、稷、大麻、糜子等作物，饲养狗、猪、牛、羊、鸡等家禽家畜，农具有石斧、石锛、石磨盘、石镰等。

前 3000—前 2000 年

◎今内蒙古巴林左旗富河沟门地区已有原始农业并饲养猪、犬，种植粟。西藏卡若村等地也种植粟和饲养猪、牛等家畜。

◎南方如江西修水、广东曲江等地都有了水稻种植，农业经济已较发展。

◎甘肃永靖大河庄齐家文化遗址出土马骨，经过鉴定，与现代马基本一致。

夏商西周
（前 2070—前 771）

前 2000 年前

◎传说在尧舜时代已设立掌农事之官，名为后稷，是为中国农业生产设官之始。

前 2000—前 1712 年

◎夏禹治水，并创造农田沟洫。

前 1711—前 1200 年

◎出现青铜农具，有臿、铲、镬、镰、铚等。

◎出现殷历，农业上开始使用阴阳合历，一年 12 个月，大月 30 日，小月 29 日。

◎大田耕作使用协田集体劳动。

◎禾、粟、黍、麦、稌等农作物名称见于甲骨文记载。

◎马、牛、羊、鸡、犬、豕已见于甲骨文记载，“六畜”已经俱全。

◎甲骨文中已有牢、厩、宰等字，表明家畜已经舍养。

◎桑、蚕、丝、帛等名称已见于甲骨文，表明蚕已在室内饲养。

◎甲骨文中已有森、林等字，表明森林概念已经发生。

◎甲骨文中已有园、圃等字，表明园圃栽培开始萌芽。

◎甲骨文中已有水文、气象方面的记录。

◎网捕、钩钓等捕鱼方法已见于甲骨文记载。

◎用廪贮藏谷物已见于甲骨文记载，贮藏方法由地下发展到地上。

◎出现阉割术。

前11世纪

◎出现池沼养鱼。

◎出现菑、新、畬的土地利用方式，耕作制由撂荒发展到休闲。

◎出现两人协作的耕作法——耦耕。

◎垄作已应用于生产，时称为亩。

◎出现中耕除草农具钱、镈。

◎田间杂草荼、蓼、莠、稂等见于记载。

◎害虫被分为螟、螣、蟊、贼四类，并出现了以火光诱杀害虫的技术。

◎《尚书·洪范》已载有雨、旸、燠、寒、风等气象因素对农业生产的影响，是为中国农业气象学的萌芽。

◎列树表道，出现路旁植树。

◎重视对物候的记载，形成农时的观念。

◎建造“凌阴”（冰库），使用冰镇低温环境贮藏食物。

◎已有干制加工工艺，出现了肉干、鱼干、果干等干制品。

◎创造菹法加工蔬菜，出现腌制品。

◎已有“嘉种”（良种）概念，并出现了秬、秠、糜、芑、稙（先种）、穋（后种）、重（后熟）、穉（先熟）等品种和品种类型名称。

◎使用仓、庾、箱贮藏粮食。

◎捕鱼网具已有九罭（百袋网）、罛（大拉网）、罩（竹鱼罩）、汕（撩网）、抄（抄网）等，捕鱼方法有钓、网、梁、潜等。

◎颁布《伐崇令》，是为中国最早的环境保护法令。

前789年

◎“宣王既丧南国之师，乃（大）料民（数）于太原”（《国语·周语上》）。西周末年，开展中国最早的人口调查。

前11世纪—前476年

◎蚕桑已遍及邠、卫、郑、魏、唐、秦、邶、幽、鲁等地，相当于今陕西、河南、山西、河北、山东一带。

春秋战国
（前 770—前 221）

前 770—前 476 年

◎出现“不易之地”，耕地已连年种植。

◎铁用于农业生产，生铁冶铸技术成熟。

◎《周礼》中已有土（自然土壤）和壤（农业土壤）的记载。

◎已有相畜术，并出现了伯乐、九方皋、宁戚等著名相畜家。

◎出现专业兽医，并有“疗兽病”（内科）和“疗兽疡”（外科）之分。

◎出现肉品检验，并发现米猪肉。

◎长江下游已用鱼池大规模养鱼。

◎用水煮法提取葛纤维，沤渍法提取麻纤维。

◎已会造酱和制醋。

◎人工蓄水陂塘技术发展，期思陂修建。

◎“五谷”概念形成，主要说法有三种，一是黍、稷、麻、麦、豆；二是黍、稷、豆、麦、稻；三是稻、秫（稷）、麦、豆、麻。

前 718 年

◎《左传》记载，该年发生螟害，是为中国螟害成灾的最早记载。

前 717 年

◎《左传》记载，人们认识到根在植物生长发育过程中的作用。

前 707 年

◎《左传》记载，该年发生蝗害，是为中国蝗害成灾的最早记载。

前 647 年

◎秦国利用渭河、黄河和汾河，输粟于晋，史称“泛舟之役”，为漕运之始。

前 613 年

◎孙叔敖在安徽寿县主持兴建芍陂，是为中国最早的大型陂塘蓄水工程。

前 608—前 573 年

◎里革提出禁捕幼鱼，是为保护鱼类资源永续利用的开端。

前 7 世纪

◎山东成为全国丝织品生产中心。

前 594 年

◎鲁国实行初税亩，按亩收税，其他诸侯国也次第实行。

前 571 年

◎《左传》中有种植行道树的记载。

前 548 年

◎芀掩“书土田”，因地制宜利用土地。

前 5 世纪—前 4 世纪

◎使用铁犁和牛耕，同时创造了牛穿鼻的使役技术。

前 5 世纪—前 3 世纪

◎出现粪种，施肥见于记载。
◎出现“深耕熟耰”的耕作技术，精耕细作开始萌芽。
◎出现轮作复种。
◎中国最早的土壤学著作《管子·地质篇》问世。
◎中国最早的农书《神农》《野老》问世。
◎荀况作《蚕赋》家蚕生活史见于记载。
◎东周开始将旱地改为水田，是为北方“旱改水”之始。

前 495 年

◎吴王夫差命伍子胥开凿胥浦运河。

前 486 年

◎吴王夫差修建沟通江、淮的运河——邗沟。

前455—前395年

◎战国时期魏国李悝提出关于发展农业的经济思想——“尽地力之教”，主张废除世禄，提倡耕作，奖励开荒以尽地力；储粮备荒，实行平籴，以富国。

前445—前396年

◎战国魏文侯时邺令西门豹在今河北临漳兴建多首制漳水十二渠，引水种稻，改良碱土。

前408年

◎秦国实行初租禾，即按土地亩数征收租税。

前403年

◎魏文侯任用李悝进行改革。

前4世纪

◎出现利用杠杆原理的提水工具——桔槔。使用脱粒工具连枷和粉碎加工工具石圆磨。

前372—前236年

◎提出“不违农时”的生产要求。

前361年

◎鸿沟渠修建成功，成为黄淮平原主要的水运通道。

前356年

◎秦孝公六年，任用商鞅，实行变法，奖励耕织，生产多的可免徭役，废除贵族世袭特权，制定按军功大小授予爵位等级的制度。秦孝公十二年，迁都咸阳，进一步变法，合并乡邑为三十一县（一说为四十一县），废除井田制，准许土地买卖，创立按丁男征赋办法，规定成年男子分居立户，否则加倍征赋，统一度量衡制，史称“商鞅变法”，这次变法对井田制的废除和秦国的强盛起了重要的作用。

前256年

◎战国末期秦国蜀守李冰在四川灌县兴建都江堰水利工程，使成都平原成为沃野，后经历代修建，沿用至今。

前 246 年

◎战国末期韩国人郑国在秦国创建郑国渠，灌田 4 万顷。当地农业利用郑国渠含泥沙多的特点，创造淤灌改良盐碱土技术，使关中成为粮食丰产地区。

前 239 年

◎黄河流域创造出“上田弃亩，下田弃甽”因土耕作的甽田法。

◎战国末秦国相吕不韦编著《吕氏春秋》，其中《上农》《任地》《辩土》和《审时》四篇是保存至今有关中国古代农业生产的重要著作。

秦汉
（前 221—公元 220）

前 221—前 210 年

◎秦统一中国，推行“上农除末”的重农政策，奖励移民垦荒，促进农业生产发展。

◎提取深井水的机械——辘轳出现于秦初，见于李斯《仓颉篇》记载，时称“椟栌”。

前 220 年

◎秦始修驰道，大规模种植行道树。

◎西北地区畜牧业大发展，出现了像乌氏倮等“畜至用谷量马牛”的大畜牧主。

前 219 年

◎秦始皇派监禄修凿灵渠，从而沟通了湘江和漓江，把长江水系和珠江水系联系起来。

前 217 年

◎保护水资源、山林资源已有法律条文，见于《云梦秦律》记载。

前 216 年

◎秦使黔首自实田。

前 3 世纪

◎出现《厩苑律》，是为中国现存最早的畜牧法规。

前 206—公元 8 年

◎西汉政府设治粟都尉（又名“搜粟都尉”），掌管生产军粮等事。

◎西汉政府在少府（掌山海地泽收入和皇室手工业制造，为皇帝的私府）下设水部，以掌水利，由都水长及丞掌管，是为我国治水设官管理之始。

◎长安汉宫已种有果木 27 种之多。枇杷、杨梅、荔枝、林檎等果树见于记载。

◎早期的果品、蔬菜名产区见于记载。

◎出现谷物加工后的清洁工具飏扇。

前 206—公元 220 年

◎使用人厕连猪舍的养猪积肥方法。

前 200—前 100 年

◎桃树和杏树，先后经波斯、亚美尼亚传入欧洲的希腊和罗马。

前 3 世纪—公元 3 世纪

◎长江中下游通行“火耕水耨”的耕作方式。

前 3 世纪末

◎阉割术使用水割法。

前 191—前 168 年

◎汉惠帝、吕后、汉文帝先后大力提倡“孝弟力田”，奖励农耕。

前 179—前 157 年

◎马驴杂交生骡见于西汉《盐铁论》记载，说明家畜远缘杂交已获成功。

前 179—前 141 年

◎汉文帝、景帝推行轻徭薄赋政策，田赋减至三什税一。

◎汉文景时，中国社会出现“非遇水旱之灾，民则人给家足，都鄙廪庾皆满，而府库余货财。京师之钱累巨万，贯朽而不可校。太仓之粟陈陈相因，充溢露积于外，至腐败不可食。众庶街巷有马，阡陌之间成群”（《史记·平准书》），史称“文景之治”。

前 179—前 122 年

◎二十四节气首见于《淮南子·天文训》记载。

前 156—前 154 年

◎晁错作《论贵粟疏》，从理论上阐述了重农贵粟政策的重要性。

前 156—前 87 年

◎汉武帝时大规模兴修水利，如修灵轵渠、成国渠、沣渠、白渠、六辅渠、漕渠、龙首渠等；在汝南、九江郡引淮水，东海滨引钜定泽水，泰山下引汶水灌溉，兴修各地小型渠系、陂池。

前 140—前 104 年

◎董仲舒提出限田论，主张抑制土地兼并。

前 138—前 87 年

◎汉武帝时张骞出使西域，开辟了著名的“丝绸之路”。传入中国的物产有家畜汗血马、大宛马，以及苜蓿、葡萄、胡桃、蚕豆、石榴等 10 多种植物。从中国传到中亚以至欧洲去的物产主要是丝、丝织品、钢铁和炼钢术。

◎海南岛已植棉并出现纺织。

前 128—前 117 年

◎筑龙首渠，发明井渠法修筑地下渠道，后传入新疆，发展成“坎儿井”。

前 127—前 120 年

◎汉武帝先后动员数十万贫民、戍卒、田卒，开垦河套，使河套地区成为繁荣之区，人称“新秦中”。

前 120 年

◎关中平原大力推广冬麦。

前 118 年

◎耕犁出现翻土装置——犁壁。

前 113 年

◎使用牲畜驱动石磨。
◎黄河中下游地区使用井水灌溉农田。

前 104 年

◎汉武帝太初元年设大司农，掌租税、钱谷、盐铁和国家的财政收支，其前身为秦时的治粟内史、汉景帝时的大农令，为九卿之一。

前 2 世纪

◎小麦已加工成面粉，开始面食。

前 99 年

◎葡萄、苜蓿等在长安附近广泛种植。

前 90 年左右

◎创造条播工具耧车。

前 87 年

◎汉武帝末年，搜粟都尉赵过在关中地区推广“耦犁”“耧车”，推行“代田法”。

前 54 年

◎汉宣帝五凤四年，大司农中丞耿寿昌提议在边郡筑仓，“以谷贱时增其价而籴以利农，谷贵时减价而粜”（《汉书·食货志》），名为“常平仓”。

约前 33 年

◎汉元帝时南阳太守召信臣修筑堤闸，以钳卢陂最有名，并建立分水规章，还首创人工山谷陂墩马仁陂。
◎汉宫太官园中建屋，“昼夜燃蕴火”，栽种“葱韭菜茹”，是为中国温室栽培开端。

前 32—前 7 年

◎黄河流域出现区种法以及瓜、薤、小豆间作和桑与黍混作技术。

◎施肥技术已有基肥、追肥之分。使用溲种法，为中国使用包衣种子的滥觞。

◎葫芦栽培采取靠接技术，是中国使用嫁接技术的开端。

◎创造渗灌技术，利用陶罐渗水灌溉蔬菜。

◎氾胜之著《氾胜之书》，是为中国现存最古的农书，其所述穗选法，是见于文献记载最早的育种技术。

前 1 世纪

◎出现用于谷物脱壳的加工工具砻。

前 14—公元 49 年

◎东汉马援曾在西北养马，著有《铜马相法》，制定良马标准。

公元 2 年

◎汉平帝元始二年，进行第一次全国性人口和田地普查登记，所得人口数为 59 594 978 人，田地为 8 270 536 顷。

58—75 年

◎汉明帝时，中国出现“天下安平，人无徭役，岁比登稔，百姓殷富，粟斛三十，牛羊遍野”（《后汉书·明帝纪》）的盛况。

1 世纪

◎出现水碓，水力直接用于农业生产。

◎南方蔗区使用“煎而曝之”的方法，将蔗浆提炼为糖，时称“石蜜”。

◎交趾地区出现“一岁再种”的双季稻。

1—2 世纪

◎江南沿海兴筑海塘，利用海涂。

◎河南密县（今河南新密市）打虎亭出土东汉豆腐制作画像砖，表明中国已开始制作豆腐。

25—220 年

◎珠江三角洲水稻栽培使用连作技术。

82—83 年

◎出现开沟灭蝗蝻技术。

127—200 年

◎北方旱作出现禾麦、麦禾、麦豆等轮作换茬方式。

140 年

◎东汉马臻在浙江绍兴兴修鉴湖，灌溉农田。

158—167 年

◎东汉汉阳上邽（今甘肃天水）人姜岐，“隐居以蓄蜂”，并传授养蜂技术，为中国养蜂之始。

186 年

◎东汉毕岚造翻车（龙骨水车），并创制渴乌（虹吸管）。

195 年

◎中国蚕种输入日本。

2 世纪

◎水稻栽培使用移栽技术，时称“别稻”。
◎南海北部湾已进行大规模采珠。
◎饲养鸬鹚捕鱼。
◎崔寔著《四民月令》，是为中国最古的月令类农书。

219 年

◎人工繁殖昆虫养鸡。

3 世纪初

◎东汉末《列仙传·马师皇》篇中已载有“针其唇下口中，以甘草汤饮之而愈”的兽医针灸术。

三国两晋南北朝
(220—589)

220—265 年

◎三国魏置屯田校尉，掌管屯田区的生产、民政和田租，也是屯区的行政长官，是为中国屯田开垦设官管理的创始。

227—239 年

◎马钧改进翻车和织机。

228 年

◎徐邈在河西走廊广开水田。

241 年

◎邓艾在淮河流域兴修水利、开垦屯田，大规模开发淮河流域。

3 世纪前期

◎茶叶加工成饼茶，并发现有提神作用。

250 年

◎在今北京西北修戾陵堰和车箱渠，灌溉农田万余顷，是为历史上开发永定河最早的大型引水工程。

252—264 年

◎吴国使用蜜渍方法储藏果品。

263—280 年

◎据《通典·食货七》记载，中国人口为 767 万多人，是中国历史上有记载的人口的最低数。

265—316 年

◎南方稻田栽培苕子作绿肥，是为中国种植栽培绿肥之始。

◎据《广志》记载，南方水稻品种已有 12 个，鸡品种已达 8 种。

3 世纪中期

◎黄河流域形成耕—耙—耱抗旱保墒技术。

265—420 年

◎出现利用凸轮转动和以水为动力的连碓机及连转磨。
◎长江下游普遍出现再熟稻。

280 年

◎晋武帝太康元年，推行占田制，以限制土地的私人占有量。

3 世纪

◎出现收聚野生蜂技术。
◎庄园地主经济在江南形成。

3 世纪后期

◎出现小蚕恒温饲养。

304 年

◎南方橘园利用猄蚁防蠹，是生物防治害虫的开端。
◎中国最早的岭南植物志——《南方草木状》问世。

317—420 年

◎五倍子见于记载。
◎对麦蛾的产生条件已有认识，并已有了用灰盖麦的防治办法。

323 年

◎“二十四番花信风”已见于记载。

335—349 年

◎出现自动舂车和磨车。

345—346 年

◎陈遵修建江陵城外金堤。

365—427 年

◎陶渊明创作田园诗，开中国农事诗的先河。

4 世纪

◎中原地区坞壁地主经济迅速发展。

439 年

◎利用温泉水种稻，实现一年三熟，为大田生产中对地热的最早利用。

444 年

◎今宁夏吴忠市西南建大型引黄灌溉工程——艾山渠，灌田 4 万余顷。

452—562 年

◎使用盐腌法贮茧。

471—499 年

◎北魏孝文帝推行“农唯政首，稷实民先”的重农政策，农业生产得到恢复和发展，出现“四方无事，国富民康”的繁盛局面。

479—502 年

◎北齐设置司农寺，掌粮食积储、仓廪管理及京官之禄米供应，后历代沿置。

485 年

◎北魏太和九年，颁布《均田令》，对官吏按级分配田地，对农民计口授田。

5 世纪

◎创制水碾和水磨。

5—6 世纪

◎浙江温州创造家蚕低温催青孵化技术。
◎出现柿果脱涩技术。

6 世纪前期

◎北方旱作已使用冬灌。

◎稻田已有烤田技术。

◎中耕已有锄、锋、耩等多种方法，并认识到中耕除有除去杂草的作用，还有抗旱保墒、饶子多实的作用。

◎播种方法已有漫掷、耧种、耧耕漫掷、墒种、逐犁稀种等多种形式。

◎已使用浸种催芽技术。

◎使用绿肥，被称为“美田之法”，绿豆、小豆、胡麻等已作为绿肥在北方栽培。

◎已认识到种子防杂保纯的重要，并在此基础上创造了种子单收、单打、单贮、单种的留种田。

◎出现大麻子、韭菜子新陈检别法。

◎果树栽培采用嫁接技术，并出现了皮下接和劈接等嫁接方法。

◎出现“稼枣”技术，为现代环剥技术的萌芽。

◎果园使用熏烟防霜技术。

◎作物品种大发展，据《齐民要术》记载，谷子品种名称有86个，水稻品种名称有25个。

◎乳猪饲养使用索笼蒸豚法。

◎已有养羊专著《卜氏养羊法》和养猪专著《养猪法》。

◎出现“食有三刍，饮有三时”的马匹饲养要求。

◎提出“相马五脏法”，根据外部形态和内脏器官的关联性来识别马的优劣。

◎出现割猪尾预防阉割时破伤风的措施。

◎《齐民要术·养鱼篇》记载了中国古代养鱼的方法，为现存最早的人工养鱼历史文献。

◎葡萄、梨、蔬菜等已利用窖藏保鲜。

533—544年

◎北魏贾思勰撰反映黄河流域农业生产综合性农书《齐民要术》，是为世界农学史上最早的名著之一。

543年

◎蓖麻见于记载。

552年

◎东罗马帝国通过僧侣从中国运蚕种至君士坦丁堡，是为中国蚕种西传之始。

隋唐五代
(581—960)

581—618 年

◎隋设都水监，掌河渠、津梁、堤堰等事务，长官称都水监或都水使，唐承隋制，至明初并入工部。

585 年

◎隋文帝开皇五年，度支尚书长孙平奏请设立义仓，以补官仓的不足，因设在地方里社，故亦名“社仓”。

587 年

◎隋文帝开山阳渎。

6 世纪末

◎隋文帝时在洛阳兴建洛口仓、含嘉仓等大型地下粮食仓窖，以备荒年。
◎四川贡柑采用涂蜡保鲜技术。

7 世纪初

◎出现利用水力自动提水的水轮。

605 年

◎隋炀帝开通济渠。

608 年

◎隋炀帝开永济渠。

624 年

◎唐高祖时，定均田法和租庸调法。

627—649 年

◎唐初，设户部，掌管全国土地、户籍赋税、财政收支等事务，为六部之一。

长官为户部尚书，副长官为侍郎。后历代相沿不改。

646 年

◎菠菜从尼泊尔传入中国，时称“菠薐菜”。

647 年

◎唐太宗遣使去印度学习制糖法。

682—683 年

◎唐高宗时，夏城（今陕西榆林）都督王方翼“施关键”，“造人耕之法”，是为中国最早的人力耕地机械。

685—704 年

◎武则天时，以木斗链筒汲深井水的井车，见于《启颜录》记载。

686 年

◎武则天编撰《兆人本业记》，是为中国最早的官修农书，已失传。

7—8 世纪

◎西瓜由回纥（今新疆维吾尔自治区）传入中原。

7—10 世纪

◎唐政府规定不准捕杀鲤鱼，鲤鱼生产受到打击。
◎出现积制厩肥的“踏粪法”。
◎定有家畜饲料标准，象、马、牛、羊、骆驼、驴、骡等分别有给饲定额，并推行家畜繁殖饲养奖惩制度。
◎唐政府公布《水部式》，是为中国现存最早的全国性水利法规。

712—742 年

◎王旻撰《山居要术》，是为较早的山居系统农书。

713—740 年

◎唐代张九龄驯养家鸽传书。

713—756 年

◎唐玄宗开元、天宝年间，中国农业生产发展出现新的高潮，杜甫在《忆昔二首之二》中说："忆昔开元全盛日，小邑犹藏万家室，稻米流脂粟米白，公私仓廪俱丰实，九州道路无豺虎，远行不劳吉日出，齐纨鲁缟车班班，男耕女耕不相失"（《杜少陵集》卷十三），反映唐代前期中国农业生产的发展与繁荣。

714—770 年

◎猕猴桃已在中国庭园中栽培。

716 年

◎唐代太行山地区发生蝗灾，姚崇创造"点火诱杀"和"开沟扑杀"相结合的治蝗技术，捕得蝗虫 14 万石。

753 年

◎唐代鉴真和尚去日本宣扬佛法，传播文化，并传播了中国的制糖、制酱技术。

760 年

◎唐代陆羽撰《茶经》，是为世界第一部茶叶专著。

767 年

◎水车在关中地区得到推广。

8 世纪 70 年代

◎唐代四川涪江流域已生产冰糖，系时人邹和尚所传。

780 年

◎唐德宗建中元年颁布两税令，推行以资产多寡为课征标准，并分夏秋两季征收的赋税制度。

8 世纪后期至 9 世纪前期

◎李石撰《司牧安骥集》问世，是为中国现存最古老的兽医专著。

793 年

◎唐政府开始征收茶税，十取其一，为中国征收茶税之始。

8 世纪

◎南粮北调在唐代形成，时称“北运”。
◎江南兴起圩田耕作，与水争地。
◎南方山区盛行畲田耕作，虽开发了山区，但又造成了水土流失。
◎在东南沿海的盐官、通州、楚州大规模修筑捍海塘堤。

8 世纪至 9 世纪初

◎利用温泉栽培蔬菜。

8—10 世纪

◎中国的镬、犁、镰等铁制农具，水力转动碾硙，以及脚踏、牛挽的水车，先后传入日本。

805 年前后

◎出现大规模茶园，采茶人数多达 3 万人。
◎回纥开始“驱马市茶”，为茶马互市的开端。
◎中国茶籽传入日本。

811 年

◎收割工具——钐见于记载。

824 年

◎白居易修筑钱塘湖堤。

829 年

◎中国龙骨水车传入日本。

833 年

◎位于今浙江宁波西南的它山堰修建。

863 年

◎段成式《酉阳杂俎·诡习》记载了驯养水獭捕鱼。

◎段成式《酉阳杂俎·木篇》记载，海枣、扁桃（巴旦杏）、阿月浑子、树菠萝（波罗蜜）、齐墩果（油橄榄）等果树自波斯传入中国。

9 世纪 60 年代

◎云南出现稻—大麦一年两熟制。

879—880 年

◎唐代陆龟蒙撰《耒耜经》，记长江下游水田使用的曲辕犁（江东犁）。

9 世纪末至 10 世纪

◎茶树栽培，使用茶籽沙藏催芽法。

◎人工栽培食用菌已见记载。

◎新、陇等州（今广东新兴县、罗定市）利用草鱼食草特性在新开垦地中饲养草鱼，除草种稻。

◎韩鄂编撰《四时纂要》问世。

907—931 年

◎吴越王钱镠时太湖地区圩田大发展，形成河网化局面。

948 年

◎后汉隐帝时因鸜鹆（八哥）食蝗，下令“禁捕鸜鹆”，是为中国以政府下令保护益鸟之始。

宋元
（960—1368）

975 年

◎灵塘在今海南海口建成，灌溉农田 300 余顷。

990—996 年

◎淳化年间，何承矩在河北兴修塘泊水利，蓄水种稻。

994 年

◎踏犁得到推广。

996 年

◎僧赞宁撰《笋谱》，记录笋的名称、栽培方法、调治保藏方法等。

10 世纪后期

◎宋政府推行“不抑兼并”政策，促使地主土地所有制迅速膨胀。

10 世纪后期—13 世纪后期

◎太湖流域形成稻—麦一年两熟制。

1000 年

◎王禹偁撰《记蜂》，是为中国最早研究蜜蜂生活史的论文。

1002—1060 年

◎插竹养殖牡蛎已见于文献记载。

1006 年

真宗景德三年，设置劝农使，加强对农业的管理。

1007 年

◎北宋政府设监养病马，是中国设立兽医院的开端。

1012 年

◎宋真宗时遣使从福建取占城稻三万斛，分发江、淮、两浙三路种植，这是中国历史上一次大规模的水稻引种。

1026 年

◎范仲淹议修通（今江苏南通市）、泰（今江苏姜堰市）、海（今江苏东海县）

三州捍海堤，长数百里，堤成，民享其利，史称“范公堤”。

1031 年

◎欧阳修撰《洛阳牡丹记》，是为中国现存最早的牡丹专著。

1034 年

◎“景祐元年正月诏，募民掘蝗种给菽米”（《宋史·仁宗本纪》），是为中国采用掘卵治蝗技术的开端。

◎围湖造田引起水旱灾害，已受到普遍关注。

1044 年

◎宋仁宗为了促进全国农业的发展，专门发布劝农文书。

1049 年

◎陈翥撰《桐谱》问世。

1049—1053 年

◎用素茶窨茉莉花香，开始制造花茶。

1059 年

◎蔡襄撰《荔枝谱》问世。

1061 年

◎蜂蜜分类见于《本草图经》记载，当时已有黄连蜜、梨花蜜、桧花蜜、何首乌蜜等多种蜂蜜名称。

◎五倍子生活史见于《本草图经》记载。

1064—1075 年

◎福建莆田建成木兰陂，具有引、蓄、灌、排综合利用的特点。

1068—1077 年

◎宋神宗时成立淤田司，并在黄河流域大规模引浊放淤，地区涉及开封汴河一带、豫北、冀中、冀南、晋西南及陕东等地。

1069 年

◎宋神宗熙宁二年，王安石被任为参知政事，次年拜相，在他受任期间积极推行青苗、均输、市易、免役、农田水利等新法，抑制大官僚地主和豪商的特权，以期发展农业生产、富国强兵，史称“熙宁变法”或“王安石变法”。

◎颁行《农田利害条约》（又名《农田水利法》），建立全国性的农田水利管理制度。至熙宁九年（1076），全国兴修农田水利达 10 793 处，受益农田面积达 361 178顷。

◎“立石则水”见于《元丰类稿·序越州鉴湖图》记载，这是为农业生产服务的最早水位站。

1073 年

◎刘攽撰《芍药谱》问世。

1074 年

◎定四川茶叶同西番换马，为中国正式确立茶马政策之始。

1075 年

◎颁布《熙宁敕》，定治蝗奖惩办法，是为最早的治蝗法规。

1083 年

◎秦观撰《蚕书》，是为中国现存最早的蚕业著作。

1085 年

◎人工育珠见于《文昌杂录》的记载。
◎小气候对农作物生长的影响，已明确见于《文昌杂录》的记载。

1091 年

◎苏轼进单锷《吴中水利书》，是为关于太湖流域最早的水利专著。

1096—1270 年

◎十字军八次东侵后，意大利、法兰西、西班牙等国同东方贸易增多，东方不少先进的生产技术如纺织、丝绸、印染、制糖以及多种作物如稻、甘蔗、芝麻、甜瓜、杏等传入西欧。

1098 年

◎曾安止撰写的中国第一部水稻品种志《禾谱》问世。

11 世纪后期

◎北宋《东坡杂记》记载有松林抚育法。
◎利用活竹挖洞贮藏樱桃，是为使用气调贮藏的先声。
◎用“石首鲞鱼（干黄鱼）骨插蒂”，催熟甜瓜。
◎用打通竹节，灌入人、畜粪以防止竹子开花。
◎利用饲喂青麻子，促使母鸡“长生不抱”，提高产蛋率。
◎已发现鱼虱，并使用枫树皮治疗。
◎南方水稻秧田使用减轻拔秧劳动强度的秧马。

1104 年

◎刘蒙撰《菊谱》，是为中国最早的菊花专著。

1107—1110 年

◎宋徽宗赵佶作《大观茶论》，亦名《圣宋茶论》。
◎关中修建丰利渠。
◎珠江三角洲最早的大型堤围桑园围开始修建。

1114 年

◎朱肱编撰《北山酒经》，是为中国古代关于酿酒工艺的第一部专著。

1125 年

◎辽宁开始柞蚕生产。

1127—1162 年

◎南方水田形成耕—耙—耖作业体系。
◎楼璹制成《耕织图》45 幅，系统描绘江南农耕、蚕桑生产技术，是为中国最早的农业生产技术推广图。

1127—1179 年

◎太湖地区成为全国著名的粮仓，时有“苏湖熟，天下足”“苏常熟，天下足”

之称。

◎滥伐山林，造成水土流失的严重危害，已见于记载。

◎出现空中压条的脱果法。

1145 年

◎王灼撰《糖霜谱》，是为中国第一部关于蔗糖的专著。

1149 年

◎第一部论述、总结中国南方农业生产的农书《陈旉农书》问世。

◎陈旉提出“地力常新壮”的土壤肥力学说。

◎陈旉提出“用粪犹用药”的合理施肥原则。

◎陈旉作《善其根苗篇》，提出培育水稻壮秧和防止烂秧的技术措施。

◎人造耕地见于记载，时称“葑田”或“架田”。

◎使用深耕冻垡，熏土暖田的办法利用于冷浸田。

◎出现沤肥、大粪、饼肥发酵等肥料积制技术并设置粪屋保存肥效。

◎已了解桑蚕僵病同环境的关系。

◎蚕卵采用朱砂水消毒。

1172 年

◎“梯田”之名，始见于南宋范成大的《骖鸾录》。

1174 年

◎出现家禽人工孵化技术。

1178 年

◎韩彦直作《橘录》，是为中国最早的柑橘专著。

1186 年

◎赵汝砺作《北苑别录》一卷，记有茶园管理的“开畲”技术。

◎范成大撰《范村梅谱》一卷，是为中国第一本关于梅花的专著。

1196 年

◎金章宗推行区田法，结果“竟不能行”。

1200 年

◎中国最早的捕蝗技术手册——《捕蝗法》问世。

1201—1204 年

◎青、草、鲢、鳙四大鱼类已人工饲养。

1214 年

◎宋都临安（今杭州）已人工饲养金鱼。

1228 年

◎水稻出现早稻、中稻、晚稻之分。

1232—1298 年

◎出现催花早放的唐花术。

1243 年

◎白蜡虫的生活史和放养技术见于记载。

1245 年

◎陈仁玉撰《菌谱》，是为中国最早的菌类专著。

13 世纪中期

◎培育豆芽充作蔬菜，是中国蔬菜无土栽培之始。

1256 年

◎陈景沂撰有关花卉、果木、蔬菜的巨著《全芳备祖》，是为中国第一部植物类书。

1259 年

◎陈思编《海棠谱》，是为中国现存关于海棠的第一本专著。

1260 年

◎在沁水下游修建广济渠。

1261—1270 年

◎元世祖先后设立劝农司、司农司、大司农司，掌农桑、水利、学校、饥荒之事，以加强对农业生产的领导。

1262 年

◎蒙古以郭守敬提举诸路河渠，大兴水利。

1270 年

◎元世祖至元七年颁布《农桑之制一十四条》，包括水利、开荒、林、牧、渔、治蝗等内容。

1271—1368 年

◎卞宝著《痊骥通玄论》，对马的脏腑病理和一些常见多发病的诊疗进行了总结性论述，并提出了脾胃发病学说。

◎出现栈鹅易肥法、栈鸡易肥法等家禽肥育技术。

13 世纪后期

◎黄道婆在松花江推广棉纺技术。

◎黄河流域和江南等地桑树嫁接出现身接、皮接、搭接、靥接、枝接、根接等多种方法。

13 世纪后期—14 世纪后期

◎风力被利用作磨粉、提水的动力，先后出现风磨和风车。

1273 年

◎元大司农编纂《农桑辑要》，是为中国现存最早的一部官修农书。

◎农作物的“风土限制说”发展为“风土驯化说”。

◎使用“三合一缴”养牛法。

◎桑树修剪整枝技术已有系统总结。

◎利用低温选择优良蚕种，淘汰劣种。

◎桑蚕饲养总结出十体、三光、八宜、三稀、五广等技术经验；并在饲养中使用米粉、绿豆粉、桑叶粉等添食，为现代桑蚕合成饲料研究的先声。

◎缫丝方法已有冷盆和热釜之分。

◎已认识到桑叶质量和蚕病的关系。

1274 年

◎出现白菜黄化技术，培育成黄芽菜。

1289 年

◎元世祖至元二十六年诏置浙东、江东、江西、湖广、福建木绵提举司，专司棉事，责民岁输木棉十万匹，是为中国设官管理棉事和征收木棉实物税的开端。

1297—1307 年

◎任仁发撰《浙西水利议答录》问世。

13 世纪

◎湖羊在太湖地区育成。

13—14 世纪

◎棉花分南北二路由边疆传入黄河流域和长江流域。

1313 年

◎北方出现中国最早的农业互助合作组织“锄社”。
◎滨海地区筑海挡、修条田以利用盐碱土。
◎南方稻田冬作采用开沟作垄技术，以降低地下水位。
◎食用菌栽培已采取人工接种方法。
◎江北地区开创了青饲料发酵技术。
◎《王祯农书》写成，书中“农器图谱”收录农具 100 多种，并附有图样，其后农书的农器插图基本渊源于此。

1314 年

◎维吾尔族人鲁明善撰月令类农书《农桑衣食撮要》，是为中国现存最早的一部由少数民族撰写的农书。
◎水稻移栽，形成一人插六行，每行插六株，株距五六寸，每株四五根的传统插秧方法。

1330 年

◎忽思慧《饮膳正要》刊行，是为中国第一部营养学专著。

1342 年

◎已有比较完整的渠系用水制度和比较完善的渠系护养制度。

1363 年

◎棉花栽培技术在高丽（今朝鲜半岛）开始传播。

14 世纪中期

◎娄元礼撰《田家五行》，记述了太湖地区的农业气象，是为中国现存最早的农业气象专著。

◎浙江温州地区已进行间作稻栽培。

◎麦类赤霉病见于记载。

明清
（1368—1911）

1368—1399 年

◎俞贞木《种树记》记载了园艺植物的栽培方法。

1371 年

◎于江苏、安徽、浙江等省设立粮仓，后又施行于湖广、江西、福建等省，凡纳粮一万石或数千石的地方划为一区，由官府指派大户充当粮长，世代相传，督征和解运该地区田粮。

◎明太祖为防倭寇骚扰，下令禁止沿海居民私自出海，这是中国历史上第一次禁海，从而影响了海洋渔业的发展。

1381 年

◎诏天下编赋役黄册，是明清政府据以征课赋役的户口登记簿。

1387 年

◎洪武二十年，命武淳等分往各地核实田亩，并绘图汇编成册，因依次编排，状如鱼鳞，故名鱼鳞图册，这是明清时期用以征收田赋的土地登记簿。

1390—1435 年

◎明代初期，农业生产和社会经济得到明显发展，史称“洪、永、熙、宣之际，百姓充实，府藏衍溢。盖是时，召农务垦辟，土无莱芜，人敦本业”（《明史·食货志》），酝酿了中国农业生产的第三次高潮。

1391 年

◎稻田养鱼见于记载。

1403—1424 年

◎永乐年间，盛行商人出资募民在边镇（重点在甘肃、宁夏、延绥三镇）开垦以所产粮食换取盐引（时称“开中”）的商屯。

1405—1433 年

◎郑和率舰队先后七次通使西洋，曾远达非洲东岸和红海海口，促进了中国和亚非各国的经济文化交流，并传播了农业生产技术和动植物品种。

1406 年

◎朱橚撰《救荒本草》，记载可食植物 414 种，并附绘图，作为备荒之用。

1408 年

◎出现强制肥育的“栈鹅法”。

1475 年

◎明朝政府命人参考旧本编写成兽医专书《类方马经》。

约 16 世纪

◎明刊《渔书》（佚名）列记水产品，杂引古代文献，体例近似谱录，其中专记渔具部分及关于石首鱼的记载等在古籍中少见。

1500 年

◎原产中国的桃子传入英国。

1500—1550 年

◎黄省曾撰《理生玉镜稻品》，另著有《蚕经》《种鱼经》《艺菊书》《芋经》等多种农书。

1502 年

◎出现填食肥育的“填鸭法”。

◎邝璠撰《便民图纂》问世，是为中国现存附有耕织技术图像的最早农书，属农家日用百科全书性质的农书。

1524 年

◎王磐撰成乡土植物志《野菜谱》，均有附图，流传颇广。

1530 年

◎松毛虫为害松林见于广东《龙川县志》记载。

1544 年

◎发现“蹲缩黄萎”的水稻病害“稻蹲”，并有了预防措施，见于《祐山杂志·稻蹲》记载。

16 世纪中期

◎江浙地区的农业生产中出现长工、短工等雇佣劳动。

◎明代中叶，山东诸城蒙阴、沂水等地，已人工放养柞蚕。

◎玉米在明嘉靖时已传入中国，嘉靖《巩县志》已有记载，时称“玉麦”。

◎生态农业出现于江苏常熟地区。

◎洞庭湖地区成为中国又一个粮食生产基地，时称“湖广熟，天下足”。

◎马一龙撰《农说》问世。

1555—1562 年

◎试制成动、植、矿物混合肥料“粪丹”。

1561 年

◎归有光编撰《三吴水利录》问世。

1565 年

◎腐乳见于记载。

1565—1592 年

◎潘季驯曾四任总理河道，倡“束水攻沙”。借淮河之清，以刷黄河之浊，筑遥堤以防溃决，先后 27 年，治理黄河、淮河，都有成效。

1573—1600 年

◎烟草从菲律宾传入中国福建栽植。

1575 年

◎徐贞明著《潞水客谈》问世。

1578 年

◎李时珍撰《本草纲目》完成，为集本草之大成的巨著，对中外医药学有深远影响，各部内容都包括有关农学的材料。

◎福建、广东开始养蛏。

1582 年

◎在全国推行“一条鞭法”，将各种名目的赋税和徭役合并征收，并将部分丁役负担摊入田亩，农民可以出钱代役；田赋中除政府需要征收的米麦，其余所有实物改为用银折纳，赋税征收由地方官吏直接办理。

◎甘薯从越南引入中国广东东莞。

◎周履靖撰《茹草编》刊印。

◎葡萄牙人将烟草引进到中国。

1585 年

◎徐贞明在北京地区兴水利，开垦水田 39 000 余顷。

1591 年

◎高濂编著《遵生八笺》，这既是中国古代养生学的重要著作，又是古代重要的食典。

◎袁黄著《宝坻劝农书》，提出治理盐碱地的方案。

1594 年

◎杨时乔撰《马书》，提出中兽医施治的八要论与“三饮三喂”养马法。

1596 年

◎屠本畯撰《闽中海错疏》，专记闽海所产水族的形态、习性，是为中国最早的研究海洋鱼类的著作；另著有《海味索引》，系为纠正他人所著水产品的错误而作。

1597 年

◎陈经纶《治蝗笔记》记录了养鸭除蝗的方法。

1604 年

◎耿桔撰《常熟县水利全书》10 卷。

1608 年

◎徐光启撰《甘薯疏》，是为中国第一部论述番薯的著作，已佚，其序仅存于《群芳谱》中。

◎喻仁、喻杰兄弟合撰兽医专著《元亨疗马集》问世。

1610 年

◎中国茶叶正式输入欧洲。

17 世纪前期

◎使用“亲田法”提高土壤肥力。

◎用紫云英作绿肥见于记载。

◎创造出“堆积煨制”“窖式熏土”“堆架熏烧”等多种形式的熏土造肥方法。

◎鸭蛋加工成松花蛋，时称“牛皮鸭子”。

◎红茶制造技术见于记载。

◎菠萝传入中国南部。

1612 年

◎西方水利技术“泰西水法”传入中国。

1613 年

◎福州一带已实行双季稻和冬麦轮作的一年三熟制。

1621 年

◎王象晋撰《群芳谱》问世，这是继《全芳备祖》之后的一部较大型的植物类书。

◎甘薯繁殖已有传卵、传藤等留种技术和剪藤扦插的繁殖技术。

◎无花果使用滴灌技术，是为中国果树运用滴灌之始。

◎向日葵、番茄传入中国见于记载。

1624—1644 年

◎浙江湖州稻田管理中施行看苗施肥技术。

◎太湖流域创造桑基鱼塘，实行粮、桑、鱼、畜综合经营。

◎出现小麦育苗移栽技术。

1627 年

◎绞关犁见于记载。

1637 年

◎宋应星著《天工开物》，其中有农学、蚕桑、糖、蔗、养蜂及农产加工等生产知识，并附插图。

◎使用砒霜拌种防治地下害虫。

◎进行桑蚕杂交育种；蚕丝生产总结出做茧“出口干”、缫丝“出水干”六字诀。

◎稻田用水量见于记载。

◎稻瘟病见于记载。

1638 年

◎耿荫楼撰《国脉民天》问世，提出“亲田法”。

1639 年

◎徐光启作《农政全书》刊行，是为中国古代篇幅最大的综合性农书。

◎江南地区推行棉麦套种和棉稻隔年轮作。

◎徐光启在《旱田用水疏》中总结了中国古代各种水源的利用经验。

1640 年

◎《沈氏农书》问世，是记录杭嘉湖平原农业生产的最早的农书。

17 世纪 40 年代

◎江西龙泉县（今遂川县）始创“龙泉码价”，为世界最早的杉原条材积表。

17 世纪中期

◎创造出抗旱、早熟的“冬月种谷法”。
◎出现腐乳、腐竹等的豆制品。
◎出现家禽种蛋孵化后期的运输方法——嘌蛋。
◎出现火炮消雹技术。
◎创造照蛋法，开创家禽人工孵化的看胎施温技术。

17 世纪中期—19 世纪

◎水稻分布北线达到伊犁（北纬 44°），双季稻分布北线达到里下河地区（北纬 33°）。

1644—1661 年

◎顺治年间，采取大规模围地措施，圈占无主荒地和有主良田，分给满洲贵族和八旗兵丁，圈地范围波及河北、山东、山西、江苏北部，大量农民因此流离失所，农业生产受到严重影响。

1655 年

◎丁宜曾编撰农家月令类著作《农圃便览》。

1658 年

◎张履祥撰《补农书》问世。

1661 年

◎清政府为割断沿海人民与郑成功等抗清势力的联系，发布迁海令，“沿海三十里界内，不许商舟、渔舟一舟下海”，强制迁滨海居民于内地，地域涉及今河北、山东、江苏、浙江、福建、广东等省，严重影响了海外贸易和海洋渔业的发展。1683 年禁令撤销。

1661—1673 年

◎郑成功父子开发台湾，在今彰化、嘉义、台南、高雄一线进行开垦，促进了台湾西部沿海平原的开发。

1662—1795 年

◎清康熙、雍正、乾隆时期，中国的封建经济走向极盛，府库充实，国力强盛，人民生活较为安定、丰足，史称“康乾盛世”。

1667 年

◎靳辅任河道总督，运用明代潘季驯“束水攻沙”经验，治理黄、淮、运河，收到较好效益。

1668 年

◎清政府提出招徕外省游民开垦四川的办法，致使湖广流民向四川移来，出现了“湖广填四川”的局面。

1669 年

△下令废藩土地归耕种者所有，使不少农民获得了土地，成为自耕农，史称“更名地”。

1670 年

◎麦田熏烟防霜技术见于记载。

1674 年

◎刘应棠编撰《梭山农谱》问世。

1683 年

◎令八旗及汉军官兵在瑷珲、额苏里一带屯田，为清政府大规模开发北部边疆之始。

◎陈定国撰《荔谱》问世。

1688 年

◎陈淏子撰《花镜》问世，是为中国较早的一部园艺专著。

1689 年

◎靳辅完成《治河方略》，是为中国古代治河通运的重要水利工程专著。
◎朱彝尊《食宪鸿秘》完成，该书记载了腐乳和金华火腿的制法。

1696 年

◎屈大均《广东新语》完成，该书记载了人工养殖鲢鱼、鳙鱼、鲫鱼等鱼类的方法。
◎马铃薯传入中国福建。

17 世纪后期

◎牛存喜发明自山两侧同时开凿隧道通渠水的方法。

1705 年

◎蒲松龄纂成《农桑经》。

1708 年

◎据《圣祖实录》记载，康熙四十七年，人口为 103 782 349 人，是中国人口超过 1 亿大关首见文献记载。
◎汪灏等奉诏将明代王象晋所著《群芳谱》改编、增删而成《广群芳谱》。

1712 年

◎规定“滋生人丁，永不加赋”，其后所生人丁，免其加增钱粮。

1716 年

◎广东、四川等省开始实行田赋、丁银统按田亩征税的税制，称为“摊丁入地”，乾隆时推行于全国。从此，中国历史上的人头税基本被废除。

18 世纪前期

◎采用单株选种法（一穗传）育成水稻良种——御稻。
◎广东猪传入英国，对著名猪品种“约克夏”和“巴克夏”的育成起了重要作用。

◎使用烟茎治螟。

1726 年

◎允祥在畿辅兴修水利，经营 4 年，开垦水田 6 700 余顷。

1729—1732 年

◎云桂总督鄂尔泰对滇池进行集中治理。

1740 年

◎杨屾编纂《豳风广义》，记有“七宜八忌”养猪法、桑树环状埋条繁殖。

1742 年

◎大型官修农书《授时通考》编成。

1743 年

◎《官井洋讨鱼秘诀》问世，记载了福建官井洋内鱼群活动规律和找寻鱼群及捕捞的方法。

1747 年

◎杨屾撰《知本提纲》问世，将中国肥料分为十大类，并提出施肥“三宜”（时宜、土宜、物宜）原则。

◎北方旱作采用浅耕灭茬技术。

◎使用套犁深耕技术。

1763 年

◎中国茶树苗在欧洲大陆种植成功。

1771 年

◎宋应星撰《天工开物》在日本出现和刻本，广受重视，刺激了“开物之学”的兴起。

1774 年

◎程瑶田撰《九谷考》，对中国 9 种传统粮食作物的名实进行了认真考证。

1776 年

◎陕西出现谷、麦、菜、蓝轮作复种、间作套种二年十三收，见载于杨屾《修齐直指》。

◎福建出现养鱼改良滨海盐碱地。

◎陈芳生撰《捕蝗考》问世，是中国现存最早的一部捕蝗专书。

1778 年

◎使用深翻、种植绿肥等方法改良盐碱土。

1779 年

◎甘肃张掖、高台等多沙地区，采用建水闸、防沙筑堤、种植树木等办法，制服飞沙，建成三清渠。

1780 年

◎中国茶籽被引进到印度。

1801 年

◎包世臣撰《郡县农政》，提出山地逐级利用以防水土流失的垦山技术。

◎包世臣著《齐民四术》刊行，小麦锈病见于记载，称“黄疸瘟”。

1812 年

◎中国茶籽传至巴西，是为南美洲种茶之始。

19 世纪 20—60 年代

◎清政府先后对吉林、黑龙江、辽宁三省放垦。

1834 年

◎中国人口超过 4 亿人，实数为 401 008 574 人。

◎李彦章撰《江南催耕课稻编》刊行。

1836 年

◎祁寯藻撰《马首农言》问世。

1837 年

◎ 王筠著《说文释例》，已明确指出大豆根上有“土豆”（根瘤）。

◎ 郑珍撰《樗蚕谱》，是为清代饲养柞蚕的专书。

1838 年

◎ 北方采用种树方法改良盐碱土。

1840 年

◎ 刘宝楠撰《释谷》，是为研究中国谷物名称的一部专著。

1843 年

◎ 上海肉鸡“九斤黄”运往伦敦，为英女王维多利亚加冕献礼，在当时被誉为“世界肉鸡之王”。后各国纷纷利用“九斤黄”，先后育成芦花鸡、洛岛红鸡、奥品顿鸡、名古屋鸡、三河鸡等著名鸡种。

1844 年

◎ 林则徐和全庆两人负责勘察、兴办南疆水利。历时一年多，兴修了多项水利工程，开垦耕地 68.9 万亩。

1846 年

◎ 吴应逵撰《岭南荔枝谱》问世。

◎ 李祖望撰《茶花谱》问世。

1848 年

◎ 吴其濬撰《植物名实图考》初刻本问世。该书收载植物 1 714 种，每种植物都记有形、色、性味、产地、用途等，并附有插图，对于植物的药用价值及同物异名或同名异物考订尤详。高粱黑穗病记载见于该书，时称“稔头”“灰包”。

1850 年

◎ 湖北大修江汉堤防，先后修筑了襄阳老龙石堤、汉阳堤坝、武昌沿江石堤、潜江土堤、钟祥高家堤。

1853 年

◎太平天国定都天京（今江苏南京市），颁布《天朝田亩制度》。

◎白蜡虫传入英国。

1855 年

◎沈练著《广蚕桑说》脱稿。该书系沈氏将《蚕桑辑要》的内容补入其原著《蚕桑说》一书而成。脱稿后沈练病逝，同治二年（1863）由其子沈琪刊行。光绪元年（1875）仲学辂对《广蚕桑说》又加疏通增补，题名为《广蚕桑说辑补》。

1856 年

◎杨秀元于道光二十年（1840）所撰《农言著实》，由其子杨士果刻版刊行。该书总结了陕西三原地区的农业生产经验，近似月令农书，以月为序安排农活。

◎中国樗蚕传入意大利。

1858 年

◎中国茶籽、茶苗大量输往美国。

◎顾彦撰《治蝗全法》问世。

1861 年

◎英商怡和洋行在上海首次开设机械缫丝厂——怡和纺丝局，置意式机器（丝车）100 台。

◎王士雄《随息居饮食谱》刊行，是为清代营养学名著。

1862 年

◎福州砖茶厂用从英国进口的压力机制造米砖茶。

1863 年

◎俄国在汉口设立顺丰砖茶厂，为外商在中国设厂制茶之始。该厂开始用手工生产，至 1873 年改用蒸汽机生产。

◎台湾建立樟脑专卖制度，设馆收脑。

◎曾国藩主持测量自湖南巴陵以下至上海崇明海口的长江河道。

1865 年

◎ 英国商人将美国陆地棉种子带到上海，美棉开始传入中国。

◎ 海关在汉口长江干流上设水位站。

1866 年

◎ 陕甘总督左宗棠主持修筑从陕西潼关到甘肃玉门的大道，长约 3 400 里，路旁植柳树 1～4 行；光绪元年（1875）左宗棠督办新疆军务，又从玉门修路至迪化（今乌鲁木齐），路旁植柳，后人誉称“左公柳”。

1867 年

◎ 朝鲜族农民渡江移住瑷珲县法别拉河口纳金口子，开垦种稻。

◎ 设导淮局，测量云梯关以下河道及洪泽湖一带通海、通江水道，是为中国最早的流域专业水利机构。

1869 年

◎ 川东兵备道、浙江湖州人姚觐元从浙江湖州引种桑种、蚕种，聘请工人在川东各县提倡和推广蚕桑。

1870 年

◎ 广东河源县开始生产松香，是中国最早生产松香的县。

◎“爱尔夏”奶牛由外国侨民引种到上海。

1871 年

◎ 基督教牧师倪维思（J. L. Nevius）至烟台传教，在教堂周围建广兴果园，计有西洋苹果 13 个品种、西洋樱桃 8 个品种传入中国。

1872 年

◎ 法国人在上海徐家汇建立天文台，工作分气象、地震、授时三部分。

◎ 中国“狼山鸡”传入英国。

◎ 陈启沅在广东南海县西樵官山附近的简村创设继昌隆缫丝厂，有女工六七百人，出丝精美，行销欧美，这是中国人创办的第一个机器缫丝厂。

1873 年

◎中国参加奥地利维也纳万国博览会。

◎创造用蓖麻子入密葱制饼作栓剂塞入家畜肛门的直肠给药法，治疗家畜便秘。

◎《活兽慈舟》刻板刊行。

1874 年

◎左宗棠在陕、甘倡导植棉，“刊《种棉十要》并《棉书》，分行陕、甘各属，设局教习纺织”，从此，关中棉花渐及各地。

1875 年

◎清政府废除不准内地人民渡台条例，准内地人民赴台开垦。

◎江西省九江老马渡 29 号开设裕兴牛乳行，每年售乳得洋约 1 000 元。

◎《万国公报》（7 月 3 日）载《大美国事——蜂房酿蜜册》一文，介绍美国新法养蜂，是为传入中国最早的西方养蜂文献。

1876 年

◎李圭代表中国参加美国费城万国博览会，著有《环游地球新录》。

◎意大利人柯卜斯克氏（Kopsch）撰《江西的养鱼业》，记述了江西九江地区鱼苗捕捞、运输和饲养培育方法。

◎日本外务省延聘中国孵坊师傅陆亨瑞、仇金宝去东京传授鸡鸭人工孵化技术。

1876—1879 年

◎周盛传在天津小站屯垦种稻，形成小站灌区，后培育成世界著名的“小站稻”。

1877 年

◎德国地理学家李希霍芬（Ferdinand von Richthofen）著《中国，亲身旅行和据此所作研究的成果》一书，多方面地介绍了中国，特别是提出了中国黄土高原“风成假说”，并在该书中最早使用“丝绸之路”这一名称。

◎《格致汇编》发表《农事略论》一文，简要地介绍了英国的农业化学、农政公会、农业机械，是现在已知最早介绍西方近代农业的文章，文中还提到李比希的名字，这也是将李比希第一次介绍给中国。

◎中国派郭嵩焘、刘锡鸿赴英国伊斯威兹·兰心西麦斯公司考察农具。

◎张斯桂从日本带回刺槐种子在南京试种成功。

1878 年

◎朱其昂在天津创办“贻来牟”机器磨坊，雇用工人十余人，用蒸汽机动力磨面。

◎张子尚等在上海董家渡开设锯木厂，引进外国锯木机，为中国近代机器锯木制材工业的开始。

◎汉口砖茶厂用水压机压造米砖茶。

1880 年

◎《益闻录》报道，天津有客民租用土地，用近代农机进行耕种，是为中国最早的一个机耕农场。

◎山东省济南全福庄农民用芦苇穗编成单面式苇毛苫，用以架设风障，在早春成功地栽培黄瓜（匍匐生长的黄瓜）；1920 年济南北园张庄农民又将单面式苇毛苫改为双面式，效果更好。

1882 年

◎罗兴昌机械厂在江西南昌章江门外设立，拥资 5 000 元。主要生产铁制农具，兼修碾米机、抽水机等。

◎花菜（花椰菜）传入中国。

1884 年

◎茹朝政撰《山蚕易简》，包括种树、检种、烘蚕、下子、育蚁、收茧、秋蚕、剃山、卫蚕、缫丝等方面的内容。

◎比利时传教士马修德将红车轴草传入湖北巴东县、建始县交界的细沙河天主教堂附近，作养马用，时称“洋马草”。

1886 年

◎郭柏苍撰《海错百一录》，全面记载了福建的海产资源。

◎刘铭传从夏威夷引进甘蔗新品种在台湾试种。

◎《牛经切要》刊行。

1887 年

◎美国大粒种花生传入中国山东栽培。

1889 年

◎设立河图局，由吴大澂主持工作，测量河南阌乡县到山东省利津县海口的黄河河道，完成中国自行测绘的第一张较为完整的河道图。

◎浙江海关税务司康发达（F. Kleinwächer）派江生金及金炳生二人前往法国蒙伯叶城养蚕公院学习巴斯德预防蚕病新法。

1890 年

◎广西巡抚马丕瑶，通令境内州县捐款采购桑苗，教民种桑养蚕。次年向清廷奏报称共种桑 27.6 万株，产蚕丝 20 万斤。

◎湖广总督张之洞及湖北巡抚谭继洵筹款在武昌乘骑庙街开办蚕桑局，倡导农民栽桑养蚕。

◎张之洞饬令湖北云梦等县从江南、通州、上海等地购回棉种，垦荒种植，以供布厂所需。

◎卷烟传入中国。

◎广东首次从意大利引进赤桉（*Eucalyptus camaldulensis* Dehnh.）、蓝桉（*Eucalyptus globulus* Labill.）等多种桉树种子，于广州、香港、澳门等地育苗，是中国最早引种桉树的省份之一。

1890—1892 年

◎创造“九麦法”，以解决秋旱冬麦播种衍期问题。

1891 年

◎俄人在江西九江设立埠昌、顺丰机制茶厂，年产分别为 2.6 万担和 1.5 万担，首创江西以动力机加工农产品。

1892 年

◎《猪经大全》刊行，介绍了 50 种猪病及其治疗方法，是为中国传统兽医学中唯一流传至今的猪病学专著。

◎华侨张弼士在烟台创办“张裕葡萄酿酒公司”，从法国、意大利引入世界著名酿酒葡萄品种赤霞珠（Cabernet Sauvignon）、品丽珠（Cabernet Franc）、贵人香

(Italian Riesling)、梅鹿辄（Merlot）等 120 多个，共计 25 万株，为烟台成为中国葡萄酒城奠定了优质原料基础。

◎张之洞请中国驻美使臣崔国因在美国选购陆地棉种子 34 担，湖北大规模引种美棉。

◎美利奴羊引入察哈尔。

1893 年

◎湖北在武昌开办机械缫丝厂，称“官丝局”。

◎中国技工刘峻周等，应俄国聘请，帮助开辟茶园 230 公顷，创办茶厂 2 座，被誉为格鲁吉亚茶业创始人。

◎上海安福奶棚使用奶牛与黄牛杂交，改良当地黄牛获得成功。

◎湖北再次购美棉种子 100 余担，分发给江夏、汉阳、黄冈、武昌、应城五县棉农种植，并译印《美棉种法》。

1894 年

◎孙中山上书李鸿章，提出用西方近代农学改良中国农业的建议。

1895 年

◎康有为发表上清帝第二书，即“公车上书”，其中提出学习西方近代农业的具体主张。

◎孙中山在广州建立农学会，开创新农业教育科研推广结合的先声。

1896 年

◎张謇创办大生纱厂，提倡引种美国陆地棉。

◎福州引进制茶机器，有 5 台卷叶机、3 台焙茶机，为中国人创办的最早的机械制茶业。

◎陕西学政赵惟熙与刘光赉在泾阳县创办机器轧花厂，日出棉数百斤。

◎俄人在哈尔滨香坊设立农事试验场，试种糖用甜菜。

◎俄国修筑中东铁路时，招收大批朝鲜工人，工程结束后，这些人在铁路沿线定居，开垦种稻。

◎清政府首次派学生 13 人去日本留学，其中有 1 人学农。

◎俄国黑蜂及新法养蜂技术由西伯利亚传入中国东北北部，后发展成今日的东北黑蜂。

◎稽侃、汪有龄入日本东京琦玉县玉町竞进社学习近代养蚕技术。

◎赵敬茹撰《蚕桑说》，提出用显微镜检验蚕体，预防蚕的椒末瘟病（即微粒子病）。

◎郭云升撰《救荒简易书》问世。

◎陈炽著《续富国策》，呼吁参照新法，"讲求农学、耕耘、培壅、收获"，提出改变中国传统农业生产方式，采用西方农业经营方式和生产技术的主张。

◎罗振玉等人在上海发起成立务农会。

1897 年

◎杭州知府林迪臣在杭州金沙港怡贤亲王祠和关帝庙旧址办蚕学馆，聘日本人轰木长为教习，1898 年 3 月 3 日正式开学，为中国近代蚕业教育之始。

◎福建陈筱西到日本学蚕桑，是中国学生出国学农之始。

◎《农学报》出版，罗振玉任主编，初为半月刊，1898 年改为旬刊，1906 年 12 月停刊，前后共出 315 期，是为中国第一份农学报刊。

◎浙江温州裕成茶栈购机器制造散装红茶。

◎汉口茶商购西乐果机器（即台惟生机器）试焙茶叶。

◎上海孙实甫由日本大阪寄回德国依里茨所制之 600 倍显微镜一架，交杭州蚕学馆使用。

◎清政府驻意公使钱恂自欧洲引种桉树，种于浙江吴兴。

◎陈启沅撰成《广东蚕桑谱》。

◎孙诒让等人在温州创办蚕学馆。

◎张振勋从奥地利二次引种葡萄秧到山东烟台。

◎孙荔轩引进美国麦种，在扬州进行试种。

◎抽水机进入福建、湖南等地。

1898 年

◎光绪帝下诏"兼采中西各法"振兴农学，是中国政府公开推行西方近代农业技术的开端。

◎清政府下令于京师设立农工商总局，各省设立农务局，是为中国近代设立农业行政机构之始。1906 年更名为农工商部。

◎清政府决定建立京师大学堂，设有农科。

◎德人在胶澳（今山东青岛市）租借地造林约 4 万亩，树种为赤松、黑松、刺槐等。

◎上海设立育蚕试验场，这是中国出现最早的一家农事试验机构。同年农学会又在淮安设饲蚕试验所。

◎张之洞在武昌东厂四川会馆创办湖北农务学堂，1902 年迁至新河，扩大学校，分农蚕两科，兼办畜牧。校内设有蚕桑馆和农事试验场。

◎张之洞督修武昌江岸金口至平湖门长堤，建武泰闸；自武胜门外大堤至青山矶筑堤 30 华里，建武丰闸。

◎《农学报》卷 25《各省农事述》中刊登有浙江温州稻田养萍的报道，是为中国有关稻田养萍最早的记载。

◎黄宗坚撰《种棉实验说》问世。

◎光绪二十四年至光绪三十年（1898—1904）罗振玉编辑出版《农学丛书》。

◎评花馆主撰《月季花谱》，内容分浇灌、培壅、养胎、修剪、避寒、扦插、下子、去虫、品种 9 目。

◎浙江瑞安试种日本水稻。

1899 年

◎湖北农务学堂开设茶务课，为中国研究近代茶学之始。

◎清政府派遣学生赴日本学农，第一批 10 名，同年又派员去欧美学农。

◎日本从中国引种杜仲。

◎英国人威尔逊（F. H. Willson）从中国引种猕猴桃。

◎用杂交方法培育小麦良种。

1900 年

◎俄国东正教教徒把高加索蜂带到新疆伊犁和阿勒泰地区，发展成为今日的新疆黑蜂。

◎华绎之在无锡荡口镇试办养蜂场。

◎上海开始应用结核菌试验诊断牛结核病。

1901 年

◎湖南巡抚赵尔巽在长沙北门外先农坛设农务局，辟文昌阁、铁佛寺一带官地为农务试验场，是为中国设立农务试验场之始。

◎湖北创办《湖北农学报》。

◎张謇筹款创办海通垦牧公司，开发苏北滨海地区。

◎山西农林学堂于省城大东门开办，设有农林两科。

◎江南蚕桑学堂创办于江宁（南京）五福街。考究栽桑、养蚕、制种、缫丝等法，参用东西洋新理、新法，改良土法，俾扩固有之利源，开未来之风气。

◎光绪末年（20 世纪初），江苏南通颐生罐头合资公司开始生产鱼、贝类水产品罐头，是为中国水产品工业创办的开端。

◎上海徐家汇天主教堂修女院引进六头黑白花奶牛。

1902 年

◎清政府派贻谷督办绥远和察哈尔两处垦务，绥远地区设归化垦务局，察哈尔地区设察哈尔左翼张家口总局，同年 8 月，又设立东西垦务公司，蒙地从此公开放垦。

◎清政府颁布《钦定高等学校章程》。

◎张之洞委托日本农学教习美代清彦对湖北农村的水稻、棉花、烟草、大豆等主要作物的生产水平进行调查。

◎官商合资在安东（今辽宁丹东市）创办鸭绿江木植公司，在吉林设立江浙铁路木植公司，在黑龙江设立官办的裕祥木植公司，是为近代官办的第一批伐木企业。

◎直隶农务局总办黄璟奉直隶总督袁世凯之命，赴日本考察农务，著有《游历日本考察农务日记》。

◎直隶农事试验场创立于保定西关外霍家大园，内分蚕桑、森林、园艺、工艺四科。

◎直隶高等农业学堂建立于保定西关外霍家大园，以农桑为正业，制造为副业，以兴民利而杜漏卮，是中国大学、专科性质的农业教育的开端。

◎四川蚕桑公社创办于重庆合州，以考验桑虫、蚕病，讲求栽培、养育、杀蛹、制种、缫丝等法，为本省农家改良旧术，指授新学，以开风气而扩利源。

◎山西农工总局附设山西农林学堂，是为中国近代林业教育的开端。

1903 年

◎芜湖农务局从日本引进旱稻品种“女郎”。

◎山东农事试验场创办于济南七里堡迤北，以考天时、验土质、度肥料、选种类，考求蔬圃禾稼各事、耕耩锄割等法。

◎山西农事试验场创办于太原农工局西偏，场地 180 余亩，内分旱地、园地二部。

◎何刚德撰《抚郡农产考略》，最早记载了用胆矾（即硫酸铜）和石灰配制成全剂防治李树痈病的方法。

◎史量才在上海创办私立女子蚕桑学堂。

1904 年

◎江西农工商矿总局在南昌进贤门外设立农事试验场。考选学生傅尔斌等 12

名咨送东洋学习实业；购置化学仪器，觅致佳种，招募农工，播种农作物，并设畜牧场和养鱼塘。场地面积 140 余亩。

◎光绪三十年至光绪三十二年（1904—1906），张之洞督修汉口后湖长堤（今称“张公堤”），堤长 34 里，涸出田地 10 万余亩。

◎割草机从俄国输入兴安岭以西一带。

◎云南盈江县从新加坡引入橡胶树。

◎山东济南在燕子山、千佛山等处建立林业试验场，以验山石土质之性，辨林木果树之宜，考求培植、接木、驱虫、避雾诸法。

◎京奉铁路通州至新民屯、营口段两侧荒地开始造林。

◎高祖宪等集资 20 万元，组织“奖励牧羊会社”，购入国外美利奴绵羊，以改良陕西牧羊业。

◎山东崂山县从德国引进萨能奶山羊。

◎北洋马医学堂成立于河北保定，徐华清任总办（校长），为中国最早的近代兽医学校，1912 年改名为陆军兽医学校。

◎陕西在西安城外西关创办中等农林学堂，附设农业教员讲习班。

◎张謇在上海吴淞兴办水产学堂，招收小学毕业生，是中国水产教育的开端。

◎中国开始使用化学肥料硫酸铵。

1905 年

◎两江总督周馥派江苏道员郑世璜赴印度、锡兰（今斯里兰卡）考察茶业。郑于农历四月初九出发，八月二十七日回国。回国时购得部分茶机运至南京紫金山灵谷寺进行试验，并著有《乙巳考察印、锡茶土日记》，为中国考察国外茶业的嚆矢。

◎清政府派员外郎魏震等考察长白山森林。

◎中国油桐种子运往美国试种。

◎上海实行牛乳卫生检验，以防奶牛结核病蔓延。

◎张謇会同江浙官、商，创办江浙渔业公司，并从德国购进蒸汽机渔轮一艘定名为“福海”，这是中国第一艘拖网渔轮，也是中国海洋渔业使用机轮捕捞之始。

◎京师大学堂农科大学正式成立。1914 年改为国立北京农业专门学校，1922 年改为国立北京农业大学。

◎清政府选实业学生 30 人赴日本学习农业。

1906 年

◎清政府派驻意大利使臣黄诰至罗马参加万国农业会（又名“万国农业公

院”），进行资料交换和农业技术交流。

◎福州林馥郇种植西洋参获得成功。

◎新西兰人米格拉谷（Jams Megragor）到中国旅游，将猕猴桃种子带回新西兰。

◎华侨何麟书在海南岛设立琼安公司，在安定县引种巴拉树胶，试种 4 000 株，成活 3 200 株，此后华侨和内地人纷纷在海南岛创办树胶园。

◎山东农事试验场购进美国农具 20 余种、日本农具数十种。

◎山东济南办济农公司，经销化学肥料。

◎农工商部农事试验场做灌溉排水试验，是中国农田水利事业进入科学试验的发端。

◎华侨投资在上海开设泰康公司，生产罐头，是中国最早的罐头工厂之一。

◎俄籍波兰人格拉叶斯于黑龙江省阿城筹建中国国内第一座甜菜制糖厂，在阿城、双城、拉林等地种植甜菜。

◎江浙渔业公司受商部之命，负责筹备参加意大利秘拉诺（Milano，今译米兰）博览会，参展的展品有海产品、渔具、渔史及东南海渔界图。

◎张奉春（伯苓）、李金藻（琴湘）赴欧美调查水产，是为中国海员赴外国调查水产之始。

◎日本在大连成立“南满洲铁道株式会社”（简称“满铁”），由后藤新平任总裁。

◎清政府农工商部农事试验场建于北京西直门外，分农林、蚕桑、肥料、动物、植物、庶物、会计、书记等科。

◎奉天农事试验场创立于沈阳东边门外东塔，内分禾稼、蔬菜、花草、果木、牲畜、鱼鸟六科，陈振先任主任。

◎清政府在辽宁黑山县小东创办奉天官牧场，改良马种。

◎日本在大连西公园建立关东农事试验场，1918 年迁往沙河口。

◎山东济南农林学堂创立于济南东郊七里堡。1907 年改名为山东省高等农业学堂，1913 年改名为山东省公立农业专门学校。

◎四川成都设四川通省农政学堂，1912 年更名为四川省高等农业学堂，1914 年改称为四川省公立农业专门学校。

◎甘肃省农矿局在兰州西关萃英门创办甘肃省农林学堂，设农、林、蚕三科。

◎张謇创办南通甲种农校（后更名为南通学院农科、南通大学农科、南通农学院）。

1907 年

◎广东新会华侨陈国圻在黑龙江创办兴东公司，引进火犁（蒸汽拖拉机）进行开垦，是东北地区应用蒸汽拖拉机的最早记载。

◎保牛公司建于江阴忠孝古里，专以保护农民耕牛为宗旨，疾病则为之医治，失窃则为之报查。若医治无效，查而不获，由公司赔偿。这是中国最早的耕牛保险公司。

◎直隶成立农务会，和上海农务会不同之处在于其更重视推广技术，重视农业实践。

◎留日农科学生创办《复农会》月刊，内设作物、蚕桑、牧养、林业、农经等10多个栏目，社址设在上海。

◎江苏嘉定姚志梁等仿英国务农会、日本农会之例，在南翔镇发起设立中国农会。

◎自费留学美国攻读畜牧学的陈振先学成归国。

◎《江西农报》在南昌出版。初为半月刊，自第11期改为月刊。叙例称："以研究农术，发达全省农业为目的……阐古学之余绪，师欧美之专长，改良土产，扩张利权。"

1908年

◎黑龙江布特哈总管福全斋，集资股银10万两，创设瑞丰火犁公司，备有火犁二具、割麦机器一具，专代各佃户开垦荒地。

◎山东泰安、沂州两府开肥料益农公司。

◎浙江瑞安金君湘发明一种升水器具，名为升水筒，能令低处之水，运灌高处。

◎永定河道吕佩芬为培训专职河工人员，创办了河工研究所，每年招收30名学员，学制一年。

◎无锡农民都庭标利用小型煤油机引擎作动力，拖动老式龙骨车从事灌溉。

◎江南农业试验场建于南京三牌楼，面积160亩，进行谷菽、烟麻等作物试验，并陈列种子等农产品。

◎广东劝业道道尹陈望主持建立广东农事试验场，由留美康奈尔大学农科博士唐有恒任农师。场址在广州鸥村（今区庄）。场内附设农业讲习所。之后，场、所分别改名为农林试验场和农林讲习所。

◎广西农林试验场在桂林创建，附设农林讲习所，黄锡铨为总办，该所对广西农家品种及引进稻种进行品种比较试验。

◎天津创办种植园，栽种槐、柳、杨、榆数万株，桑树数万株，日本果木数万株，并有脑（挪）威松种。

◎李席珍、王沛霖创办富华制糖股份有限公司，兴办了中国人自办的第一座甜菜糖厂，即呼兰制糖厂。

◎是年开始，大连、塘沽、青岛、上海、定海、烟台、威海等地先后建造渔用机械制冰厂。

◎广东民族资本家集银 60 万两，创立广东渔业公司。

◎北洋马医学堂派朱建璋、刘葆元等 5 人赴日本东京帝国大学学习。

◎李煜瀛在法国以科学方法研究中国大豆的成分。

◎刈麦器、刈草器、玉米脱粒机等农具被引进到辽宁。

1909 年

◎上海求新制造机器轮船厂仿造内燃机获得成功，又研制出汲水机（水泵）。

◎美国芝加哥万国农具公司在海参崴（今符拉迪沃斯托克）设支店，该公司农业机工经西伯利亚传入黑龙江。

◎创造以水杨酸纸包裹果品的鲜果远途运输法。

◎华侨郭祯祥在福建龙溪创办华祥制糖公司，是为中国最早兴办的机制甘蔗糖厂。

◎本年起至 1911 年，湖北总督在武昌、武丰、沔阳、宜昌、郧阳等地区划地 8 000余亩，设立林事试验场，开展林业育苗和生产试验。

◎建立全国农务联合会，会址定于南京。

◎湖北省在羊楼峒设茶业模范场，并附设讲习所。

◎清政府农工商部提出振兴林业措施：搜集各国发展林业资料；赴日本考察造林；调查各省宜林地和天然林。

◎孙子文赴日本调查水产讲习所、试验场、制造场等诸多事宜，作筹办水产学校准备。

1910 年

◎中国第一座水电站——石龙坝水电站（又名海口电站，建于昆明滇池出口处——螳螂川首段）动工修建，于 1912 年建成。

◎中国参加在比利时举办的万国博览会，共获奖状、奖牌 65 份，其中超等奖状 14 张，荣誉奖状 8 张，头等金牌 15 面，银牌 18 面，铜牌 2 面，存记奖状 5 张，公赠奖状 3 张。得超等奖状者为：上海通运公司　茶叶、巴黎中国豆腐公司　豆腐及新发明物品、巴黎中国豆腐公司　豆饼及豆粉、上海万豫酱园　酱油、巴黎中国豆腐公司　甜酱及豆制点心等；得荣誉奖状者为温州通运公司　茶叶、杨信之君出品　丝等；得头等金牌者为上海蛋质公司　蛋质、宁波公司　糖类及点心等。

◎中国从美国引进铁轮拖拉机 2 台，在浙江萧山建立湘湖实验农场。

◎黑龙江从日本引进早熟稻种“札幌白毛”。

◎英美烟草公司在山东威海地区试种美国烤烟。

◎广东各林区乡民创办森林股份公司，以种松、杉为主。

◎清政府在察哈尔建立模范马场，由北洋马医学堂吴家鹏主持工作，进行马匹改良。

◎直隶水产讲习所成立于天津河北长芦中学旧址，孙子文为校长，首批招收学生 96 名。1929 年改名为河北省立水产专科学校。

◎浙江在杭州开办农业教员养成所，1912 年改为浙江中等农业学校，又改为甲种农业学校，1918 年改为浙江公立农业专门学校。

◎清政府驻意大利公使吴宗濂撰《桉谱》，内容有名义、形体、产地、历史、生长、功用、特质、明效、种法、购种地址等，是中国最早介绍桉树的专著。

◎许鹏翊撰《柳蚕新编》问世。许氏自光绪末年任职于吉林山蚕局，用蒿柳养蚕获得成功，因而写成此书。

◎四川省灌县筹建茶务讲习所，培养专业人才。

1911 年

◎张謇在清江设江淮水利测量局，为“导淮之预备”，淮河测量进入新阶段。

◎江苏常州奚九如试验以引擎戽水。

◎奉天成立植物研究所，内分野生植物、工艺植物、林木、蔬菜、花卉、谷类六区。

◎广西巡抚张鸣岐和新军首领蔡锷在桂林城郊办军马场，引进蒙古马饲养。

◎在察哈尔开办两翼牧群学堂，并设模范实习牧场，场中饲养有从各牧群挑选出来的高大种马及从国外引进的优良种马。

◎张品南在福建闽侯与人合办“三英蜂场”，用新法饲养中蜂。

◎无锡华绎之仿西法制造巢础及养蜂工具。

◎直隶农事试验总场设于天津，1914 年改名为“直隶农事试验场”。

民国时期
(1912—1949)

1912 年

◎湖南农务总会和实业公司仿日本风穴冷藏蚕种法，在益阳浮邱山创办风穴蚕种冷库，始克告成，旋毁于风灾。

◎哈尔滨开始采用近代榨油机榨油。

◎奉天水利局在沈阳东陵附近对浑河进行截流灌溉，开发水田，试种水稻。

◎天津军粮城用机器灌溉，栽种水稻。

◎驻美使臣龚怀西从美国带回五群意大利蜂，置安徽合肥饲养，是为中国内地引进意蜂之始。

◎民族资本家郑永昌与美人巴尔木合资在黑龙江绥滨创办中美合资火犁公司。

◎国民政府于农林部内设渔业局，是为中国设立渔业专局的开端。

◎浙江在嘉兴设立治虫局。

◎农林部在北京设立林艺试验场，以天坛之外坛为场址，面积 2 000 余亩。试验分播种、移栽、插条、造林四项，林木 30～40 类，以松柏为最多。1915 年改为第一林业试验场，1933 年又改为实业部直辖北平模范林场。

◎江苏省立水产学校成立于上海，张公镠为校长，1913 年迁校至吴淞。

◎江苏苏州府农业学校成立园艺科，是中国近代园艺中等教育的开端。

1913 年

◎英美烟草公司在山东潍县坊子与二十里铺间租地 60 亩，试种烤烟获得成功。

◎农商部在张家口附近设立第一种畜试验场，引进英国“哈犁佛”牛（即海福特牛）及“高丽牛”，进行牛种改良。

◎农商部在北平西山开辟苗圃 800 多亩，产各种苗木 250 多万株。

◎张品南从日本带回意大利蜂四箱，新法养蜂书籍一批，以及巢箱、巢础、摇蜜机、喷烟器、隔王板等新式蜂具，置福建闽侯养蜂试验场供人参观，推广活框养蜂技术。

◎华绎之在江苏无锡创办荡口鸡场，引入白色来航鸡。

◎沈化夔编译新法养蜂著作《实用养蜂新书》出版。此后，戚秀甫的《养蜂白话劝告》（1917 年）、郑蠡的《实用养蜂全书》（1918 年）、张品南的《养蜂大意》（1919 年）相继出版。

◎中国养蜂协会成立。

◎“满铁”在公主岭组建“满铁产业试验场”，次年在熊岳成立分场。

◎创设气象观测所于北平，隶属于中央农事实验场，工作内容为天气报告、农事气象报告以及警告天气非常灾变。

◎教育部公布《大学规程》，规定农科大学分农学、农艺化学、林学和兽医学四门，修业年限预科一年，本科三至四年。招收中等学校毕业或有同等学力者。

◎成立江苏省立第一农校（南京）、第二农校（苏州）及浙江省立甲种农校。

◎"满铁"编制《南满洲在来农业》《南满洲在来农具》等专项报告，在大连出版。

1914 年

◎金陵大学成立农科，美人裴义礼（J. Bailie）、芮思娄（J. H. Reisner）等先后任科长，实行科研、教育、推广三结合。

◎金陵大学芮思娄教授育成小麦良种"金大 26 号"，是为中国用近代育种方法育成的一个小麦良种。

◎英美烟草公司在山东潍县建立烟草试验场，成为试验推广美种烤烟种子中心。

◎北洋政府农商部颁布《植棉、制糖、牧羊奖励条例》。

◎农商部颁布《森林法》，内分总纲、保安林、奖励、监督、罚则、附则六章，共 32 条。

◎教育部总长汪大燮发出废止中医、中药令，迫使中医、中兽医日趋没落。

◎天津农事试验场由日本购进一批意大利蜂，是华北地区养西蜂的开端。

◎设立全国水利局。

◎农商部征集京师附近各乡农产品，在中央农事试验场开农产品评会，用以启迪乡民、改良种植。

◎穆抒斋（穆藕初胞兄）在上海创办植棉试验场，并刊行《改良植棉浅说》及《植棉试验报告》，以传播植棉改良之常识。

◎云南朱文精赴日学习茶业，为中国出国学茶第一人。

◎北洋马医学堂出身的竹堃厚代表中国到伦敦参加第 10 届世界兽医会议，是为中国第一次派代表参加。

◎胡朝阳编著的《实用养猪大全》由上海新学会社出版，是为中国较早的养猪科学专著。

◎广东创办《农林月报》，黄枯桐任主编。1916 年 9 月改名为《广东农林月报》。

◎《国有荒地承垦条例》及实施细则颁布。

1915 年

◎甘肃省农事试验场从日本、美国、意大利引进玉米品种，从日本、苏联引进大麦品种。

◎常州厚生铁工厂创制 3 马力和 5 马力内燃机，先拖带水车戽水，后制成"双翼水风箱"（即水泵），机器排灌日渐普及。

◎黑龙江呼玛县创办机械化农场。资本 60 万元，农场面积 3 600 垧。备有大型拖拉机 5 台，25 马力拖拉机 2 台及打谷机、割禾机、播种机、大型犁等农业机械。

◎北洋政府宣布以每年的清明节为植树节。

◎北洋政府颁布《森林法施行细则》及《造林奖励条例》。

◎农商部在山东长清县创办林业试验场，试验分浸水、施肥、分根、播种等，不久改为第二林业试验场。

◎江苏省第一农业学校发起营造“江苏省教育团公有林”，后改称为“江苏省教育林”。

◎陈嵘在南京三牌楼江苏甲种农校创办树木园，面积 5～6 亩。

◎中国开始生产橡胶烟片。

◎粤商杨宴堂在江湾地方租地 60 余亩，仿照西法种植靛青。

◎在美国旧金山举办的巴拿马万国博览会上，中国的广德茶、寿昌绿茶及红茶、景宁茶、都匀茶、安徽太平猴魁、江西狗牯脑、河南信阳毛尖、四川蒙顶茶获巴拿马万国博览会金奖；山东省张裕酿酒公司白兰地、红葡萄酒、味美思酒、济宁玉堂酱园金波酒获金质奖章；山东济滦制蛋公司的鸡蛋黄、鸡蛋白获银质奖章。

◎安徽祁门县成立茶业试验场，开展种类、修剪、肥料、试茶等方面的试验。

◎湖南长沙成立茶业讲习所。

◎在直隶正定设第一棉业试验场，在江苏南通设第二棉业试验场，在湖北武昌设第三棉业试验场，试验内容均为种类、栽培、肥料三项。

◎在北京西山来远斋创立第二种畜试验场，有美利奴羊 200 只，种牛 10 只；在安徽凤阳县石门山创立第三种畜场，有美利奴羊 300 只。

◎邹树文、竺可桢、赵元任、任鸿隽、胡明复、秉志、章元善共同发起，在美国组织中国科学社，1915 年 10 月正式成立，后迁回国。

◎金陵大学设林科，1930 年改称农学院森林系。

◎美国经济学家卜凯（J. L. Buck）来华，后任金陵大学农业经济系主任，最早向中国介绍了农业区划。

◎张謇在江苏高邮成立江苏河海工程测绘养成所。

◎张謇在南京创办河海工程专门学校，由黄炎培、沈恩孚等负责筹办。1924 年改名为河海工科大学，1928 年并入中央大学。

◎察哈尔省在张家口成立农林试验场。

1916 年

◎中央观象台正式以天气图的方法作天气预报。

◎章祖纯发表《北京附近发生最盛之植物病害调查》，为中国实地调查植物病害之始。

◎邹秉文在东南大学及金陵大学讲授植物病理学，并写出《植物病理学概要》。

◎台湾新竹县开建桃园大圳，1928年完成，可灌田33万亩。

◎农商部设立中央直辖模范棉场于河南彰德，旋改为第一植棉场，对于摘心、整枝均极讲究。

◎农商部设立林务研究所，研究范围涵盖育苗技术、造林方法、采造树种及制造标本、林产制造、森林知识普及、森林分布状态、林业经济、林务书报编纂等。

◎王季茝等在美国芝加哥大学对皮蛋（松花蛋）作生物化学分析，并发表文章介绍皮蛋的生化成分、营养价值。从此，“皮蛋”被西方人视为中国的传奇食品。

◎农商部颁布《中央及地方农事试验场联合方法》，内容为：农商部下辖之北京西直门外农事试验场改称中央农事试验场；各场或各县所设立之农事试验场，分别改称某省或某县地方农事试验场；中央农事试验场所得成绩及试验方法，须推行于全国者，得直接指示地方农事试验场；地方农事试验场所得之成绩及方法，得径请中央农事试验场查核，并报告于其他有关系之地方农事试验场；地方农事试验场关于试验方法或疑难问题得径请中央农事试验场指示方法。

1917年

◎聂云台等在上海组织中华植棉改良社，以郁屏翰为社长，穆藕初为书记。

◎在临汾设立山西棉业试验场，引种美棉，推广植棉，至1919年棉田种植面积扩展到40余万亩。

◎从美国、日本引进单筒喷雾器，但未能推广。

◎“满铁”从“金线稻”中选育出“改良陆稻”13号、19号、33号、49号等新品系，比原种增产40%。

◎广东省国民政府在农林试验场举办首届农产品展览会，展出来自全省60多个县的1万多种产品，观众不下20万人次。

◎中华农学会成立于南京三牌楼，会员有王舜臣、周清等50余人。

◎中华农学会设立奖学金，分国内和国外两部分。国内分专科优秀论文奖、农业院校优秀学生和研究生奖。

◎中华森林会成立于南京，凌道扬主持会务。

◎南京高等师范增设农业专修科，1920年改为东南大学农科。

◎广州成立岭南文科大学，内附农科班。

◎山西督军兼省长阎锡山从美国引入美利奴羊牝牡共1 000余头，分配给朔县、安泽及太原三大牧场，并于各处设立种羊交配所，力谋绵羊品种改良。

◎河北省水产专科学校第一次选派学生留日，渔捞、制造各五名。

◎陈葆刚等人在烟台西沙旺创办水产试验场，内设渔捞、养殖、制造三科，是为中国第一个水产试验场。

◎中华产殖协会在日本成立，留美中国农业会在美国成立，二者均于 1919 年并入中华农学会。

1918 年

◎为改良江、浙、皖蚕桑事业，提高华丝与日丝的竞争力，在上海成立中国合众蚕业改良会，提倡使用第一代杂交改良蚕种。

◎辽宁从美国引进烤烟，在凤城和复县两地试种，是东北地区首次引种烤烟。

◎南洋兄弟烟草有限公司购进美国烟种，并将烟草栽培法编印成书，传播于山东坊子、安徽刘河、河南许昌一带，推广种植。

◎山东济南溥益糖厂购进德国甜菜种子，无偿分发给农民，并派技师指导，种植地域推广到 19 个县。

◎农商部购进大宗美棉种子，计有脱里司、金氏、隆斯太等，由山东省实业厅转发给农事试验场、棉业试验场及各县种植，大多颇有成绩。

◎鲁农发表《马匹人工授精术》一文，首次介绍人工授精。

◎南京高等师范农科设畜牧组，是高等畜牧兽医教育的开端。

◎张謇将设在南通的甲种农校，扩充为南通大学农科。

◎《中华农学会丛刊》创刊，后因经费关系与中华森林会的刊物合刊，改名为《中华农林会报》。其后又独自刊行，改称《中华农学会报》。

◎河北保定牛献周著《蜂学》一书，是为中国近代第一部养蜂专著。

◎青海省在大通县建立农事试验场。

1919 年

◎南京高等师范学校农科金善宝等选育成“南京赤壳”“武进无芒”等小麦品种。

◎1919—1924 年，原颂周在南京高等师范学校农科农事试验场主持水稻育种，育成“改良江宁洋籼”“改良东莞白”，是中国用近代育种技术育成的第一代水稻良种。

◎华商纱厂联合会植棉改良委员会在宝山、唐山、南京设立试验场，以南京为总场，聘过探先为场长，进行植棉与引种试验。

◎美国棉作专家顾克（O. F. Cook）来华考察棉作，认为“脱字棉”适于黄河流域，“爱字棉”适于长江流域，给中国的棉花种植带来深刻影响。

◎金陵大学、东南大学从事“脱字棉”“爱字棉”的驯化工作。

◎吴觉农、葛敬应赴日学习茶业。

1920 年

◎华商纱厂联合会从美国购进“脱字棉”及“隆字棉”棉籽 10 吨，分发给陕西、河南农民种植。

◎“满铁”在东北育成“奉天白”“六角亨那”等大麦品种，“奉天白”比当地品种增产 40%以上。

◎烟台成立华洋丝业联合会，改良柞蚕放养技术。

◎张鸿钧研制出适应东北地域耕作的农机具。

◎台湾嘉南县自本年起至 1930 年建成嘉南大圳，灌溉面积约 255 万亩，是台湾地区最大的水利工程。

◎活框蜂箱和西方蜜蜂一道传入湖南。

◎上海龙怀皋从美国引进巴斯德氏杀菌设备，生产消毒牛奶。

◎南京高等师范学校农科建立小麦试验场，是为中国最早之小麦试验农场。经对 900 个小麦品种试验，发现“武进无芒”“南京赤壳”及日本“赤皮”为最佳小麦品种。

◎农商部在湖北武昌洪山设立第三林业试验场，后改为湖北省立林业试验场。

◎东南大学设立国内第一个植物病虫害系，并在南汇成立棉虫研究所。

◎岭南大学设立蚕桑系。

◎张品南主编《中华养蜂杂志》，一年后停刊。

◎山西省农桑局成立，1929 年改称为山西省农务局。

◎岭南大学从澳洲引进番茄品种，于 1925 年选育成一个性状稳定的新品种。

1921 年

◎南汇县建立棉虫研究所，由张巨伯主持，是为中国植保专业创立研究机构之始。

◎“满铁”在东北育成“马牙子”“老来皱”“红包米”三个玉米品种。

◎江西瑞昌苎麻在南洋博览会上获最优奖。

◎美国道奇公司向东南大学赠送拖拉机和农具，穆藕初捐资建农具馆。

◎中山大学农学院在 20 世纪 20 年代开展水稻灌溉试验。

◎虞振镛从美国选购荷兰乳牛运回北京，在清华学校附近建立北京模范奶牛场。

◎江苏女子蚕校制成一代交杂桑蚕种，后在吴江的震泽、无锡的北乡推广。

◎华绎之从美国引进意蜂 5 群，存活 2 群，次年人工分蜂 70 群，并育成人工新王 180 多个，是为中国第一批人工育王的纯种意蜂。

◎烟台辛作亭集资从日本购回单汽缸 30 马力手操网渔轮二艘，定名“富海”“贵海”，为中国汽船手操渔业（又名“双轮拖网渔业”）之始。

◎钟观光在浙江劳农学院（浙江农业大学前身）建立植物园，占地 50 余亩，园内分裸子、被子、水生植物三区，是中国兴建的第一个植物园。

◎中华森林会创办《森林》杂志，是为中国近代第一个林学刊物。

◎东南大学农科创办园艺系，吴耕民、葛敬中等赴校任教，是为中国大学农科中设园艺系之始。

◎1921 年以来，中国鱼类专家在广西浔江捕捞成熟的草、鲢、青、鳊等鱼类，进行人工授精与孵化试验，是为中国研究家鱼人工繁殖的先声。

◎金陵大学农林科设立农业经济系，是为中国最早成立的农经系。

1922 年

◎上海在杨思乡创办蔬菜种植场，专种蔬菜、花卉。

◎岭南大学农科与纽约阿纳米德公司合作，进行氨肥和磷肥试验。

◎东南大学农科建立农具制造所，研制生产的农具有犁、手耙、单畜五齿中耕器、单畜棉花播种器、梯形锄、发芽器等。

◎金陵大学农学院从事农具改良研究工作，制成新式犁、中耕器、棉花玉米播种机、轧花机等。

◎通县潞河中学附设潞河乡村服务部鸡场，使用白来航鸡改良本地鸡种。

◎江苏省育蚕试验所、江苏女子蚕校先后进行蚕种浸酸试验人工孵化秋蚕种成功。

◎江苏省成立昆虫局，从事棉虫、螟虫、桑虫、蚊虫等的防治方法研究，是为中国第一个省级农业昆虫研究机构。

◎农商部江苏海州渔业试验场新造渔轮一艘，命名“海鹰号”，开中国自造渔轮之先声。

◎陈仪在江苏东台创办裕华垦殖公司，有扬水站一座、200 马力发动机一台、25 英寸抽水机二台。

◎李仪祉筹划关中水利，是年著成《黄河根本治法商榷》《论引泾》等水利专著。

◎金陵大学农学院成立农业图书研究部，由万国鼎主持工作，进行农业图书的搜集与整理。

◎陈焕镛撰《中国经济树木》问世。

◎福建创办厦门渔民小学。

◎中华农学求新会在香港成立。

◎华洋义赈会在河北香河成立中国第一个农村信用合作社。

1923 年

◎植物学家陈焕镛首次引进美国落羽松，植于广州石牌（今华南理工大学），现已在珠江三角洲河网地带繁殖。

◎金陵大学郭仁风（J. B. Griffing）摄制成包括改良蚕种、防治牛瘟、汲水灌溉、试验稻种等内容的电影片数千尺，是为中国教育电影与农业科普的开端。

◎江苏女子蚕校师生在吴江组织蚕农成立著名的“蚕桑改进社”，推动蚕农合作事业。

◎江苏淮阴第一农事试验场改为省立杂谷试验场。

◎南洋兄弟烟草公司在山东潍县建立种烟场。

◎晏阳初在北京成立中华平民教育促进会，1926 年转移到河北定县，探索从教育入手建设乡村的途径。

◎沈宗瀚去美国乔其亚州立大学研究院研究棉作学。

◎钱崇澍、邹秉文、胡先骕等编写中国第一部生物学教科书《高等植物学》。

◎原颂周著《中国作物论》出版。

◎20 世纪 20 年代中叶，金陵大学郭仁风用中棉育成“江阴白籽”，东南大学过探先用中棉育成“百万华棉”，两品种均作推广。

◎李炳芬在东南大学开始讲授《农具学》。

1924 年

◎沈寿铨等进行小麦、粟、高粱、玉米等改良试验。

◎江苏武进定西乡乡董试电力农田戽水，利用戚墅堰电厂电力进行灌溉，是为中国农业利用电力灌溉的开端。

◎中央防疫处制造出马鼻疽诊断液和犬用狂犬病疫苗。

◎陈宰均于青岛李村农事试验场兴建供试验用的猪、鸡舍，进行科学试验，其规模、设施为全国之冠。

◎浙江瑞安安息会牧师李某与陈某在瑞安合办宁康炼乳厂，生产炼乳和奶油，是为中国自办的第一座乳品厂。

◎中国第一个昆虫学社团“六足学会”成立于南京，成员主要是江苏昆虫局和东南大学、金陵大学昆虫系师生。1928 年一度改名为“中国昆虫学会”。

◎中国气象学会在青岛成立。

◎孙中山下令创办广东大学，邓植仪任农科学院主任。1926年广东大学改名为国立中山大学，农科学院改组为农科，1930年复称农科学院，1931年改称农学院，先由邓植仪兼农科主任，继之沈鹏飞兼主任后称院长。

◎广东大学农科学院和金陵大学农林科分别成立农业推广部。

◎钟心煊著《中国木本植物名录》（英文版）出版。

◎金陵大学师生进行7省17处的农户调查，后编成《中国农家经济》一书。

◎绥远省成立农事试验场。

1925年

◎邓植仪在《农村》第一号上发表《论砂与泥之性状及土壤分类法》，是为中国应用现代土壤学理论进行土壤分类的第一篇论文。

◎浙江首先制成“诸桂×赤熟”杂交蚕种一万张，于1926年推广。

◎美国人道塞脱（Dorsett）用两年半时间，在中国东北搜集大豆种子1 500份；1929—1931年，又与摩斯（Morse）一起另在东北搜集大豆种子622份。20世纪30年代，金陵大学美籍教授卜凯（Buck）又将1 000多份中国大豆种子材料送往美国。这些从中国搜集的大豆材料，成为形成当今美国大豆品种的重要基础。

◎王云森著中国国内第一本《土壤学》。

◎徐受谦在南京创办益群养蜂研究会，出版《养蜂报》《养蜂月刊》《养蜂季刊》《养蜂汇刊》。

◎李德跃撰成《绵羊学》。

◎中华林学会成立。

1926年

◎丁颖在广州东郊犀牛尾沼泽地发现野生稻，并用它与农家品种“竹粘”杂交，1933年育成“中山一号”，这是世界上首次将野生稻种质成功地转育给栽培稻的科学试验。后经系统选育而成“包胎矮”和“包选二号”，成为广东、福建大面积栽培晚稻的当家品种。

◎中央农事试验场在北京举办昆虫展览会，展期一周，展览介绍了昆虫标本的采集、制作方法、并展出诱虫灯、采集箱、制作箱等实物。

◎“满铁”在东北育成“大原”“万年”“红糯”三个改良水稻品种，比当地原有品种增产10%～30%。

◎山东设立棉作育种场，进行驯育美棉和改良中棉工作。

◎河北华洋义赈会在天津前营村成立示范农场，宣传农业技术，赊卖、出租农业机器，散发小麦、玉米改良种子，传授消灭作物病虫害的方法等。

◎黄子固创办北京蜂具厂，是年成功仿制巢础机，为中国国内首创。

◎集美水产学校从法国购进 274 吨级渔轮“集美”二号，为当时全国最大的新式渔轮。

◎东南大学农科成立农业推广处。

◎章文才、曾勉、李驹等发起成立中国园艺学会。

◎李石曾在巴黎组织新中国学会。

◎北京农业大学筹建动物营养研究室，为中国农业院校中最早研究动物营养科学的机构。

◎四川刘载庸开办俊泽兄弟养蜂场，附设养蜂学校，是为中国最早的养蜂专业学校。

◎山东大学成立，下设农学院，其前身为山东公立农业专门学校。

◎李秉权在实地考察和实验研究的基础上，撰成专题研究著作《中国羊毛品质之研究》。

◎芬兰商人维利俄斯在宁夏洪广营（今宁夏贺兰县洪广镇）开办甘草公司。1933 年宁夏省建设厅厅长魏鸿发派员接办，改为宁夏裕宁甘草公司。

1927 年

◎陈一得以私人名义在昆明钱局街 136 号创办“一得测候所”。

◎中央大学农学院育成水稻新品种“帽子头”。

◎丁颖在广东茂名公馆圩建立中山大学南路稻作试验场，是为中国第一个稻作试验基地。

◎广西成立实业学院，专事农林工矿技术研究和实验，院内农务部设有田艺、园艺、病虫害三课；畜牧部下设兽医、家畜、家禽三课。从美国引进拖拉机及犁、碟耙等农机具，垦荒 900 亩。

◎罗德民（W. C. Lowdermilk）调查山西、山东、河南、安徽等地的水土流失状况，研究该流域森林变迁、黄土冲刷与沙漠内侵之趋势，是为中国近代水土保持工作的发端。

◎福建修建长乐莲柄港提水灌溉工程，于 1929 年建成；1935 年改用电力，是为中国最早修建的跨度最大的过江高压输电线。

◎农工商部在天津成立农工商毛革肉类出口检查所。

◎江苏女子蚕业学校试制冷藏浸酸秋用一代杂交蚕种成功，大受蚕农欢迎。

◎中华轮船渔业公司建造“中华”号渔轮。

◎厦门集美水产航海学校成立，学制为五年，其前身为集美学校水产科。

◎浙江劳农学院（浙江农业大学前身）建立社会系，是中国农科大学中最早设置的社会系。

◎北京农业大学李秉权代表中华农学会出席在日本召开的第一届国际农学会，并在会上发表了题为《中国之羊毛》的讲演。

◎陕西省将农事试验场与棉业试验场合并为农棉试验场，1935 年改为省农事试验场。

1928 年

◎国民政府成立农矿部，主管全国农业。

◎湖北于武昌珞珈山武汉大学新校址设立第一棉花试验场。

◎中央大学、金陵大学共同制定《暂行中美棉育种法大纲》。

◎南京中央研究院以李四光为首的广西科学调查团到南宁、百色等地进行农林、生物、地质调查。

◎王启虞发现土蜂能寄生于金龟子幼虫体上，能控制金龟子危害，创造了一种以虫治虫的新方法。

◎国民政府将每年的 3 月 12 日（孙中山逝世纪念日）定为植树节。

◎温州瑞安成立百好炼乳厂，用水牛乳制炼乳，商标为“白日擒鹰”（暗喻“排日拒英”）。

◎东北陆军军牧场成立于洮安。

◎浙江昆虫局与嘉兴县合办寄生蜂保护试验室，是为中国最早的植物病虫害生物防治研究机构。

◎江苏昆虫局在上海用熏蒸剂处理引进的美棉种子约 2 500 包，开部门执行植物检疫之先声。

◎林业学者在南京重组中华林学会，并举行成立大会，姚传法为理事长。

◎武同举撰成《淮系年表全编》。

◎江苏省农民银行成立。

1929 年

◎国民政府农矿部成立中央农业推广委员会，是为中国第一个全国性的农事机构。

◎台湾新竹县人罗国瑞在广东汕头市新兴路建立中国第一个推广沼气的机构——国瑞瓦斯汽灯公司。

◎宁夏省正式成立。3 月，在银川西马营（今宁夏银川市中山公园）设立省第一农事试验场，开展良种培育、施肥、病虫害防治等工作，首任场长为王荫山。

◎傅焕光、陈嵘主持在南京中山陵建设中山陵园纪念植物园。

◎刘慎愕在北平三贝子花园内建小规模植物园，曾名“国立北平天然博物馆植物园”。

◎农矿部与建设委员会合设中央模范林区委员会，包括南京附郭句容、六合、江宁三县，1930年改名为中央模范林区管理局。

◎河北宁河渤海边开始筹建崔兴沽实验场，进行灌溉实验。

◎金陵大学开始对全国22省做土地利用方面的调查，以弥补中国在土地利用方面缺乏精确统计数据的空白。

◎绥远萨托民生渠动工修建，全长200里。1931年6月放水，计划灌溉包头、萨拉齐（今属内蒙古包头市土默特右旗）、托克托旗等旗、县农田50万亩，由于测量不精，工程草率，难以引水，工程失败。

◎江苏省农矿厅在苏州枣市街创办农具制造所，产品有柴油机、抽水机、改良犁、中耕机、条播机、碾米机、打稻机等。

◎江苏昆虫局祝汝佐在无锡将巴豆制成水剂，治桑蟥、白蚕，效果良好，受到农民欢迎。

◎上海商品检验局成立，结束了外商把持垄断中国农副产品检验工作的局面。

◎《渔业法》与《渔会法》颁布，并于1930年7月1日起正式施行。

◎邹秉文、戴芳澜等在南京发起成立中国植物病理学会，会员10余人。

◎吴耕民、林汝瑶等在南京中央大学园艺系发起成立中国园艺学会，次年春正式成立。

◎广东省在中山县香州埠创办水产试验场，附设水产讲习所，内分渔捞、制造、养殖三科。

◎中华林学会创办《林学》杂志。

◎国民政府内政、教育和农矿三部会令颁布《农业推广规程》。

◎农矿部成立中央农业推广委员会。

1930年

◎江苏江宁成立中央模范农业推广区，用以推广作物良种。

◎中央农业推广委员会与金陵大学合办乌江农业推广实验区。

◎由中央大学农学院创办的昆山稻作试验场（1928年创办）成为长江流域各省稻作改进技术的中心。

◎铭贤学校农科主任穆懿尔（R. T. Moyer）从美国引进马齿型玉米品种“金皇后”。

◎20世纪30年代初，“满铁”选育出“国光”“红玉”“红魁”“黄魁”“初日出”“元帅”“翠玉”“祥玉”“金花”“旭”10个苹果品种，推广栽培。

◎福建省永定县苏维埃政府提出以区为单位组织农业试验场。1933年后在中央苏区推广。

◎农矿部颁布《农产物检查所检验病虫害暂行办法》。

◎浙江省昆虫局改为浙江植物病虫害防治研究所，试制酒瓶式喷雾器和喷枪。

◎国民政府颁布《堤防造林及限制倾斜地垦殖办法》。

◎1930—1935年，李仪祉主持兴建第一个大型现代化渠道引泾灌溉工程——泾惠渠，使泾阳、三原、高陵、临潼、醴泉等县受益，灌溉面积为59万亩。

◎苏南、浙北发展机船灌溉。

◎在浙江浦阳试行水利航测获得成功，飞行高度为2 000～4 000公尺、长度36公里，制成1∶15 000和1∶30 000地形图。

◎南京中央地质调查所成立土壤研究室，是为中国建立土壤研究机构之始。

◎金陵大学请土壤调查专家萧氏来华讲授《高等土壤学》，并对中国长江、黄河、淮河流域的土壤进行抽样调查。

◎南京中央地质调查所开始调查全国土壤，1936年由梭颇（J. Thorp）写成《中国土壤》，并制成全国土壤分类图。

◎20世纪30年代初，浙江大学农学院刘和教授与助教官熙光发明活化有机肥料方法，1934年获国民政府实业部批准，专利10年。

◎实业部青岛商品检验局设立血清制造所，是为中国第一个兽医生物药品制造厂，试制出抗牛瘟、猪瘟等生物药品。

◎江苏成立蚕业取缔所。

◎北平民生养蜂讲习所开展养蜂函授教育。

◎华绎之养蜂公司在江苏陈行乡放蜂采蜜，村民以蜜蜂是农作物害虫为借口，趁夜将700群蜂焚毁，酿成近代养蜂业史上最大的毁蜂事件。

◎江苏省农矿厅在上海举办“改进渔业宣传会”，观众达50 000～60 000人次。

◎中山大学出版《中山学报·中山大学农林植物研究专刊》(英文版)，这是中国首次发行的英文版植物学学报。

◎国民政府颁布《土地法》。

◎国民党中央政治会议通过《实施全国农业推广计划》。

◎广东省成立土壤调查所。

1931年

◎美国育种家洛夫（H. H. Love）来华，就任实业部顾问及江浙两省作物改进总技师，将生物统计分析田间试验技术介绍给中国。

◎哈尔滨农事试验场以纯系分离选择和品种杂交等方法，先后育成宾南、肇安以及哈尔2229、2602、3197、3370、4385-2、4485-2等小麦品系，并育成水稻新品种“金线稻2号”。

◎南京中央地质调查所土壤室潘德顿（R. L. Pendleton）等对绥远萨拉齐地区进行土壤调查，分成绥远系、萨拉齐系、讨子号系三系。

◎谢宗荣在《土壤专报》上发表《土壤分类及土壤调查》一文，介绍土壤调查的有关知识。

◎上海、汉口分别开展茶叶检验。

◎吴觉农在《国际贸易导报》上发表《改良中国茶业刍议》一文，对振兴中国茶业提出战略性意见。

◎广西柳江农林试验场建成灌溉及饮水设施，用水力冲击轮机带动水泵抽水。

◎江西创建民生工厂，系制造农具的专业工厂。主要生产抽水机、碾米机、砻谷机、筛米机、剪草机以及各种新式犁、耙、锄、铲等。

◎浙江植物病虫害防治所药械设计制造室在吴福祯领导下，研制出中国第一架农用喷雾器和几种农药。

◎中国第一所水族馆——青岛水族馆于1931年1月在青岛莱阳路海滨公园开工，翌年2月竣工，占地10多公亩（约1 000多米^2），内分展览池、天然养鱼池、地下池三种，放养水族达1 000余种，另有标本400余种。

◎中华工农兵苏维埃第一次代表大会通过《中华苏维埃共和国土地法》。

◎实业部在南京成立中央农业实验所，下设：植物生产科，包括农艺、森林、植物病虫害及土壤肥料四系；动物生产科，包括蚕桑及兽医二系；农业经济科，包括农村工作、农村报告、农业经济三系。所长陈公博，副所长钱天鹤。

◎美国育种家洛夫第二次来华，任浙江农作物改良委员会总技师；中央农业实验所成立后，洛夫即任中农所总技师，浙江农作物改良委员会不复存在。

◎建设委员会在太湖流域建立水利试验场，分武（进）无（锡）区和吴江庞山湖区。

◎中国水利工程学会成立于南京，李仪祉和李书田分别担任正副会长。

◎梁漱溟在山东邹平成立乡村建设研究院，推行政教合一。

◎教育部通令各省设立中等农业学校，并提出实施方案及设置办法、设置标准。

◎浙江开办治虫人员养成所，培养了中国最早的一批防治害虫技术人才。

◎台湾省房课编印出版《中华民国茶业史》。

◎《管理国有林、公有林暂行规则》颁布。

◎实业部颁布《农村合作社暂行规程》。

◎中国水利工程学会创办《水利月刊》，汪胡桢任主编。

◎河北省设立农事试验场。

◎陕西试种西洋苹果。

1932 年

◎金善宝自澳大利亚引进原产意大利中北部的小麦早熟良种“明他那”，经多年驯化后定名为“中大 2419”，新中国成立后更名为“南大 2419”。

◎1932—1949 年，中央农业实验所先后育成“中农 28”“骊英 1、3、4 号”“锡麦 1、2 号”“沛县小红芒”“徐州 405”等小麦品种、品系。

◎中山大学农学院邓植仪进行稻根发育及分布情形观察。

◎广西大学设立农学院，设农学、林学二系。

◎3 月，中华苏维埃在江西瑞金颁布《中华苏维埃人民委员会对于植树造林的决议案》。

◎国民政府颁布《森林法》。

◎中央农业实验所钱浩庐改良美国喷雾器，制成自动式、双管式两种喷雾器。

◎湖南谈文祥等发起成立澧安抽水机器公司，计划购（抽水机）大小四种：3 匹马力 4 架，10 匹马力 3 架，13 匹马力 2 架，23 匹马力 1 架。

◎江苏省农矿厅与无锡教育学院在无锡东亭合办农业推广实验区。

◎吴觉农在祁门茶场试办茶叶运销合作社。

◎上海商品检验局成立第一血清制造所，程绍迥任主任，开始研制牛瘟血清、炭疽芽孢苗等生物药品。

◎广西省政府设马政处，并于柳城县无忧建立种马牧场，购入蒙古马、阿拉伯种公马，从日本购入盎格鲁诺曼种和雪特兰种的日本改良马，与广西马杂交。该场于抗日战争期间改隶军政部，1944 年日军侵桂时从柳城迁罗城，改名罗城种马场。后因日军侵入桂北，全场 600 多匹马除损失一部分外，并入军政部的贵州清镇种马牧场，江文湘等人在该场开展马的人工授精。

◎江、浙二省实行蚕业（蚕种和蚕茧）统制。

◎江西省政府决定采用航空技术测量田亩，由参谋本部陆地测量总局派遣航空测量分队赴赣，8 月首先在南昌县测量，1934 年全县测量完竣。

◎沈宗瀚、冯泽芳、金善宝等人在美国发起成立中华作物改良学会，次年移回南京，合并入中华农学会。1962 年正式成立中国作物学会。

◎上海商品检验局与上海市卫生局合办上海兽医专科学校，蔡无忌任校长。

◎中华苏维埃大学在江西瑞金洋溪创建，分设土地、财政、农业等科，8 个特别班，并设普通班。

◎浙江植物病虫害防治研究所创办《昆虫与植物》旬刊。

◎张心一发表《中国农业概况估计》。

◎于右任在陕西泾阳成立斗口村农事试验场。

1933 年

◎金陵大学沈宗瀚在南京育成小麦“金大 2905”，平均亩产 113 千克，比“金大 26”小麦增产 25%，比农家小麦增产 32%。

◎金善宝在中央大学农学院选育出“中大美国玉皮小麦”。

◎金陵大学农学院育成水稻中籼早熟品种 1368 号。

◎中央农业实验所开展全国范围中美棉区域试验。

◎国民政府行政院农村复兴委员会邀请农业专家 19 人，制订“全国农业改良计划”，后以《中国农业之改进》为书名出版。

◎中央农业实验所聘请英国剑桥大学教授韦适（J. Wishart）来华讲生物统计学。

◎美国温菲德（G. F. Winfied）教授在齐鲁大学协助下，对山东省有机肥料进行了系统调查，调查工作于 1935 年结束。

◎华北水利委员会和河北省建设厅联合兴建滹沱河灌溉工程，在平山县筑堰引滹沱河水。1935 年完成一期工程，灌溉农田 13.7 万亩。

◎湖北兴建金水排涝闸，使 90 多万亩农田免遭淹渍。

◎河北省在宁河县（今天津宁河区）建成崔兴沽试验场，对各种作物进行需水量试验，同时又进行了灌溉洗碱试验。

◎金陵大学在陕西泾阳县梁宋村创办西北农事试验场，对棉花、小麦等作物进行育种栽培试验研究，曾育成“517”棉花良种及“西北 302”等小麦良种，均大面积推广。

◎潘德顿（R. L. Pendleton）在广东中部进行土壤调查。

◎中央农业实验所进行肥效试验。

◎中央农业实验所用温汤浸种法对小麦黑穗病进行防治研究。

◎中央苏区在江西瑞金建立农业试验场，分田园、畜牧、山林和水利四科。

◎傅星帆在江西南昌县荏港西傅村发明蜜蜂移卵养王法。《华北养蜂月刊》以“赣省蜂业”为题，率先报道傅氏移卵养王获得成功。

◎国民政府行政院通过《各省堤防造林计划大纲》。

◎《清理荒地暂行办法及督垦原则》颁布。

◎俞海清、冯绍裘在江西修水茶叶改进所制造红茶萎凋机，获得成功。

◎广东举办蚕丝改良实施区。

◎国民政府在南京汤山北小九华山南麓建立中央种畜场。

◎广西创办兽疫药液制造所和畜牧兽医人员养成所。

◎广西在南宁、梧州、柳州设立昆虫研究室。

◎伪满在东北成立“国立”克山农事试验场，是为第一个以“满洲国”名义设置的农业科研机构。

◎江西省政府在南昌市南关口建立江西农业院，董时进任院长。

◎中共中央农业学校在江西瑞金创办，以培养农业干部和技术人才为目标，结合当地农业生产实际进行教学，分本科一年、预科二个月。

◎陈嵘撰《造林学概要》和《造林学各论》问世。

◎唐志才著《改良农器法》，提出改良中国农具的主张。

◎冯焕文主编《养蜂大全》问世。

◎山东省在济宁成立省立第二农事试验场。

1934 年

◎国民政府财政部成立烟草改良委员会，在许昌设置烟种繁殖场，由河南第五行政专署向烟农发放烤烟种子，是为由政府组织、倡导、推广烤烟之始。

◎全国经济委员会在南京设立棉产改进所。

◎全国作物改良研究会议于 11 月在南京举行，有 83 人参加，会上发表论文 28 篇。

◎1934—1939 年，西北农林专科学校采集小麦单穗 3 万余，进行纯系育种，育成“武功 27 号”，又名“蚂蚱麦”。

◎全国经济委员会设水利委员会，主持全国水利。全国水政由此统一。

◎安徽临淮关成立模范灌溉凤怀实验场，主要以小麦、豆类等旱作物为研究对象。

◎陕西兴建洛惠渠，拦河坝建于澄城县老状头村，引洛河水灌溉澄城、大荔等县农田，面积 50 万亩，至 1950 年完成。

◎中央水工实验所成立于南京，翌年开始土建工程。郑肇经任所长。1942 年改称中央水利实验处。

◎实业部地质调查所派梭颇和侯光炯等，对江苏滨海平原盐土作土壤调查，认为该地区适于植棉。

◎全国经济委员会所属棉业统制委员会与陕西省建设厅联合成立陕西省棉产改进所。

◎中央农业实验所设立土壤肥料系。

◎长江中下游发生严重旱灾。湖北武昌县县长提议实行人工降雨，是为中国人倡议实行人工降雨之始。

◎苏南旱灾后，江苏省疏浚镇江、武进、无锡间运河，宜兴、溧阳间运河及丹阳、金坛、溧阳间漕河，以提高蓄水能力。

◎孙云沛、吴振钟用棉籽油、石碱、肥皂等制成混合药剂，治棉蚜虫。

◎中央农业实验所成立药械研究所。

◎江西省农业院与北平静生生物调查所合作，在江西庐山鄱阳建立大规模森林植物园，8月30日成立，秦仁昌任主任，全园面积为1.9万余亩。

◎安徽祁门改良茶场和福建福安茶叶改良场等分别从印度和日本引进"杰克逊"和"臼井"式茶叶揉捻机。

◎1934—1935年，吴觉农先后考察了印度、锡兰（今斯里兰卡）、印度尼西亚、日本、英国、苏联的茶业。

◎国民政府公布《输出输入植物病虫害检验实施办法》，由商品检验局贯彻执行。

◎上海商品检验局与中央农业实验所合办上海兽疫防治所，程绍迥为主任，主要任务为制造兽医生物药品，以防治兽疫（猪瘟、牛瘟、炭疽等）。同时设立泰兴县猪瘟防治实验区。

◎广西兽疫药液制造所扩建成家畜保育所，建立半机械化的牛瘟脏器疫苗制造厂。

◎上海庄志震以资金9万元，建造大型拖网渔轮一艘，船长约135公尺，500匹马力，时为国产渔轮中最优秀者。

◎国立西北农林专科学校成立，校址在陕西省武功县张家岗（今属咸阳市）。校长于右任。1938年国立西北联合大学农学院并入该校，改为西北农学院，今为西北农业大学。

◎金陵大学沈宗瀚发表《水稻抗螟育种及小麦抗黑秆粉病及线虫病之遗传与育种》，是为中国有关抗病育种的最早著作。

◎舒联莹、叶德备撰《北京鸭》出版，是为中国第一部有关北京鸭的专著。

◎园艺学会出版《中国园艺学会会报》。

◎黄子固创办《中国养蜂杂志》，1956年改为《中国养蜂》。

1935年

◎冯泽芳选出"斯字棉（Stoneville No. 4）"为黄河流域推广品种，"德字棉（Delfose No. 531）"为长江流域推广品种。

◎中央大学农学院首次进行稻米种子分级研究。

◎在山东临淄成立烟草改良场，进行品种观察比较试验和烟草枯萎病抗病育种，是为中国近代开展烟草改良的开端。

◎湖北省利用建金水闸涸出淤地建立国营金水农场，购置动力牵引机24辆，并配置有 12 英寸及 14 英寸垦犁、熟地犁、圆盘耙等。

◎全国稻麦改进所于南京成立，为当时国内改进稻麦的最高技术机关。赵连芳兼稻作组主任，沈宗瀚兼麦作组主任。

◎广西农事试验场在柳州沙塘成立，为当时广西农业科研试验中心。

◎严守耕赴台湾省考察农业，编印《台湾之农业》一书。

◎陕西兴建渭惠渠，在眉县西之魏家堡建拦河坝，坝长 450 米，高 3.2 米，灌溉面积为 17 万多亩，1937 年竣工。

◎1933 年岷江上游发生 7 级地震，都江堰工程被冲毁。1935 年、1936 年，对都江堰工程进行了两次大规模维修、扩建。

◎曹瑞兰在山东试办虹吸淤灌工程。

◎梭颇、周昌芸在山东进行土壤路线考察。1936 年在第 14 号《土壤专报》发表《山东土壤纪要》，首次提出“山东棕壤”的类型命名，是为中国土壤分类中确立棕壤（土类）之始。

◎中央农业实验所在苏、皖、赣、湘、鄂、鲁、豫、晋、陕、冀十省进行地力测定，工作由张乃凤主持，因 1937 年战事频发而停顿。

◎侯光炯、马溶之合作《江西省南昌地区潴育性红壤水稻土肥力的初步研究》，开始了中国水稻土的初步分类。

◎广东省开展化肥配方施肥，制成六种配方肥料以适应不同作物对肥料的需要，是为中国配方施肥的开端。

◎江苏省实行化肥统制。

◎吴福祯使用农药防治棉花、蔬菜蚜虫，为中国大规模使用农药治虫之始。

◎湖南省农事试验场进行诱蛾灯试验。

◎江苏省在句容县（今江苏句容市）茅山建立林业试验场。

◎四川省建设厅聘请程绍迥筹建四川省家畜保育所及生苗（生物药品）制造厂。

◎广西南宁机械厂试制成人工玉米脱粒机。

◎中央大学农学院畜牧兽医系获洛氏基金补助 5 万美元，许振英教授主持开展猪杂交试验。

◎中山大学成立研究院，设农林植物学部，由陈焕镛任主任。

◎军政部在江苏成立句容种马场，用阿拉伯马及澳洲马改良蒙古马。1937 年后，该场迁往贵州。

◎王善政在句容种马场根据日本佐藤繁雄的方法主持人工授精，是中国亲操人工授精术之始。

◎上海兽疫防治所发现牛口蹄疫，查明病源来自如皋、蚌埠、桐城等地，及时注射口蹄疫血清后，使口蹄疫疫情得到了控制和扑灭。

◎曹诒荪以水杨酸制成粉剂防治蚕的白僵病，首创“防僵粉”。

◎广西农事试验场陈金璧利用毒鱼藤等植物作原料，制成13种效果较好的杀虫农药。

◎甘肃山丹成立军牧场。

◎江西省农业院修改组织大纲，进行机构改革，集行政、研究、教育于一体，推行政教合一，科研与推广结合的新体制推动了江西的农业革新。

◎浙江省立水产试验场于定海成立，陈同白任场长。

◎广东省水产学校于汕头蜈田鸡公山成立，1946年迁至汕尾，张上儒任校长。

◎伪满在奉天皇姑屯成立奉天农业大学，宇田一任校长。

◎汪厥明发表《雷起氏移动平均法与费歇氏变量分析法之比较》，对生物统计学的发展起了相当大的促进作用。

◎汪仲毅编《中国昆虫学文献索引》问世，收古今中外昆虫文献3 872篇。

◎农村复兴委员会编辑出版《广西农村调查》。

◎南京中央地质调查所同江西合作，应用科学方法对江西土壤作分类研究。

◎福建省成立农林改良总场。

◎湖北省成立农村建设协进会。

1936年

◎丁颖用印度野生稻与广东栽培稻杂交，获得了世界第一株“千粒穗”类型水稻，轰动了东南亚稻作科学界。

◎江西省农业院许传祯等育成水稻品种“南昌特别一号”，后来推广到广东地区，广东农民又从中选育出“矮脚南特”。

◎全国稻麦改进所聘请美国明尼苏达大学教授H. K. 海斯博士来华讲授作物育种。

◎冯泽芳在云南推广木棉获得成功。

◎棉业统制委员会拨1万元经费从美国购回2万千克“斯字4号”棉种子，在黄河流域推广。

◎广西农事试验场开始进行各种有机肥对水稻的肥效、用量比较试验，以及绿肥与甘蔗、玉米、油菜和旱稻的轮栽试验。

◎沈其益发表《中国棉作病害》，是为中国有关棉花病害较早的重要文献。

◎盛彤笙代表中国赴莱比锡参加世界第六届家禽会议。

◎亨利原著、莫礼逊重著，陈宰均译《饲料与饲养》一书由商务印书馆出版，对中国畜牧教学和科研起了很大的推动作用。

◎章文才、李沛文将椪柑、蕉柑各40箱运往英国试销，轰动伦敦鲜果市场，售价比美国甜橙高6倍。

◎美国人梭颇撰《中国土壤地理》问世。

◎伪“满洲国”“国务院”创办直属综合研究机构“大陆科学院”，直木伦太郎任院长。

◎浙江省农林改良总场成立，1937年后，改为农业改进所，所址从杭州迁到松阳。

◎《新农村》月刊出版。

◎日本外务省文化事业部正式在青岛成立华北产业科学研究所，后迁北平，1940年更名为“华北农事试验场”。

◎中山大学彭家元教授分离出一种能分解纤维质、促进堆肥腐熟的细菌，命名为“元平菌”。

◎江、浙两省合资兴办混合肥料厂。

◎民族企业家范旭东、侯德榜在江苏南京筹建硫酸铔（铵）厂，1937年2月建成，名为“永利硫酸铔（铵）厂”。

◎全国开展可耕荒地调查，仅在全国二分之一的县就查出可耕荒地2.2亿亩。

◎扬子江水利委员会在常熟以东距茆河口4公里处，建成白茆河节制闸。

◎在全国水利委员会下，成立水利文献委员会，是为近代第一个专门从事水利史研究和水利历史文献资料整理的机构。由武同举等人主持。

◎冀朝鼎撰《中国历史上的基本经济区与水利事业的发展》，用英文发表于英国伦敦。

◎中央农业实验所和中央棉产改进所合作，参照国外样机，研制成压缩式喷雾器和双管喷雾器，月产600架。

◎中央农业实验所畜牧兽医系仿美国健牲兽药公司抗猪瘟血清制造车间，建成血清厂。

◎中央茶业改良委员会在南京召开全国茶叶技术讨论会。

◎中国畜牧兽医学会成立于南京，蔡无忌为理事长。

◎浙江省在黄岩成立柑橘试验场。

◎四川省在江津设立园艺试验场。

◎中华土壤肥料学会在镇江成立。

1937年

◎改建广东高要丰乐围，受益农田28万亩。

◎陕甘宁边区政府修建裴庄水利工程竣工，可灌地1 500亩。

◎中央农业实验所聘英国专家利查逊（H. L. Richardson）为顾问，于1937—1939年对陕西、甘肃、四川、云南、贵州、广西等省进行土壤调查。

◎中央农业实验所制成中农混合指示剂及速测箱，从而代替了从国外进口的测土壤pH的指示剂。

◎英国卜内门洋行与德国爱礼司洋行开始在中国进行肥料试验。

◎江苏农具制造所制造单管强力喷雾器、单管自动喷雾器、手提轻灵喷雾器、肩挂喷雾器、喷粉器、喷枪等，用于防治棉花、果树、蔬菜等病虫害。

◎南通学院农科尤其伟发明自动喷粉机。

◎中央农业实验所举办第一届兽疫防治人员训练班，各省参加学习受训的在职技术人员约有220余人。

◎南京中央地质调查所土壤室迁至江西泰和县，继续进行肥料试验，得出江西荒瘠红壤肥力低、土壤大部分缺磷、酸性强的结论。

◎江西彭泽县刘子昭研制插秧机，自己设计图纸，自己制作模型，受国民政府农业部嘉奖，后因经费无着未能投产。

◎沈宗瀚、万德昭、蒋彦士合著《中国小麦区域》，是为中国最早研究作物区域之论著。

◎吴觉农、范和钧合著《中国茶叶问题》问世，是为商务印书馆《现代问题丛书》之一。

◎陈嵘著《中国树木分类学》出版。

◎国民政府颁布《军队造林办法》。

1938年

◎中山大学农学院与广西省政府在广西龙州县合办西南蚕丝改良场，1940年迁往广西平南县，更名为蚕桑改良工作站。

◎浙江省成立农业改进所。

◎四川省成立农业改进所。

◎甘肃省建成洮惠渠，灌溉面积3.5万亩，是为甘肃省第一条新型渠道。

◎钱浩庐利用四川铜与竹材制成竹质喷雾器，功用与自动喷雾器相同，成本不及后者一半，名为“七·七喷雾器”。

◎中央农业实验所孙云沛研制成功砒酸钙，用以防治棉花大卷叶虫。

◎1938—1940年，严家显创制除蔬菜害虫——黄条跳甲的胶箱。

◎陆大京等在柳州作首次空孢子调查。

◎军政府派崔步青、孙忠雪赴伊拉克考察，选购阿拉伯种马。

◎盛彤笙、陈超人以个人名义参加第十三届国际兽医会议（苏黎世），盛氏在会上发表讲话。

◎陕甘宁边区建设厅组成由李世俊、乐天宇、何敬真、李有樵等参加的经济木本植物考察组，考察了延安、安塞、志丹、绥德、米脂、榆林等地的木本植物。

◎陕甘宁边区政府建设厅在延安南三十里铺创办农业学校，并附设农业试验场一所，校内设农艺、园艺、畜牧三部，学员都为各县原区级干部。

◎陕甘宁边区光华农场成立于延安县杜甫川，隶属中共中央财政经济处，次年归陕甘宁边区政府领导。始为保健产品农场，后转向农业生产、农业科研推广，曾鉴定选出“边区1号小黄谷”“东北大黄谷”，均用于农业生产。

◎陕西延安成立自然科学院（前期叫自然科学研究院），1940年5月任命李富春为院长，1940年开始招生，是为中国共产党领导和建立的第一所理工科综合性大学。

1939年

◎财政部在四川郫县成立烟叶示范场。

◎陕甘宁边区政府颁布《督导民众生产运动奖励条例》和《人民生产奖励条例》。

◎陕甘宁边区政府举办陕甘宁边区首届农产品竞赛展览会，毛泽东出席了开幕式典礼。陈列展品有2 000多种，会址在延安南关，每天参观者达5 000～6 000人次。

◎贵州婺川境内发现野生大茶树，树高6～7米，叶片（3～16）厘米×（7～9）厘米。

◎20世纪30年代末40年代初，蔡希陶等发起成立云南烟草推广委员会，引种美国“大金元”品种，云南昆明、玉溪成为著名的烤烟产区。

◎云南在南盘江流域兴建、扩建华总渠、文公渠、龙公渠、甸惠渠（号称“四渠工程”）于1943年完成。

◎陕甘宁边区建设厅在延安附近的排庄兴修水利，9月29日动工，12月6日完成。

◎国民政府军政部兵工署与西北农学院在陕西省凤县黄牛铺合办“国防林场”，营造核桃林。

◎陕甘宁边区成立第一个农具厂。

◎湖南安化精制茶厂试制成手摇筛分机。

◎中央农业实验所在广西柳州设“广西各系联合办公室”，下设稻作、麦作、杂粮、森林、病虫害、土壤肥料五个系和试验场。

◎中国蚕桑研究所于贵州遵义成立，蔡堡任所长。

◎4月，国民政府最高国务院会议批准在兰州设立西北技艺专科学校，10月

16 日开学。教育部聘曾济宽为校长，设农艺、畜牧、兽医、森林、农业经济五个专科，学制分别为三年、五年，截至 1949 年共毕业学生 1 120 人。

◎陕西省西安成立第二兽医院。

◎浙江成立英士大学，由农业改进所所长莫定森兼任该校农学院院长。

◎周拾禄等撰《云南省五十县稻作调查报告》问世。

◎郑肇经撰《中国水利史》问世。

◎西康省成立农业改进所。

◎国民政府颁布《全国农业推广实施计划纲要》。

1940 年

◎国民政府成立农林部。

◎戴松恩从事小麦抗赤霉病育种研究，为抗病育种指出了可能性。

◎陕甘宁边区光华农场建立温室，种植花草、蔬菜。

◎陕甘宁边区政府在延安南关新市沟举办陕甘宁边区第二届农工业展览会。毛泽东、王明、吴玉章、林伯渠等出席了开幕式。农业部分展品有谷物、棉花、蔬菜、果品、林产等七大类，累计参加者达 3 万多人次。

◎八路军军医处建立兽医院，负责人为陈浩萍。

◎伪“满洲国”在长春宽城子成立“新京畜产兽医大学”，校长为日本人新美倌太。

◎陕甘宁边区成立自然科学研究会，吴玉章任会长，通过《自然科学研究会宣言》。

◎乐天宇、李世骏、陈凌风、方悴农等发起成立延安中国农学会，会址在边区农校。农学会在南泥湾设立新中国大农场，有力地推动了农业生产和边区军民的大生产运动。

◎延安农具厂为水利工程设计制造了陕北革命根据地的第一部水车。

◎陕甘宁边区政府颁布《陕甘宁边区植树造林办法（草案）》及《陕甘宁边区森林保护办法（草案）》。

◎陕甘宁边区自然科学研究院生物系主任乐天宇组成森林考察团，对边区的自然林做调查后写成《陕甘宁边区森林考察团报告书》。中共中央财政经济部李富春对报告书写了阅后感言。

◎国民政府农林部派中央农业实验所技正冯泽芳赴陕西省主持推广“斯字棉 4 号”，并拨专款 2 万元，成立陕西省棉花增产督导团，冯泽芳任主任督导员。“斯字棉 4 号”很快在关中普及，1941 年种植面积达 102 万亩。

◎农林部派蒋德麒赴陕西省主持小麦良种推广，成立陕西省小麦增产督导团。

◎甘肃省修建湟惠渠，长 50 多公里，灌溉面积为 2.5 万亩。

◎马溶之、席连之、陈恩凤、周昌之等人 20 世纪 40 年代初在青海省做土壤调查。

◎广西桂林君武机械厂成立，有资本国币 100 万元，职工 221 人，设计能力为年产人力打谷机 400 台，玉米脱粒机 80 台，畜力榨蔗机 20 台，是当时广西最大的农机厂，1944 年桂林沦陷时毁于战火。

◎中国茶叶总公司与复旦大学合办茶业系及茶业专修科，是为中国高等农业院校中最早创建的茶业专业系科。

◎湖南推广茶叶加工工具"改良焙笼"820 具，焙心 340 具。

◎农林部在四川荣昌成立兽医防疫大队，防治牛瘟。

◎农林部在甘肃省永昌县设立西北羊毛改进处，负责绵羊改良。

◎黄河水利委员会成立林垦设计委员会。

◎马闻天制成简易干牛瘟疫苗。

◎国立中正大学在江西泰和县杏岭举行开学典礼，设文法学院、农学院、工学院，农学院设立农艺系、森林系、畜牧兽医系。周拾禄任农学院院长。

◎伪"满洲国"在哈尔滨马家沟成立"哈尔滨农业大学"。

◎宁夏省成立农业改进所。

1941 年

◎中央农业实验所稻麦改进所稻作系进行稻种分类研究。

◎王震率八路军 359 旅进入南泥湾，开展大生产运动。

◎陕甘宁边区政府在延安市三十里铺建第一实验林场，在延安市万花山建第二实验林场。

◎陕甘宁边区光华农场制出牛瘟高免血清疫苗。

◎晋冀鲁豫边区成立冀南水利委员会，专司治理潴龙河系各河及漳、卫等河，截至 1943 年底，共投工 259 万个，整修河岸渠系 14 万丈，既有效地减轻了敌人利用河水决堤淹没冀南所造成的危害，又增加了水田 3 万顷。

◎陕甘宁边区光华农场以甜高粱试制砂糖成功，色红似广东片糖，甜度高于市场砂糖。

◎陕甘宁边区政府设林务局，乐天宇兼任局长。颁布《陕甘宁边区植树造林条例》《陕甘宁边区森林保护条例》《陕甘宁边区砍伐树木暂行规则》。

◎桂林君武机械厂试制成功人力打谷机、榨蔗机、水田中耕器等机械化农具。

◎国民政府成立水利委员会。

◎20 世纪 40 年代初，中央农业实验所冷福田对稻田含氮量及其变化进行研究。

◎湖南省举办省农产品展览会，展出条播器、五齿中耕器、轧花机、水稻脱粒器（即人力打稻机）、耘荡、溜筛、捕鼠器等共 26 种。

◎广西农林试验场黄瑞纶发现毛鱼藤的杀虫作用。

◎在浙江衢县万川东南茶叶改良场的基础上，筹建全国第一个茶叶研究所，包括茶树更新、繁殖育苗、栽培、制造、化验、茶叶分级、机械制茶等工作，吴觉农任所长。

◎农林部成立中央林业实验所，负责全国林业实验，所内设造林、林产利用、调查推广三组。

◎1941—1943 年，全国先后建立经济林场四处：第一林场设于贵州镇远，以培育松杉及油桐为主；第二林场设在陕西陇县，以培育兵工用材之核桃林为主；第三林场设于广东乐昌，以培育樟树及桉树为主；第四林场设在广西龙州，以培育橡胶树、金鸡纳树、桉树、八角、咖啡树为主。

◎农林部在陕西武功杨陵成立西北改良作物繁殖场，以小麦为主进行育种试验研究，同年中央农业实验所在陕西设立工作站，派俞启葆以棉花督导之职赴陕西从事棉花研究工作，时间长达 4 年，协助泾阳农场育成"泾斯棉"。

◎华中化工制造厂在陕西省石泉县建立石泉化工厂，次年投产，年产栲胶 50 吨，是为中国最早专门生产栲胶的工厂。

◎中央畜牧实验所成立于广西桂林良丰，蔡无忌任所长。其前身是中央农业实验所兽医系和农林部兽疫防疫大队。该所附设有荣昌血清制造厂及川黔湘鄂四省边区兽疫防治总站。该所在桂林设畜牧兽医用具总厂和桂林畜牧试验总场，蔡无忌任厂长兼畜牧组主任，许振英任场长，1944 年迁贵州。

◎中央畜牧研究所在陕西省武功县杨陵镇设马驴配种站。次年改为农林部直辖第一役马繁殖场，沙凤苞任场长。1946 年与陕西宝鸡耕牛繁殖场合并，改名为农林部西北役畜改良繁殖场。

◎新疆巩乃斯种羊场聘请苏联专家开展绵羊人工授精育种工作。

◎甘肃省永登县成立永登种马场。

◎邹秉文由缅甸引进牧草良种——象草，经试种证明产量高、质量好，后在四川和广东推广。

◎孙仲逸从德国带回红三叶草、白三叶草、黑麦草、鹅冠草、苏丹草、燕麦等牧草种子，在广西柳州沙塘试种。

◎农林部在广西桂平设淡水鱼养殖珠江第一工作站，建有淡水鱼池，试验、推广池塘水田养鱼，提出鱼苗人工孵化。

◎胡经甫撰《中国昆虫名录》问世，共 6 卷，收录国内昆虫 20 069 种，是中国昆虫学奠基性著作。

◎乐天宇与徐纬英合撰《陕甘宁盆地植物志》问世。

◎甘露等5人对陕西省清涧、绥德、吴堡、安定四县进行蚕桑考察，并撰成《蚕桑考察团总结报告》。

◎岭南大学在广州朝阳设立柑橘试验场。

◎农林部在广东化县设立柑橘试验场。

◎《县农业推广所组织大纲》颁布。

1942 年

◎赵洪璋开始进行小麦杂交良种——“碧蚂一号”的选育，1948年选育成功。

◎国民政府颁布近代第一部《水利法》，共九章七十一条。

◎1942—1944年先后设立黄河、长江、珠江、赣江、韩江五水源的管理区。

◎在渭河上游甘肃省天水地区设立水土保持区。

◎李庆逵、朱莲青等对《中国之土壤》进行修订、补充，著成《中国之土壤概述》一书，至此中国大规模的土壤调查基本告一段落。

◎英国议会访华团成员泰弗亚（L. Texiot）在华宣传反对使用化肥，引起全国性争论。

◎1942—1943年，柳支英、何彦琚发现豆薯种子的杀虫作用，并和丙酮肥皂水酿配成农药，治黄守瓜幼虫，效果良好。

◎中国茶叶研究所吕增耕研制成功手摇竹笼式乌龙茶摇菁机。

◎陕甘宁边区在绥德、子长、清涧等县建立林业苗圃。

◎陕甘宁边区政府表彰靖边县杨桥畔植树造林、“引水拉沙”事迹。毛泽东给予高度评价，并亲笔题词“实事求是，不尚空谈”。

◎陕甘宁边区政府在靖边、盐池设立兽医所。

◎晋察冀边区成立自然科学协会，内分工、农、电、医、教育五大学会。

◎农林部在广西柳州沙塘建广西农林推广繁殖站。

1943 年

◎邹秉文代表中国政府参加在华盛顿热泉举行的联合国粮食会议。会后，邹秉文作为中国代表参加筹组永久性的联合国粮食及农业组织（FAO）的筹备委员会，后任副主席。该组织于1945年在加拿大正式成立。

◎延安自然科学院乐天宇等在干旱地区推广甜菜种植及制糖。

◎陕甘宁边区政府举办陕甘宁边区第三届生产展览会，展出大生产运动概况。陈列分10大部分，观众达5万多人。同时召开陕甘宁边区第一届劳动英雄大会，毛泽东、朱德、刘少奇、周恩来宴请全体劳动英雄代表，毛泽东在会上发表了《组织起来》的讲话。

◎农林部在兰州设立甘肃农业技术推广繁殖总站，总站主任由省农业改进所所长兼任，并于张掖、岷县、天水、平凉设四个分站。

◎国民政府农林部公布《水土保持实验区组织规程》。

◎聘请美国水土保持专家罗德民（W. C. Lowdermilk）来华考察，并建立黄河上游水土保持实验区 6 处（后统称为黄河上游水土保持实验区），是中国用现代方法开展水土保持工作的开端。

◎甘肃酒泉县（今甘肃酒泉市）建成鸳鸯池水库。土坝长 216 米，高 30.26 米，库容 12 000 万米^3，灌溉面积 7 万亩，是甘肃近代大型水利工程之一，也是当时全国第一座大型土坝。

◎中央农业实验所用国产原料制成碳酸钡灭鼠药。

◎农林部病虫药械制造实验总厂在重庆江北红砂碛建立，由吴福祯兼任厂长。

◎干铎、王战等在四川万县磨刀溪发现新生代第四纪孑遗植物水杉。

◎湖北省政府组织有关人员探查神农架森林。

◎在郑州成立第三兽医院，在云南昆明成立第四兽医院。

◎美国专家费理朴（R. W. Philips）来华举办家畜育种技术人员训练班。

◎杨守坤赴印度考察兽医及兽医生物药品制造技术，带回了制造炭疽芽孢苗的弱毒株，用以改进中国兽用炭疽疫苗的制造方法，从而简化了接种手续。

◎由邹秉文组织、美国农业部赞助，中国派杨懋春、谢景升等 10 人赴美国攻读农业推广。

◎1943—1945 年，由邹秉文组织，美国密西根大学、爱荷华大学、宾西法尼亚大学赞助，农学会选派侯学煜、朱祖祥等 10 人去美国深造。

◎谢成侠著《中国马政史》出版，是为中国第一部论述马政史的专著。

◎国民政府颁布《合作金库条例》。

◎国民政府社会部颁布《信用合作社推进办法》。

1944 年

◎山东省福山县（今烟台市福山区）两甲庄农家妇女房纬从当地花生品种中成功地选育出优良的早熟珍珠豆型伏花生品种。至 20 世纪 50 年代，在全国 14 个省、市、自治区种植，面积最多时达 1 000 万亩。

◎张心一请美国专家罗德民托美国副总统华莱士（Wallace）访华时带来优良瓜种“密露”，经甘肃省农业改进所在兰州市郊白道坪试种成功，取名“华莱士”，1952 年 10 月改名为“白兰瓜”。

◎中国农业机械公司成立。

◎中央农业实验所药剂制造厂实验室开始进行“滴滴涕”（DDT）的合成研究，1945 年合成，1946 年生产。

◎中国共产党在太行山地区组织 25 万人扑灭蝗灾。战线长达 400 公里，包括 23 个县、879 个村。

◎中华昆虫学会在重庆成立，吴福祯任理事长。

◎由邹秉文组织、万国农具公司赞助，中国选派农科、工科毕业生陶鼎来、张季高等 10 人去美国留学。

◎中央农业实验所从国外引进“美谷”番茄、“肉特多”番茄、“大牛心”甘蓝等品种。

1945 年

◎叶培忠在天水水土保持站以戾草、狼尾草、徽县狼尾杂交培育成叶氏狼尾草。

◎张乃凤、利查逊、叶和才等发表 17 个省 171 个试验点的肥料田间试验报告，为这些地区确定主要作物的需肥情形提供了重要数据。

◎联合国向湖南运来开塘机、抽水机、曳引机等农业机械。

◎邱式邦首创树干涂 DDT 防治松毛虫法。1948 年南京紫金山有 15 万多株马尾松涂刷了 DDT 药环，松毛虫死亡率达到 90%～99%。

◎国民政府再次颁布《森林法》。

◎1945—1947 年，输入 100 万头剂鸡胚化牛瘟疫苗防治牛瘟。

◎台湾光复。卢守耕奉派到台湾接管农业，并担任台湾糖业试验所光复后的首任所长。

◎创建台湾省立基隆高级水产职业学校，周监殷任校长，同时在高雄设分校。

◎台湾总督府农业试验所改组为台湾省农业试验所。直隶于行政长官公署，设农业化学系、应用动物系。所内有昆虫标本 22 900 件，为世界热带昆虫研究中心之一。

◎烟台解放。烟台市立水产高级职业学校改名为烟台市水产学校，许敬山任代理校长，是为解放区第一所水产学校。

◎国民政府派邹秉文负责联系、管理 168 名农科学员（农、林、牧、气象）赴美国实习，为期一年。学员中有俞启葆、俞履圻、庄巧生、马育华等。

◎农林部将抗日战争期间成立的农产促进委员会及粮食增产委员会合并为新的中央农业推广委员会。

◎中国土壤学会成立。

◎郝景盛著《中国木本植物属志》和《中国裸子植物志》出版。

◎张含英编写并出版《历代治河方略述要》。

◎云南省成立农艺改进所。

◎《县农业推广所组织规程》颁布，取代原来的《县农业推广所组织大纲》。

1946 年

◎1 月，甘肃省气象测候所（1941 年改组成立）开始编送国际气象日月报表簿。

◎山东省实业厅（人民政权）在莒南县大店镇成立农业指导所（技术推广机构）；同年在莒南县十字路镇建立农业实验所（科研机构），后选定青州、济南，即今山东省农业科学院前身。

◎北京大学农学院引进美国堪萨斯州的早洋麦（后名为“农大一号”）。

◎广东惠阳县增建马鞍围西部围堤，使 20 多万亩农田免遭水淹。

◎联合国善后救济总署湖南分署在衡阳、长沙、岳阳开办三个农机训练班，是为湖南培训农机人员之始。

◎黄子固试制成功幼虫片，次年 1 月问世，从而控制了美洲幼虫腐臭病在全国蜂群中的蔓延。

◎联合国善后救济总署向中国赠送 1 000 余头乳牛，分配到上海、南京、北平、天津等地，有“荷兰”“吉尔赛”等品种。

◎联合国善后救济总署向中国赠送大批种猪，包括大、中“约克夏”“盘克夏”“杜洛克”等品种，分配到南京、四川等地。

◎杨守坤、崔步青等赴美国考察兽医教育，选购美国种马。

◎养羊专家张松荫应邀赴英国考察养羊业。

◎农林部用联合国善后救济总署援助的牛只，在安徽滁州、广西良丰设立牛种改良场。

◎江西中正大学农学院畜牧兽医系教师蒋梅芳，在校属农场首次发现江西有牛焦虫病流行。

◎筹备农林部水产试验所，1947 年 1 月正式成立于上海，林绍文任所长。

◎山东大学农学院设立水产系，有渔捞、养殖、加工三个专业，是为中国第一个大学本科水产系。

◎联合国援助中国渔船。其中有 3 艘 300 吨级 V. D 式拖网渔轮。翌年，张希达任 V. D. 式拖网渔轮船长，在东海洋面作业，V. D 式拖网作业随之推广。

◎农林部成立烟叶生产改进处，同年在河南成立许昌烟叶改良场。

◎丁颖、费鸿年、蔡邦华等发起在台北台湾大学内成立生物统计科学研究所，汪厥明任所长。

◎中国第一个民办昆虫研究机构——天则昆虫研究所在陕西武功成立，出版有《中国昆虫学杂志》及《中国之昆虫》等刊物。

◎10月，美国友人阳早（Erwin Engst）以联合国善后救济总署奶牛专家身份，从美国到延安，为陕甘宁边区引进奶牛，在光华农场从事奶牛研究工作。

◎中华农学会台湾省分会在台北中山堂成立。

◎中国农政协会在重庆成立。

◎中美农业技术合作团成立。

◎晋察冀边区行政委员会颁布《奖励植树造林办法》《森林保护条例》。

1947 年

◎北满解放区推广“克华麦”。“克华麦”系克山县培育的一个耐旱、高产、出粉率高的小麦品种。

◎中美农业专家拟订改良中国农业计划，首次提出“农业工程”建设项目。

◎国立兽医院在兰州成立，盛彤笙任院长，这是中国第一所畜牧兽医高等学府。

◎国民政府农林部在南京成立棉产改进处，同时在上海、北平、西安等设分处各一所。

◎李曙轩在美国与R.L.卡洛斯教授一起发现萘乙酸甲酯及2,4-D可预防甘蓝及花椰菜在贮藏期间脱叶及黄化。

◎国民政府农林部用以工代赈方式在豫东、皖北、苏北黄泛区进行防沙造林。

◎上海、杭州等地相继建立机械精制茶叶厂。自此，制茶由手工操作向机械化、连续化发展。

◎中兽医师高国景、阎占川、李恩祥、王爱金等10余人到华北大学农学院任教，是中兽医登上大学讲台之始。

◎马闻天、梁英、潘宝华等对上海、北平的鸡瘟进行研究，认定为鸡新城疫病，从而为防治该病打下了基础。

◎国民政府农林部建立东南、华西、西南、西北四个兽疫防治处。

◎华北解放区成立华北人民政府农业部，同时建立华北农业试验场、华北农业技术推广站、华北家畜防疫处及华北水利推进社等。

◎山东省立农学院在济南成立，1952年与山东大学农学院等合建为山东农学院。

◎教育部在浙江平湖乍浦成立国立乍浦高级水产职业学校，设渔捞、制造、养殖专业。

◎青年农业科技人员在上海成立中国农业科学研究社。

◎罗宗洛撰论文《微量元素、生长素和秋水仙碱对菜豆叶淀粉水解的影响》。

1948 年

◎广西农事试验场选育的“中桂马房籼”“早禾 3 号”“早禾 4 号”被列为全国优良稻种。

◎山东省农业实验所在李明支持下，经三年（1946—1948 年）研究，发现小麦腥黑穗病的主要传染途径是肥料带菌，提出了“净粪、净种、粪种隔离、适期播种”的有效防治措施，控制了该病的危害。该项成果于 1952 年获华东农业技术会议特等奖。

◎中国农业科学研究社在上海复兴公园举办农业展览会。

◎周德龙在成都研制成功“六六六”。

◎邱式邦、郭守桂等在皖北滁县进行“六六六”除蝗试验。

◎祝汝佐应用卵寄生蜂防治桑蟥。

◎柳州中国机械股份有限公司在柳州鸡喇成立，制造 2 号碾米机、3 号碾米机、手摇花生脱粒机、推力 90 吨手摇油压式榨油机、畜力榨蔗机等。

◎东北解放区开始建立拖拉机农场，至 1949 年 9 月，共建立 11 处，有拖拉机 205 台。

◎用改进的日本中村正兔化牛瘟弱毒疫苗，在广州及其附近几个县进行牛瘟防治，获得成功。

◎胡先骕、郑万钧联名在静生生物调查所《汇报（新编）》第一卷第二期上发表《水杉新种及生存之水杉新种》一文，正式将在中国四川万县发现的新生代第四纪孑遗植物命名为“水杉（*Metaseguoia glyptostroboides* Hu & Cheng)”。

◎美国友人阳早和韩丁应邀赴华北大学农学院讲学，阳早讲授畜牧学和人工授精，韩丁讲授农业机械学。

◎程绍迥代表中国出席联合国粮食及农业组织召开的世界牛瘟会议（肯尼亚），并发表学术论文。

◎郑丕留自美留学回国，在南京中央畜牧实验所任家畜改良系主任。

◎东北农学院在哈尔滨成立，设有农艺、森林、牧医三个系。

◎晋冀鲁豫边区政府公布《林木保护培植办法》。

1949 年

◎东北解放区推广“满金仓”大豆，播种面积达 38 315 垧。

◎引种美国小麦 Minn2761（中文名“松花江 2 号”)。

◎北平和平解放。5 月 1 日，北平农事试验场重建为华北农业科学研究所，陈凤桐任所长。

◎东北农业科学研究所在公主岭成立，由唐川任所长。

◎在中国蚕桑研究所的基础上组建浙江蚕桑试验场。

◎中国茶叶研究社集体翻译出版威廉·乌克斯（William H. Ukers）的《茶叶全书》（*All about Tea*）。

◎东北解放区动员 13 万民工，用 600 个工日，修堤 800 里，挖排水沟 900 多里，使 60 170 垧耕地免受灾害。

◎东北解放区农林部要求普遍推广改良新式农具，重点推广马拉农具。

◎成立华北农业机械总厂（北京内燃机总厂前身），开始生产畜力农具（犁、播种机、圆盘耙、中耕器、收割机、水车等）。

◎凌大燮等人在河北省行唐县设计并主持营造了中国第一个农田防护林网。

◎中华人民共和国成立，中央人民政府设林垦部、农业部、水利部，梁希、李书城、傅作义分别任部长。

◎新中国成立后，华北大学农学院与北京大学农学院、辅仁大学农学系合并成立北京农业大学，乐天宇任校务委员会主任委员，力排旧教育思想的干扰，坚持不懈地贯彻教育、研究、生产相结合的教育方针。

中国农田水利大事记

本专题主要搜集了中国古代农田水利工程和黄患及黄河治理方面的大事，以明水利对农业发展的影响。

上古时期
（约前 30 世纪至前 11 世纪）

前 2000 年前（尧舜时期）

◎大禹治水以疏导为主，成功，水土平。

约前 2070—前 1046 年（夏商时期）

◎开渠引水灌田，开挖田间沟洫系统。

周
（前 1046—前 256）

约前 11 世纪—前 8 世纪

◎西周施行井田沟洫制，“通水于田，泄水于川”，可以在一定程度上保障农业生产较为稳定有收。

前 685—前 643 年（齐桓公时期）

◎填垦黄河最下游，把九条分支堵塞了八条。

前 602 年（周定王五年）

◎黄河第一次大改道。

前 600 年左右（周定王七年左右）

◎楚孙叔敖决期思之水（或作“期思之陂”）灌雩娄之野；孙叔敖筑芍陂（一说为楚大夫子思修）；期思陂和芍陂都是早期的大型塘堰灌溉工程。

前 540—前 529 年（楚灵王时期）

◎在江汉之间开漕渠通章华台（今湖北潜江市龙湾附近），漕渠北通杨水。

前 514—前 496 年（吴王阖闾时期）

◎利用太湖泄水道疏通自太湖向东至海的胥浦；开凿太湖北通长江的运渠；开

通百尺渎。

前 486 年（鲁哀公九年）

◎吴王夫差开邗沟，沟通江淮，是为最早见于记载的运渠。后四年，吴又开沟通黄淮的菏水运渠。

前 475—前 221 年（战国时期）

◎齐、赵、魏始筑黄河下游两岸堤防。

◎《管子·度地》记载水流理论，是最早的水力学理论；《管子·地员》论及地下水埋深和土壤种类及适宜种植的作物；《管子·水地》论水的重要性，水的物理性质及水对矿物、植物、动物的作用；《淮南子·地形》论及如何利用河水的有益成分来灌溉适宜农作物。

◎《周礼·稻人》《考工记·匠人》记有农田灌排系统的修建；《吕氏春秋》论及水文循环。

前 453 年（晋哀公四年）

◎晋国智伯瑶和韩、魏两家攻赵襄子于晋阳，筑坝拦汾水支流——晋水，引水灌城。后人利用坝和渠道灌田，加开了一条渠道，称“智伯渠”。

前 422 年（魏文侯二十五年）

◎西门豹为邺（今河北临漳县西南 40 里邺镇）令，引漳水开十二渠灌溉。一说以为后一百余年史起为邺令始引漳溉邺。

前 361—前 340 年（魏惠王十年至三十一年）

◎魏开鸿沟，引黄通泗、涡、沙、颍等河通淮，形成黄淮之间的若干条运道。

前 268 年（秦昭王二十八年）

◎秦将白起伐楚，攻别都鄢郢，于今武安镇筑堰，开渠数十里，引鄢水灌城。后人引用这一渠堰灌田，称“白起渠”。

前 255—前 251 年（秦昭王五十二年至五十六年）

◎蜀守李冰修筑都江堰，并立石人水则。

约前 250—前 217 年（战国末期至秦代）

◎秦令各县及时上报旱涝风雨，是中国最早的上报雨泽制度，下至明清时期仍有类似法令。

秦（前 221—前 206）

前 246 年（秦始皇元年）

◎命水工郑国在关中引泾水开郑国渠入洛，约十年后渠成，灌田 4 万顷，秦以富强，统一六国。已有“水工”（水利工程师），开始淤灌治盐碱。

前 219 年（秦始皇二十八年）

◎令监郡御史禄开灵渠，沟通长江、珠江两水系的运道。

汉（前 206—公元 220）

前 168 年（汉文帝十二年）

◎黄河决酸枣（今河南延津县境），东溃金堤，南入淮、泗，发卒堵筑，是有确切记载的最早决堤和堵塞，也是黄河南决入淮的最早记载。

前 132 年（汉武帝元光三年）

◎黄河决瓠子（今河南濮阳西南）东南入淮、泗。至元封二年（前 109）始堵，共 23 年，堵口成功。

前 129 年（汉武帝元光六年）

◎开漕渠自长安渭水至黄河，3 年完工。可经黄河、汴渠、泗水、淮水、邗沟、江南运河至余杭（今浙江杭州市），形成东西大运河。已有水工勘测。

前 140—前 87 年（汉武帝时期）

◎开凿灵轵渠。

◎《史记·河渠书》是中国第一部水利通史，其中的“河”专记黄河问题，“渠”指人工渠道，包括灌渠和运渠。

约前 128—前 125 年（约汉武帝元朔元年至四年）

◎引汾水下游及黄河水灌溉河东、汾水以南土地 5 000 顷，由于引水口外水流摆动失败，是直接引黄河水灌溉最早的明确记载。

前 125—前 104 年（汉武帝元朔四年至太初元年）

◎黄河河套及宁夏以至河西走廊兴起屯田，修建了众多的农田水利工程。是这一带大规模开发农田水利之始。

约前 120—前 111 年（约汉武帝元狩至元鼎中）

◎引北洛河开龙首渠灌重泉（今陕西蒲城县东南）以东地万余顷，不甚成功。但创修了井渠，司马迁谓“井渠之生自此始”，以后演变成坎儿井。

前 111 年（汉武帝元鼎六年）

◎为了灌溉郑国渠旁边的高地，命倪宽开了六条小渠，名“六辅渠”，倪宽定《水令》，是见于记载的第一部水利法规，今已失佚。

前 110—前 106 年（汉武帝元封元年至五年）

◎兴建成国渠，自陕西眉县引渭水，东北流，至槐里县入蒙茏渠。

前 109 年（汉武帝元封二年）

◎黄河决馆陶分为屯氏河，两支并行 71 年。后遂两支分流或多支分流，以迄东汉初年。

前 95 年（汉武帝太始二年）

◎赵中大夫白公主持修建白渠引泾水注渭水，从渠首谷口到渠尾栎阳，共长 200 里，溉田 4 500 余顷，称为“白渠”或“白公渠”。灌区北连郑国渠，后代常与郑国渠合称“郑白渠”。

前 86—前 74 年（汉昭帝时期）

◎屯田渠犁（今新疆库尔勒市西）自汉武帝时始，汉昭帝复大兴屯田自轮台至渠犁等地，是新疆地区大规模开发水利之始。

前 73—前 49 年（汉宣帝时期）

◎在黄河上游湟水流域屯田开发水利，是青海一带大规模兴水利之始。

前 53 年（汉宣帝甘露元年）

◎在今甘肃和新疆交界处有卑鞮侯井，为司马迁所谓的“井渠”，即坎儿井。

前 48—前 33 年（汉元帝时期）

◎召信臣在南阳郡引湍水、沘水（今唐白河）等灌田，修建渠堰数十处，灌田 3 万顷，并定“均水约束”，是大规模兴建渠塘结合式系统之始。其中，建昭五年（前 34）在湍水上所建的“穰西石堨”最著名，堨在穰县（今河南邓州市）之西，拦截湍水，开三水门引水灌溉。后元始五年（公元 5），有人又开三水门，共六座引水石闸门，后称为“六门堨”，灌溉穰县、新野、朝阳三县田 5 000 余顷。

前 29 年（汉成帝建始四年）

◎黄河大决馆陶及东郡金堤，淹 4 郡 32 县。次年，河堤使者王延世以立堵法堵口，以竹笼装石合龙。立堵法始见于明确记载。

前 17 年（汉成帝鸿嘉四年）

◎杨焉凿黄河底柱，开广运道，不成功。开三门始见于记载。

前 7 年（汉成帝绥和二年）

◎贾让上治（黄）河三策，提到黄河有石堤，名“金堤”。

公元 4 年（汉平帝元始四年）

◎王莽征能治河者百余人议治河。大司马史张戎提出黄河水一石而六斗泥，主张小水时以水刷沙，治河讨论首见记载。

11 年（王莽始建国三年）

◎黄河决魏郡元城（今河北大名县东），为第二次大改道。

公元 6—23 年（王莽时期）

◎益州太守文齐开滇池水利，垦田 2 000 余顷。云南农田水利始见记载。

31 年（汉光武帝建武七年）

◎南阳太守杜诗兴修水利，并利用水力创制“水排”鼓风铸造农具。

32—92 年（汉光武帝建武八年至和帝永元四年）

◎《汉书·沟洫志》是专记西汉一代水利的专著。

37—43 年（汉光武帝建武十三年至十九年）

◎汝南郡都水掾许扬修复鸿隙陂，起塘 400 余里，数年完工。西汉成帝时以陂水泛溢为灾曾废为田。平原蓄排问题始见记载。明帝永平时，汝南太守鲍昱鉴于当地陂池经常坏决，维修费用昂贵，改用石工，并砌石涵洞排蓄，灌田成倍增长。约永元二年（公元 90），汝南太守何敞，修治鲖阳旧渠（今河南新蔡县北），增垦田 3 万余顷。

69 年（汉明帝永平十二年）

◎王景治黄河、汴渠，次年竣工。发卒数十万，用费以百亿计。此后 900 余年无大改道。

83 年（汉章帝建初八年）

◎庐江（治舒县，今安徽庐江县西南）太守王景整理孙叔敖所起芍陂稻田，垦田数倍。

86 年（汉章帝元和三年）

◎下邳相张禹筑塘，开水门灌溉，垦田千余顷。

87—89 年（汉章帝章和元年至和帝永元元年）

◎广陵（今江苏扬州市）太守马棱，修复陂湖，溉田 2 万余顷，开苏北江淮之间陂塘水利之先河。

115 年（汉安帝元初二年）

◎修治西门豹引漳灌渠。又诏三辅、河内、河东、上党、赵国、太原各郡修理旧渠，灌溉公私田。次年，又修太原郡旧渠。

140 年（汉顺帝永和五年）

◎会稽（治今浙江绍兴市）太守马臻创修鉴湖工程，筑塘 300 里，灌田 9 000

顷，为江南陂塘开发之始。

182 年（汉灵帝光和五年）

◎在泾水下游阳陵县修建樊惠渠。

190 年左右（汉献帝初年）

◎陈登在扬州、淮安间大兴灌溉之利，最著名的是陈公塘水利，与附近的句城塘、上雷塘、下雷塘和小新塘，后世统称为“扬州五塘”。

196—249 年（汉献帝建安元年至魏齐王正始中）

◎于淮、颍流域大兴屯田水利，先屯田许昌，建安五年刘馥屯田淮南，正始中邓艾屯田淮水南北，沿淮数百里设屯，开渠 300 余里，陂灌 2 万顷。并引黄河水入颍。

200 年（汉献帝建安五年）

◎刘馥任扬州刺史，在今安徽中部兴屯田水利。兴芍陂及茹陂、七门、吴塘诸堨，以灌稻田。

204 年（汉献帝建安九年）

◎曹操取邺城后，重修西门豹渠，改为天井堰。

204—206 年（汉献帝建安九年至十一年）

◎曹操开白沟、平虏渠、泉州渠、新河，沟通黄河、海河、滦河水系。水运已可能由滦河至黄河、古汴渠，通淮河至长江，经湘江、灵渠通珠江水系。

205—212 年（汉献帝建安十年至十七年）

◎高诱注《吕氏春秋·圆道》，申明水文循环原理。

三国
(220—280)

225 年（魏文帝黄初六年）

◎司马孚重修引沁水的枋口堰，改引水的木枋门为石门。直到北魏太和末年（约 495 年之后），怀州刺史沈文秀仍利用此堰开发水田。

231 年（魏明帝太和五年）

◎洛阳谷水上有千金堨，是年重修开五龙渠，后重修改为九龙渠，堨下有千金渠，又和阳渠、漕渠相通。这是城市供水、漕运和水力利用的一个典型。

233 年（魏明帝青龙元年）

◎重开成国渠，延伸西端至汧水（今陕西西部渭河支流千河），东端入渭水，既通漕运又可灌溉农田。

245 年（吴大帝赤乌八年）

◎陈勋率兵士 3 万人开破冈渎运渠，自句容至丹阳，渠上建了 14 处堰埭。建埭和拖船过埭（简单升船机）始见记载。

250 年（魏齐王嘉平二年）

◎刘靖于蓟城（今北京）西建戾陵堰，引湿水（永定河），开车箱渠，灌田万顷，是为古代永定河上唯一的灌溉拦河滚水堰。

两晋
(265—420)

278 年（晋武帝咸宁四年）

◎因水涝，根据杜预建议毁汝、颍一带曹魏所修较劣的陂堰，以便排泄。

282 年（晋武帝太康三年）

◎杜预重修六门堨成六门陂。六门以下原有二十九陂散入朝水（清水支流），改修六门陂后，其他陂断流。

295 年（晋惠帝元康五年）

◎戾陵堰被洪水冲毁四分之三，刘靖的儿子刘弘用 4 万多军工修复，增建了护岸与堤防，并抬高闸门。

306 年（晋惠帝光熙元年）

◎陈谐作堰修成练塘（今江苏丹阳市北），周 120 里。经历代维修，成为有名的灌溉和济运工程。

345—364 年（晋穆帝永和元年至哀帝兴宁二年）

◎桓温镇荆州，令陈遵筑江陵城外金堤。荆江堤防始见记载。

349 年（晋穆帝永和五年）

◎北中郎将徐州刺史荀羡镇守淮阴，于东阳之石鳖屯田，饮用水源为白水塘。

377 年（前秦苻坚建元十三年）

◎征发“王侯以下及豪望富室僮隶三万人”大修郑白渠。

南北朝
(420—589)

444 年（北魏太武帝太平真君五年）

◎薄骨律镇（治今宁夏吴忠市北）将刁雍在黄河西岸改旧渠建艾山渠，灌田 4 万余顷，是为宁夏引黄灌区第一个记载较详细的大型灌渠。

445 年（宋元嘉二十二年）

◎姚峤提出太湖流域排水方案，试行未成功，后 85 年又有人开渠排水，是为关于太湖排水的最早记载。

450 年（宋元嘉二十七年）

◎蓄白水塘水。

488 年（北魏孝文帝太和十二年）

◎诏黄河上中游六镇、云中、河西及关内六郡普遍兴修灌溉工程。

505 年（北魏宣武帝正始二年）

◎于涞水河南开永丰渠，隋大业时重开，改名“姚暹渠”。

516 年（梁武帝天监十五年）

◎梁修成横拦淮河的浮山堰（今安徽五河县东）长 9 里，宽 140 丈，高 20 丈，壅塞淮水以灌寿阳（今安徽寿县）城。汛期堰溃，漂没居民10余万人。是为历史上唯一的拦淮大坝。

约517年（北魏孝明帝熙平二年左右）

◎崔楷提出海河下游排涝计划，建成排水网，施工未完，停工。海河排洪涝始见记载。

519年（北魏孝明帝神龟二年）

◎幽州刺史裴延儁使卢文伟主持重修戾陵堰，同时修复督亢渠，共灌田百余万亩。北齐天统元年（565），幽州刺史斛律羡导高梁河，北合易京水东入潞水灌田，使这一灌区扩大至温榆河流域。唐永徽年间（650—655）幽州都督裴行方在这一灌区引卢沟水开稻田数千顷。

约524年（北魏孝明帝正光五年左右）

◎郦道元《水经注》成书，是一部空前的名著，所记水利事迹可补西汉以后的缺略。

534年（梁武帝中大通六年）

◎于今寿县以西、颍口之东的苍陵灌区兴军屯，灌田4 000余顷，年收谷百余万石。

535年（东魏孝静帝天平二年）

◎东魏建都邺城后，改建原曹魏的引漳灌渠，改名为“万金渠”，又名“天平渠”。将原来的十二渠口改为一个渠口，向东流入邺城，渠上有水冶、水碾、水磨等，这条渠成为城市供水、灌溉以及水能利用综合开发的渠道。

547年（西魏文帝大统十三年）

◎大修郑白渠。同年，于武功县西筑六门堰，六个闸门汇集渭河以北各山谷水，下入成国渠。六门堰至唐代多次维修，咸通十三年（872）大修后，灌溉武功以东至高陵等县田2万顷。三年后，又修复泾渭诸渠堰，筑富平堰，开渠引水。

560年（北齐废帝乾明元年）

◎修石鳖屯，年收90万石。
◎嵇晔再开督亢陂，设屯田，每年收稻粟数十万石。《水经注》有督亢沟、督亢泽的记载。

562 年（北周武帝保定二年）

◎重开龙首渠，灌田千数百顷，为近代洛惠渠的前身。

◎在蒲州（今属山西永济市）曾引黄开渠灌田，到唐代又大兴水利。

隋 (581—618)

582 年（隋文帝开皇二年）

◎三月，开渠引杜阳水灌溉三畤原地数千顷。

589 年（隋文帝开皇九年）

◎杨尚希为蒲州刺史，引瀵水立堤防灌稻田数千顷。

约 590 年（隋文帝开皇十年左右）

◎寿州总管长史赵轨开芍陂五门为三十六门，溉田 5 000 顷，陂周 120 余里。唐代又名“安丰塘”，号称灌田万顷，为极盛时期。芍陂在汉代以后历代都有维修，直至现代。

◎卢贲修利民渠，灌溉河内（今河南沁阳市）等县地，又延长渠道至温县，名“温润渠”。

605 年（隋炀帝大业元年）

◎命皇甫议征发民丁前后百余万开通济渠，自洛阳通黄河，复改古汴渠，东南至泗州（治今江苏宿迁市东南）入淮。又开邗沟，自山阳（今江苏淮安市）至扬子（今江苏扬州市南）通江，渠皆宽 40 步。

608 年（隋炀帝大业四年）

◎发军丁百余万开永济渠，引沁水通黄河，北至涿郡（治今北京），由今北京可直达杭州。

616 年（隋炀帝大业十二年）

◎破釜陂坏，决水入淮，白水塘亦坏。

唐
(618—907)

618—677 年（唐高祖武德元年至高宗仪凤二年）

◎大兴河东道河中、晋州、绛州、太原府等府州境灌溉、供水等水利。后 30 余年开元初太原府文水县又有开发。

627—684 年（唐太宗贞观元年至睿宗文明元年）

◎兴剑南道彭、资、绵、剑、陵等州灌溉。

643 年（唐太宗贞观十七年）

◎在蒲州虞乡县北 15 里开涑水渠，自闻喜县引涑水下入临晋境。

644 年（唐太宗贞观十八年）

◎李袭誉在扬州修雷塘和句城塘，引水灌田 800 顷。

650—743 年（唐高宗永徽元年至玄宗天宝二年）

◎兴河北道贝、洺、镇、冀、赵、沧、景、德、瀛、蓟十州境灌溉、防洪等水利。

655 年（唐高宗永徽六年）

◎唐代三白渠的灌溉面积不断缩小，最大的原因在于沿渠富商大贾竞相建造碾硙。据雍州长史长孙祥的上奏，永徽年间郑白渠的灌溉面积由唐初的 4 万余顷缩减到 1 万余顷。到大历十三年（778），又减少到 6 200 余顷。

672 年（唐高宗咸亨三年）

◎开昇原渠自宝鸡东引渭水通长安故城，后又引汧水，通漕。延长自杭州至长安的大运河至宝鸡。

672—673 年（唐高宗咸亨三年至四年）

◎重修东魏太平渠，延伸其分支，在相州各县开高平渠、金凤渠、万金渠、菊花沟、利物渠等。

695 年（唐武后证圣元年）

◎开置白水塘及羡塘屯田。

701 年（唐武后大足元年）

◎洛阳开洛漕新潭，为漕船停泊港。是为较早记载的内河港。

713 年（唐玄宗开元元年）

◎杭州盐官县（今浙江海宁市）重筑捍海塘堤 124 里。海堤海塘始于秦汉，大规模修筑始见于此。后 9 年增修上虞、山阴间百余里海塘，再后 5 年修海州朐山捍海堤 7 里。

713—756 年（唐玄宗开元至天宝时期）

◎益州长史章仇兼琼兴成都府、蜀州、眉州等处农田水利。

719 年（唐玄宗开元七年）

◎姜师度于同州（治今陕西大荔县）之朝邑、河西二县界，引洛水，遏黄河水入通灵陂溉水稻田 2 000 余顷。前此 95 年云得臣曾自龙门引黄河水溉韩城田 6 000 余顷。

738 年（唐玄宗开元二十六年）

◎润州刺史齐瀚移江南运口于京口埭下直渡江，开伊娄河 25 里抵扬子县，立伊娄埭。

739 年（唐玄宗开元二十七年）

◎汴州刺史齐瀚以汴河虹县至临淮 150 里险急，开广济新河，自虹县（今安徽泗县）30 余里入清河，百余里后出清河，又开河至淮阴北岸入淮，以坡陡水急，遂逐废。

741 年以前（唐玄宗开元以前）

◎经营黄河上游（自今内蒙古至青海）的营田水利。

741—742 年（唐玄宗开元二十九年至天宝元年）

◎陕州刺史李齐物凿三门底柱之开元新河通舟，后艰涩，废。

742—743 年（唐玄宗天宝元年至二年）

◎开长安城东九里之广运潭，通全国各地漕船，为长安停泊港。代宗大历之后渐废，使用 30 余年。

756—760 年（唐肃宗至德元年至上元元年）

◎郭子仪在丰宁军开御史渠，灌田 2 000 顷。

约 762—959 年（唐后期至五代末）

◎长江下游今皖南一带圩田已大量开辟，太湖流域塘浦水网亦渐次形成。

762—805 年（唐代宗及德宗时期）

◎复兴夏州、丰州、灵州（今内蒙古河套及宁夏灌区）的灌溉水利。

763 年（唐代宗广德元年）

◎江南东道、嘉兴等处开屯田水利三处，形成塘浦系统。

763—764 年（唐代宗广德元年至二年）

◎刘晏重开汴渠，重定维修、管理制度。在漕运制度中是唐代最完善的。

约 780—890 年（唐德宗至昭宗初年）

◎汴州、徐州境之汴河，每年四月至七月引浊水淤灌农田，断航 4 个月。

785—804 年（唐德宗贞元年间）

◎绛州刺史韦武主持兴建引汾灌区，灌田 13 000 余顷，为唐代大灌区之一。

788 年（唐德宗贞元四年）

◎引沁水开渠 70 余里，后 30 余年前后大修，灌田 4 000 顷，垦荒田 300 顷。

788—789 年（唐德宗贞元四年至五年）

◎淮南节度使杜亚浚扬州城内运河，修爱敬陂（陈公塘）和句城塘，引水至扬州城，接济运河，并灌溉农田。

808 年（唐宪宗元和三年）

◎洪州刺史江西观察使韦丹筑江堤 12 里，为斗门泄水，为陂塘 598 所，灌田 12 000顷。

809—810 年（唐宪宗元和四年至五年）

◎淮南节度使李吉甫使人在高邮县筑富人、固本二塘，灌田近万顷。

813 年（唐宪宗元和八年）

◎常州刺史孟简在常州西利用旧渠开孟渎引江水南流，长 41 里，用于通漕与灌溉，灌田 4 000 顷。

821—824 年（唐穆宗长庆年间）

◎扩大白水塘屯田，调扬、青、徐等州民工开引水渠多条。

824 年（唐穆宗长庆四年）

◎杭州刺史白居易大修杭州钱塘湖（西湖），后遂为城市供水、灌溉、济运及游览多功能工程。

825 年（唐敬宗宝历元年）

◎桂管观察使李渤于兴安灵渠造铧堤分二水（湘、漓），于二水口创置石斗门以节水。其后 43 年——唐懿宗咸通九年（868）桂州刺史鱼孟威增置渠中斗门至十八重。北宋时增为三十六斗。

◎高陵县令刘仁师开刘公渠与彭城堰。

828 年（唐文宗大和二年）

◎中央政权建造标准水车，分发关中各地，供郑白渠车水灌溉使用。

833 年（唐文宗大和七年）

◎明州鄞县（今浙江宁波市境）县令王元暐修它山堰御咸蓄淡灌溉工程，兼供宁波用水，沿用至清末。

◎节度使温造用 4 万工修枋口堰，溉济源、河内、温县、武陟等县四五千余顷。

890 年左右（唐末）

◎杨行密割据淮南，自埇桥（今安徽宿州市）东南决汴，汇为沼泽。汴河遂断。

五代
(907—960)

955—959 年（后周太祖显德二年至六年）

◎重开汴渠通淮河，又自开封开五丈河（广济河）通青州、郓州（今山东境），又开蔡河通陈州、颍州（今豫东南及皖北）。

宋辽夏金
(960—1279)

960—1127 年（北宋时期）

◎长江荆江段堤防基本形成。

◎长江鄱阳、洞庭等湖区，珠江三角洲区，始有圩垸（长江）、堤围（珠江）的兴建。

967 年（宋太祖乾德五年）

◎正月以黄河屡决，发丁夫数万修堤，此后定为常制，每年正月兴工，至三月毕。并以沿河府州长吏兼本州河堤使。

978 年（宋太宗太平兴国三年）

◎开南阳白河至蔡河运渠，百余里至方城，以地势高，不可通，逐废。后 10 年又有议开者，未实施。

983 年（宋太宗太平兴国八年）

◎五月，黄河大决滑州房村（今河南滑县西），经澶州（治今河南濮阳县）、濮州（治今山东鄄城县北）、曹州、济州（治今山东巨野县）诸州界，东南流至徐州界由泗入淮，为宋代黄河入淮之始。十二月堵。九月遣官勘视两岸遥堤，凡历 10 州 24 县，旧址已破坏，百无一二。

984 年（宋太宗雍熙元年）

◎淮南转运使乔维岳于运河上就故沙河开河，自淮安北到淮阴。在河段设堰，是年于第三堰创修复闸，类似现代船闸。后不久推广到江南运河及淮扬运河上，发展为澳闸，沿用至南宋末。

988 年（宋太宗端拱元年）

◎六宅使何承矩建议开河北塘泊，屯田种稻，防御辽兵。后 5 年实施，兴军屯，筑堰 600 里，后逐渐扩展。到北宋末淤废。

约 1000 年（宋真宗初年）

◎大修芍陂。

1012 年（宋真宗大中祥符五年）

◎著作佐郎李垂上《导河形胜书》三篇并图，主张自滑州以下分黄河为 6 支，筑堤 700 里。

1019 年（宋真宗天禧三年）

◎黄河决滑州天台山下，堵而复决，东南注梁山泊，围徐州城，由泗入淮直至仁宗天圣五年（1027）始堵塞。凡 9 年。

1023 年以前（宋仁宗天圣元年前）

◎《宋史·河渠志》已载有黄河一年 12 个月的“举物候为水势之名”及埽工做法。

1024—1028 年（宋仁宗天圣二年至六年）

◎范仲淹修泰州一带海堤，长 150 里。后代屡次增修，今长约 290 千米，称“范公堤”。

1032—1033 年（宋仁宗明道年间）

◎大修芍陂，疏浚淠河引水入芍陂，筑堤，建斗门，灌田数万顷。

1034 年（宋仁宗景祐元年）

◎黄河决澶州横陇埽，在北岸分一支东北流，不复堵。故道淤，新河夺正流。

1036 年（宋仁宗景祐三年）

◎工部侍郎张夏在杭州筑浙江海塘，为石堤 12 里，为石塘之始。此前多为土、埽、竹笼石塘等。

1048 年（宋仁宗庆历八年）

◎黄河决澶州商胡埽北流，合永济渠注乾宁军，或称黄河第三次大改道，宋人称为“北流”。后 20 余年中，筑堤千余里。

1049—1054 年（宋仁宗皇祐年间）

◎江淮发运使许元自淮阴向西，接沙河开运渠至洪泽，长 49 里，后马仲甫开洪泽渠 60 里。至神宗元丰六年（1083）更向西开龟山运河，长 57 里。淮水南岸运河完成，自汴渠至邗沟不再行淮水中，只横过淮水。

1055 年（宋仁宗至和二年）

◎从李仲昌议，开广六塔河挽黄河回故道，是为人工改河的第一次尝试。次年堵商胡决口失败，回河不成功。

1060 年（宋仁宗嘉祐五年）

◎黄河决魏州第六埽下为二股河、四界首河，历魏、恩、德、博诸州入海。宋人称为“东流”。任河北流或挽河东流，后遂成为宋人主要治河议题。

◎河东多引雨洪浊水淤灌绛州淤田 500 余顷，其他州县亦推广，凡 9 州 26 县。是年毕工，编成《水利图经》（已佚），是历史上唯一的浊水灌溉总结专著。

1067 年（宋英宗治平四年）

◎福建长乐女子钱四娘创修莆田木兰陂，两次失败，改动坝址，于神宗熙宁八年（1075）由李宏修成，号称灌田万顷，沿用至现代。

1069 年（宋神宗熙宁二年）

◎闭黄河北流，逼河水东流入二股河。是年十一月颁布《农田水利约束》，一名《农田利害条约》，大兴全国水利。

1069—1079 年（宋神宗熙宁二年至元丰二年）

◎引北方多沙河流水，汴、黄、漳、滹沱等淤两岸农田，是历史上放淤肥田、利用泥沙的唯一高潮。当时上奏淤田达 70 000 顷（有重复上奏者）。

1071 年（宋神宗熙宁四年）

◎大修芍陂。

1072 年（宋神宗熙宁五年）

◎用郏亶说，令亶兴两浙水利，治太湖塘浦及圩田，次年以烦扰罢。

1077 年（宋神宗熙宁十年）

◎黄河大决澶州曹村，东南汇梁山泊，分由南、北清河入海，灌 45 州县，坏田逾 30 万顷。次年堵。

1078 年（宋神宗元丰元年）

◎汴渠改引洛水为源，开新河 51 里名“清汴”，次年竣工。

◎以河流某一固定断面上的深宽的乘宽为流量大小，始见于此时，元代称“徼”。

◎清汴旁筑塘蓄水济运，名“水匮”，“匮”即“柜”。始见“水柜”之名。

1080 年（宋神宗元丰三年）

◎筑汴河狭河木岸 600 里，以冲深河道。

1081 年（宋神宗元丰四年）

◎黄河又决向北流，东流淤闭。

1094 年（宋哲宗绍圣元年）

◎黄河连年又闭北流，向东流。

1099 年（宋哲宗元符二年）

◎黄河决内黄口，东流遂断，复回北流，此后东流遂废。

1103 年（宋徽宗崇宁二年）

◎自真州（今江苏仪征市）、宣化、镇江至泗州淮河口，开直达运河，崇宁五年（1106）完工。不久即堵塞不通。为避由淮转邗沟之迂曲，唐宋前曾两次开直河，均未成功。

1107 年（宋徽宗大观元年）

◎改修陕西三白渠，名“丰利渠”，号称灌田 2 万顷。丰利渠为无坝取水。

1111—1118年（宋徽宗政和年间）

◎大兴水利，围湖造田，于是太湖始见围田之名，浙东则为湖田，江东为圩田。

1116—1120年（宋徽宗政和六年至宣和二年）

◎赵霖开太湖流域港浦，置闸，围湖造田，修塘岸堤圩，用工278万。

1127—1279年（南宋时期）

◎大兴江南水利，闽浙一带堰塘以亿万计，为前所未有。

1128年（宋高宗建炎二年）

◎宋东京留守杜充决滑州黄河水东注梁山泊，分由南清河（泗水）、北清河（济水）入海。自是河遂南流入淮。

1134年（宋高宗绍兴四年）

◎由于金兵南侵，淮扬运河的堰闸并陈公塘被毁，后虽有修复，但大不如北宋时。

1161年（金海陵王正隆六年）

◎梁山泊水涸，黄河走北清河一支渐淤断，但有时亦向北冲决。

1168—1171年（金世宗大定八年至十一年）

◎大定八年黄河决滑州李固渡分两支东南流，大定十一年决原武王村，河成三股，总汇于泗水南入淮，主流先向南后向北摆动。

1170—1171年（宋孝宗乾道六年至七年）

◎修汉中山河堰溉田2 300顷。堰相传创始于西汉萧何。北宋时已有修治记载，但溉田较少，仅400余顷。

1171年（金世宗大定十一年）

◎开中都通州的金口运河，引卢沟水至中都北城濠，再东至通州入潞水。以水浊、坡陡，仅维持10余年即废弃。

1194年（金章宗明昌五年）

◎黄河决阳武故堤，又注梁山泊分入南北清河。后数年堵北支，只剩由徐州入泗入淮一道。前此 20 余年，金人渐加强河防，而大决溢不断，主流偏北。这次改道，清人胡渭谓为第四次大改道，不确切。

1205 年（金章宗泰和五年）

◎金以高粱河水为源开中都至通州漕渠，名“通济渠”，俗称“闸河”，不久即废。

1213 年（宋宁宗嘉定六年）

◎经南宋时对白水塘的疏浚，到嘉定六年，塘内已有垦田 20 万亩。

1228—1245 年（宋理宗绍定元年至淳祐五年）

◎孟珙兴荆襄水利：绍定元年于枣阳创平虏堰，长 18 里，跨 9 阜，建通天槽 83 丈，立军民屯，溉田 10 万顷。淳祐元年，沿长江自汉口至秭归立 20 屯、170 庄，开田 188 080 顷，调丁夫筑堰，为民屯。淳祐五年，大修江陵城北三海八柜，引沮漳水绕城北入汉水，300 里间为巨泽，用土木之工 170 万。三海创始于孙吴，五代高氏修北海。宋宁宗开禧元年（1205），吴猎修复三海八柜，又增置西北一柜及城南之南海，以固边防。

1234 年（宋理宗端平元年）

◎宋兵入汴，蒙古兵决胙城东北寸金淀，黄河水南流淹宋兵。南流至杞县三叉口分为三支，中支入涡河为主流，南支入颍水，北支入汴渠故道，由睢水入泗，三支俱入淮。

1247 年（宋理宗淳祐七年）

◎时州郡都用天池盆测雨量，是年秦九韶著《数书九章》始改正其计算方法，以盆口面积除雨水体积。天池盆为世界出现最早的雨量器。秦书有“天池测雨”“圆罂测雨”“竹器验雪”“峻积验雪”四算法，唯中间两种算法错误。

元
(1206—1368)

1261 年（元世祖中统二年）

◎重修怀庆路引沁灌溉至广济渠，筑石堰遏水灌济源等五县田 3 000 余顷。渠相传创始于秦代，历代扩修，唐大和七年（833）曾灌田 5 000 顷，已有“广济渠”

名。北宋时毁。

1264—1266年（元世祖至元元年至三年）

◎河渠副使郭守敬兴宁夏滨河五州水利。其中，中兴州唐来渠长400里，汉延渠长250里。其余四州有正渠10条长200里，支渠68条。溉田9万余顷。修浚，建堰闸。恢复淤废。并垦凉、甘、瓜、沙等州田为水田若干。

1266年（元世祖至元三年）

◎都水少监郭守敬开金口河引卢沟水，漕西山木石至大都。

1275年（元世祖至元十二年）

◎都水监郭守敬勘测卫、泗、汶、济各河相通形势，备水运。绘图上奏。测量孟门以东黄河故道纵横数百里间的地形，规划分洪及灌溉等，并提出海拔概念。

1276年（元世祖至元十三年）

◎始穿济州漕渠，至元十九年、二十年又开。至元二十一年成，名"济州河"。自济宁至安山，长130余里。

1276—1278年（元世祖至元十三年至十五年）

◎云南行省平章政事赛典赤·瞻思丁筑昆明东北盘龙江上的松华坝，分水入金汁河，号称溉田万顷。又疏浚滇池海口，主持人为劝农使张立道。

1280年（元世祖至元十七年）

◎用姚演言，开胶东河（即胶莱河），至元二十一年二月停工，十二月又开，至至元二十二年春未畅通，停罢。

◎命招讨使都实探黄河源。其后，翰林学士潘昂霄据以撰《河源志》。

1283—1288年（元世祖至元二十年至二十五年）

◎黄河三次大决汴梁呼；至元二十年决原武，灌入开封城，筑堤130里；至元二十三年决开封、原武、太康、睢州等县15处，发丁夫20余万人筑堤；至元二十五年决阳武等县22处。

1289年（元世祖至元二十六年）

◎开会通河，自安山至临清，长265里，用工250万，是年春兴工，六月完成，主持者为马之贞等。

1292—1293 年（元世祖至元二十九年至三十年）

◎都水监郭守敬开大都通惠河，自昌平白浮村引神山泉及西山诸泉至瓮山泊（今昆明湖），由玉河入城内积水潭，以潭为停泊港，出城东至通州。穿城至城南高丽庄会白河，全长 164 里，设闸 11 处，共 24 座。京杭大运河至此全部完成。

1304—1306 年（元成宗大德八年至十年）

◎任仁发治理太湖，主要浚吴淞江及其支流。

1314 年（元仁宗延祐元年）

◎陕西行台监察御史王琚等兴工改建引泾的丰利渠为王御史渠，渠口上移。断断续续开了 26 年，完成石方 14.3 万余方，渠成而尾工未完、计划灌田 7 万余顷，后只灌 4.5 万顷，实亦未达此数。

1321 年（元英宗至治元年）

◎沙克什根据北宋沈立的《河防通议》及金都水监本改编成《河防通议》，记载工程设计、施工、管理等条例。

1324—1326 年（元泰定帝泰定元年至三年）

◎任仁发又一次治理，仍以浚吴淞江为主，仍主浚江、筑围，置河口闸。

1324—1328 年（元泰定帝泰定元年至五年）

◎浙江连年海溢，海塘坍坏。泰定四年，都水少监张仲仁等于盐官沿海 30 里下石囤 443 300 多个，后又增至 5 000 个；泰定五年，又接筑石囤 10 里。后又修石塘。石囤或石囷，元初用于引泾丰利渠首拦河坝，用石囤 1 166 个，排为 11 列。坝长 850 尺，宽 85 尺。

1335 年［元顺帝（后）至元元年］

◎金四川廉访司事吉当普大修都江堰灌区各堰、堤、渠道三十几处。大堰处跨内外二江筑石门，改竹笼堰为砌石，铸 1.6 万斤重的铁龟为鱼嘴。

1342 年（元顺帝至正二年）

◎都水监傅佐等建议开金口新河，引大都西浑河水至通州南高丽庄，长 120 余里。工成，以流急沙多，不能用。傅佐等俱诛死。

1351年（元顺帝至正十一年）

◎工部尚书贾鲁为总治河防使，发兵夫17万人治黄河，堵白茅口（曹县境）。元初期河南流入颍、涡，中期北移由商丘、徐州入泗，后期多北决自鲁西南入泗，泛滥多年。贾鲁堵口、修堤、开新河，挽河由徐州入泗。本年四月兴工，十一月工成。创修石船挑水坝，汛期施工，工程极大。几年后河又北决。

明
(1368—1644)

1392年（明太祖洪武二十五年）

◎黄河决阳武南流入颍水入淮。

1403—1404年（明成祖永乐元年至二年）

◎户部尚书夏原吉用华亭人叶宗行计划，发夫10余万人修治太湖水患，开黄浦江、白茆、刘家港等入海水道及各塘浦。明代小规模修浚多至千次以上。大工七八次，规模多小于这一次。

1411年（明成祖永乐九年）

◎工部尚书宋礼等重开会通河，用白英计划建南旺分水。洪武二十四年(1391)黄河决原武黑洋山北冲运河，会通河淤断。是年发军民30万重开。此后漕运每年400万石，走京杭运河。

1412—1433年（明成祖永乐十年至宣宗宣德八年）

◎平江伯陈瑄督丁夫40万修扬州海门至盐城海堤1.8万丈。后以兵20万筑长10里高20丈宝山为航海标志。督漕运，于永乐十三年、十四年开清江浦故沙河，建清江4闸、淮安5坝，增运河闸自淮至临清为47座。又自淮至通州，沿河置铺舍568所，设浅夫。开扬州白塔河通运。改支运为兑运，设仓。凡运河管理制度，多出瑄手。

1414年（明成祖永乐十二年）

◎修安丰塘（芍陂）水门12座。以后修治闸坝不下六七次。

1416 年（明成祖永乐十四年）

◎是时前后，黄河屡决开封上下，永乐九年宋礼治黄，河水由鱼台入运，顺运河南流；本年决开封州县十四，经怀远，由涡入淮。向东向北有分支。

1448—1455 年（明英宗正统十三年至代宗景泰六年）

◎黄河决新乡八柳树，主流经曹州、濮州至寿张县沙湾，坏运河，东入海，向南有分支，后淤。屡堵决口，失败。景泰四年（1453），徐有贞治河，堵沙湾运河上决口，设溢流坝分水入海，开广济渠引黄济运，景泰六年工成。北流凡 8 年，河又南流。

1461 年（明英宗天顺五年）

◎黄河决开封城，城中水深丈余，坏民居过半，军民多溺死。

1461—1481 年（明英宗天顺五年至宪宗成化十七年）

◎项忠等改建引泾王御史渠为广惠渠，渠口上移。凿水侧龙山洞，石工艰巨。自天顺五年至成化三年未成，停工。成化十二年、十七年两次续开，勉强通流，洞易淤塞。正德、嘉靖中又开通济渠亦不成功。后虽修治多次，不能解决沙淤问题，明末仅溉 700 余顷。

1471 年（明宪宗成化七年）

◎以王恕为工部侍郎总理河道，为黄运两河设专职大员之始，至清代名“河道总督”。

1489—1490 年（明孝宗弘治二年至三年）

◎黄河决开封境六口，南决水较小，北决分向东向北两支，北支冲决张秋运河。白昂治河主北堵南疏，保漕运为主。河道北移。

1492—1495 年（明孝宗弘治五年至八年）

◎黄河决金龙口及黄陵冈。南支淤，北为主流，冲决张秋运河。刘大夏治河，开浚东、南分支，弘治七年堵张秋决口、弘治八年堵黄陵冈等口，筑北岸太行堤。河主流走徐放及宿迁小河口。小河口是主流，自后决溢下移。胡渭谓为第五次大改道。

1496—1565 年（明孝宗弘治九年至世宗嘉靖四十四年）

◎黄河主流正德时已由宿迁小河口北移至沛县飞云桥入运河。嘉靖初又北移五六十里至庙道口入运河。嘉靖十年（1531）又北移至鱼台县谷亭入运河。后三年全河南移出徐州小浮桥。再后二年又南移入小河及涡河。嘉靖二十五年以后出徐州小浮桥，嘉靖三十七年决曹县新集下分 11 支至徐州上下入运河。后七年曹县以下大片漫流分 13 股，南自徐州北至鱼台入运河。

1528 年（明世宗嘉靖七年）

◎用御史吴仲议，修浚大通河渠闸，并建通州城北石坝。河上修闸 6 座，实行剥运。成化、正德间均曾修浚，未成功而罢。

1537 年（明世宗嘉靖十六年）

◎浙江绍兴知府汤绍恩于城东北 38 里三江口建三江闸，凡 28 孔，控制山阴会稽平原的水利蓄泄。

1542 年（明世宗嘉靖二十一年）

◎浙江水利佥事黄江昇始于海盐县在前人屡次改进的基础上修建五纵五横鱼鳞式石海塘。

1566 年（明世宗嘉靖四十五年）

◎工部尚书朱衡开鱼台南阳镇至留城 140 余里新运河，移运河于昭阳湖东。为避黄河干扰，又自留城至茶城浚旧道 50 里，共 195 里，称“南阳新河”。又筑堤 200 余里截断黄河北股各支，并入南股至徐州为一道。均于次年完成。

1572—1574 年（明穆宗隆庆六年至神宗万历二年）

◎万恭为总河，始提出束水攻沙及放淤固堤概念。所著《治水筌蹄》中记为虞城某秀才所说。

1578—1580 年（明神宗万历六年至八年）

◎潘季驯第三次任总河，统一治理黄、淮、运三河。治黄主张缕堤束水攻沙，遥堤防洪，减水坝泄洪护堤；筑高家堰修成洪泽湖水库，调蓄淮水，冲刷黄河下游。强调堵决口，束黄河于一道，订堤防修守制度。潘氏四任总河，第三任设施最多，著有《河防一览》。

1585 年（明神宗万历十三年）

◎尚宝司少卿徐贞明奉命兴京畿水利，次年罢。徐氏曾于万历三年（1515）著

《潞水客谈》谈治水主张。

1593 年（明神宗万历二十一年）

◎黄河决单县黄堌口，未堵，至万历二十四年（1596）主流出宿迁白洋河入运。万历二十九年决商丘蒙端寺，黄堌口始断流，河由浍河入淮。万历三十一年后始复走徐州。

1595—1596 年（明神宗万历二十三年至二十四年）

◎杨一魁为总河，主分黄导淮。一反潘氏主张。高家堰建闸导淮入海入江。开安东新河 300 里分黄。

1600 年（明神宗万历二十八年）

◎袁应泰重开广济渠，灌数县田。明代曾屡次大修北宋广济渠，改名为“丰利渠”。于渠首稍下游，明后期又开了三条渠，又在沁河北岸开广惠渠，清代南岸又开甘霖渠。因有五个渠口，所以这一峡口俗称“五龙口”。

1603—1604 年（明神宗万历三十一年至三十二年）

◎总河杨化龙开泇运河工成，共长 260 里，自夏镇至宿迁直河口，运道不再由徐州。

1627 年（明熹宗天启七年）

◎徐光启著《农政全书》初稿成，其中《泰西水法》系学自西洋教士熊三拔，为介绍东西方水利技术交流的最早著作。

1638 年（明思宗崇祯十一年）

◎徐宏祖自崇祯十一年至十三年（1638—1640）游云南，撰《溯江纪源》一文，始定长江应以金沙江为源。著有《徐霞客游记》。

1642 年（明思宗崇祯十五年）

◎李自成义军围开封，明官吏决黄河堤灌义军营，义军亦决一口，二水合流陷城溺死居民数十万。水南入涡河。

清
(1616—1911)

1644 年（清世祖顺治元年）

◎杨方兴为河道总督，驻济宁。黄河走商丘、徐州、邳州至清河入淮一线。

1677—1688 年（清圣祖康熙十六年至二十七年）

◎前二三十年中黄、淮、运连年决溢多口，糜烂不堪。康熙十六年始以靳辅为河道总督，治黄运。靳用幕友陈潢规划，提出治河方略，主要根据潘季驯的理论，堵决口、筑堤。10 余年中浚海口，大量修黄河减坝，延长洪泽湖堤，堤上筑减坝，导淮水自归海坝及归江坝入江海。康熙二十二年（1683）黄河复故道，维持了几十年的安定局面。

1688 年（清圣祖康熙二十七年）

◎靳辅于康熙二十三年（1684）起接运河开中运河，自宿迁至清口长 180 里，本年完成。黄运分开，仅交叉于清口。是年靳罢职，陈潢被罪，次年陈卒。靳著有《治河方略》，附有张霭生所编《河防述言》，陈始提出流量概念。

1698 年（清圣祖康熙三十七年）

◎永定河卢沟桥以下堤防，元代已有，长至百余里，但残缺不全，河道常改移。本年创筑系统堤防，固定河道。两岸堤防后长至 200 里，下接东淀。

1708 年（清圣祖康熙四十七年）

◎宁夏水利同知王全臣开大清渠，在唐徕、汉延二渠之间，长 75 里，溉田 1 223顷。

1720 年（清圣祖康熙五十九年）

◎浙江巡抚朱轼于海宁创建十八层鱼鳞大石塘，以防潮水顶冲险段，后陆续推广。

1725 年（清世宗雍正三年）

◎淮扬道傅泽洪主编、郑元庆纂辑的《行水金鉴》成书。

1725—1730 年（清世宗雍正三年至八年）

◎怡亲王允祥主持兴畿辅营田水利，用陈仪计划设四局管理，开水田 6 000 顷。雍正八年允祥卒，遂废。

1726—1729 年（清世宗雍正四年至七年）

◎侍郎通智、宁夏道单畴书开宁夏引黄惠农渠及昌润渠。前者长 200 余里，后者长 100 余里，灌田数常有变动，常在千顷以上。

1728 年（清世宗雍正六年）

◎计划修复明代的扬州五塘，但实际上仅疏浚了句城塘通运河（仪征至扬州运河）的乌塔沟，以及新塘、雷塘通运河的槐子沟，陈公塘通运河的太子沟并未疏通。

1729 年（清高宗雍正七年）

◎改河道总督为江南河道总督驻清江浦，管理江苏、安徽两省黄运等河。又设河东河道总督驻济宁，管理河南、山东黄运两河。又设直隶河道总督，驻天津，不久废，以直隶总督兼任，管理海河水系。

1739 年（清高宗乾隆四年）

◎大学士鄂尔泰奏治黄莫胜于开引河及放淤固堤。放淤固堤始于潘季驯，靳辅等亦曾用过。此后百年中，黄、海水系形成放淤高潮，道光初年以后始减少。

1743 年（清高宗乾隆八年）

◎御史胡定建议山陕溪涧建坝淤地，保持水土，为南河白钟山所驳。水土保持概念，南宋人及元人均曾提出。但用以治黄河，则为胡氏首先提出。

1749 年（清高宗乾隆十四年）

◎疏浚芍陂，用银 1.3 万两。

1753 年（清高宗乾隆十八年）

◎正式批准黄河堵口等埽工，改卷埽为捆搂软厢，嘉庆以后遂普遍推广。所用梢料已于雍正二年（1724）奏准以秸料（秫秸）代替。

1765 年（清高宗乾隆三十年）

◎设水志于陕州万锦滩、巩县洛河口及沁河木滦店。每年桃汛至霜降逐日记录水位上报。大汛陡涨并需飞报南河。

1781 年（清高宗乾隆四十六年）

◎七月黄河决祥符、仪封十余口，主溜走仪封北岸青龙冈。次年于南岸开引河 170 里，又次年堵口成功。用银千余万两，连地方摊征共 2 000 余万两。

1788 年（清高宗乾隆五十三年）

◎长江大水决万城堤，淹江陵城。现代的荆江大堤大致在元初已形成。是年大决引起重视，后便加强堤防管理制度。

1802—1808 年（清仁宗嘉庆七年至十三年）

◎伊犁锡伯军民开察布查尔渠引伊犁河水，长 200 余里，溉田千顷。将军松筠开旗屯渠。清代自康雍时起开发新疆水利，常有修建。道光时林则徐亦多有兴修。

1803 年（清仁宗嘉庆八年）

◎黄河上始用抛碎石抢险。以前仅徐州城外有石工。

◎黄河决封丘北岸衡家楼，下冲张秋运河入海，次年堵塞，用银 1 200 余万两。

1819—1820 年（清仁宗嘉庆二十四年至二十五年）

◎八月黄河决武陟马营坝穿张秋运河入大清河，次年二月堵，引河抽沟 800 余里，用银 1 200 万两。水下流复决仪封，南流入洪泽湖，十二月堵，用银 475 万两。

1825—约 1921 年（清宣宗道光五年至民国十年左右）

◎黄河后套开八大干渠及其他灌渠，常年可溉田 1.6 万余顷。多系私人开凿，著名的有光绪间王同春等。

1827 年（清宣宗道光七年）

◎黄运交叉处的清口，因淤积不能通运，漕运改用倒塘灌运法，后遂以为常。自乾隆四十一年（1776）筑拦断淮、黄的御黄坝，每年淮水大时仍开启，至是遂不再开，黄淮隔绝。

1827—1828 年（清宣宗道光七年至八年）

◎成都府水利同知强望泰大修都江堰。清顺治康熙间荒废，雍正时仅溉田 70 万亩，乾隆时渐恢复，至是可溉田 300 万亩。光绪三年（1877）川督丁宝桢曾大修。民国时修治亦多。

1830 年（清宣宗道光十年）

◎河南开归陈许郑道栗毓美在黄河上试用砖工，后 5 年栗为河东河道总督，大力推广。

1831 年（清宣宗道光十一年）

◎黎世序、潘锡恩等河督主编，俞正燮等纂辑《续行水金鉴》成书，记事至嘉庆二十五年（1820）止。

1844 年（清宣宗道光二十四年）

◎六月黄河决中牟，分三支，南由沙、涡等河入淮。次年春堵口失败，十二月堵塞。共用银 1 190 万两。

1855 年（清文宗咸丰五年）

◎黄河决兰阳铜瓦厢至张秋穿运河，由大清河入海。后未堵，河遂改行今道。一般称为第六次大改道。后 5 年裁撤江南河道总督。

1865 年（清穆宗同治四年）

◎汉口海关设长江水位站。至光绪六年（1880）设雨量站。芜湖亦于光绪六年设水位雨量站。

1887 年（清德宗光绪十三年）

◎黄河决郑州自颍、涡入淮，次年堵，用银 1 100 万两。自是以后无议河南归故道者。

1889 年（清德宗光绪十五年）

◎始用新法测黄河图，次年完成河南以下河图。

1898 年（清德宗光绪二十四年）

◎李鸿章聘比利时工程师卢法尔同勘黄河。次年卢法尔提出下游治理、上游水土保持、进行测绘及水文测验等意见。

1901 年（清德宗光绪二十七年）

◎根据《辛丑条约》，成立海河、黄浦河道国际共管机构，即后之海河工程局及浚浦局。

1902 年（清德宗光绪二十八年）

◎停止运河漕运，裁撤东河机构，至光绪三十年（1904）全裁。运河渐湮塞，仅局部通航。山东设河防官电局，次年架线。

1908 年（清德宗光绪三十四年）

◎永定河设河工研究所。后两年山东黄河亦设立，系培训性质。

1909 年（宣统元年）

◎陕州始用电报向黄河下游报汛。

(1912—1949)

1912 年

◎云南建海口石龙坝水电站成功（螳螂川水电站），始于 1908 年，至此成，是为中国第一座水电站。

1913 年

◎黄河濮阳双合岭决口，至 1915 年始堵塞，用银 400 万元。

1914 年

◎设全国水利局，但事权仍分于各部及省。后几经变更，直至 1946 年始设水利委员会，第二年改为水利部，其下黄河、淮河、长江、珠江等流域机构为水利工程总局，事权始统一。

1915 年

◎广东珠江下游大水灾，三江均大水。

◎河海工程专门学校于南京成立，1924 年改为河海工科大学，1927 年并入中央大学。

1918 年

◎设顺直水利委员会于天津，1928 年改为华北水利委员会。

◎设泺口黄河水文站，次年设陕州水文站。太湖亦开始设站。

1921—1923 年

◎黄河决利津宫家坝，始用西法平堵，有新旧法的争论。

1922 年

◎设扬子江水道讨论会，1918 年改为扬子江水道整理委员会，1935 年改为扬子江水利委员会。

1923 年

◎德国人恩格斯始作有关黄河的模型试验，1932 年、1933 年又进行。

1929 年

◎导淮委员会成立。自 1913 年有江淮水利局之设，几经变更，至此成立导淮委员会。

1930 年

◎永定河放淤，至 1936 年止。

◎台湾建成最大的灌溉工程嘉南大圳，溉田 220 万亩，施工 10 年。

1931 年

◎长江大水灾，淹武汉城市，后 4 年又有一次较小水灾。

◎淮河大水灾，导淮计划编成，次年兴工。

◎永定河治本计划完成。

◎成立中国水利工程学会，李仪祉为会长，创办《水利》月刊。

1931—1932 年

◎李仪祉主持兴建泾惠渠成，1935—1938 年又建渭惠渠。后又建梅惠、黑惠、洛惠等渠。

1933 年

◎黄河大水，陕县测流量为 23 000 米^3/秒，下游决口 72 处，次年堵贯台、冯楼等口，用银 230 余万元，1935 年始完工。

◎设立黄河水利委员会，李仪祉为委员长。民国时期以来治黄分属地方，无统一机构，至是始统一。系统测量黄河下游图，1937 年完成。

◎华北水利委员会、北洋大学等九单位合设中国第一水工试验所于天津，1935 年完成。

1934 年

◎南京成立中央水工试验所。

1935 年

◎黄河决鄄城南岸之董庄，次年堵，用银 260 余万元。始用航测测董庄决口及长江一部分。

1936 年

◎珠江水利局成立。自 1914 年成立广东治河处，1929 年改委员会，至此成立珠江水利局。

◎全国经济委员会水利处成立整理水利文献委员会，后屡经变更，至 1945 年改为整理水利文献室。

1937—1943 年

◎吉林小丰满水电站 1937 年兴工，1943 年发电，1959 年竣工，装机容量 56.3 万千瓦时。

1938 年

◎黄河郑州花园口决堤，阻止日本侵略军未成功，形成广大灾区，决水自颍、涡等河入淮。至 1947 年始堵口，改道 9 年。

1939 年

◎海河水系大水，淹天津城市。1917 年、1924 年、1929 年均大水，以本年最大，灾情亦重。

1946 年

◎自 1912 年至本年黄河决溢 107 次，后十余年为害较大。

说明：

本大事记采自姚汉源《中国水利史纲要》（水利电力出版社，1987 年），收入本书时略有改动。

中国历代人口与耕地统计

本专题主要根据二十四史、十通、实录和近代学者研究成果编成，包括中国历代人口统计表、中国历代耕地统计表两个部分。

（一）中国历代人口统计表

朝代	年代	公元（年）	户	口	备注
汉	平帝元始二年	2	12 233 062	59 594 978	《汉书·地理志》
	光武帝建武中元二年	57	4 279 634	21 007 820	《东汉会要》卷二八
	明帝永平十八年	75	5 860 573	34 125 021	《东汉会要》卷二八
	章帝章和二年	88	7 456 744	43 356 367	《东汉会要》卷二八
	和帝元兴元年	105	9 237 112	53 256 229	《东汉会要》卷二八
	安帝延光四年	125	9 647 838	48 690 789	《东汉会要》卷二八
	顺帝永和五年	140	9 698 630	49 150 220	《后汉书·郡国志五》
	顺帝建康元年	144	9 946 919	49 730 550	《东汉会要》卷二八
	冲帝永憙元年	145	9 937 680	49 524 183	《东汉会要》卷二八
	质帝本初元年	146	9 348 227	47 566 772	《东汉会要》卷二八
	桓帝永寿三年	157	10 677 960	56 486 856	《通典·食货七》
三国	蜀昭烈帝章武元年	221	200 000	900 000	《通典·食货七》
	后主炎兴元年	263	280 000	1 082 000	《通典·食货七》
	吴大帝赤乌五年	242	520 000	2 300 000	《通典·食货七》
	乌程侯天纪四年	280	523 000	2 562 000	《晋书》卷三
	魏元帝景元四年	263	663 423	4 432 881	《通典·食货七》
晋	武帝太康元年	280	2 459 840	16 163 863	《通典·食货七》
南北朝	宋孝武帝大明八年	464	906 870	4 685 501	《通典·食货七》
	陈后主祯明三年	589	500 000	2 000 000	《通典·食货七》
	魏孝明帝熙平至神龟年间	516—519	5 000 000		《通典·食货七》
	孝庄帝永安年间	528—530	3 375 368		《通典·食货七》
	北齐幼主承光元年	577	3 032 528	20 006 880	《通典·食货七》
	北周静帝大象年间	579—580	3 590 000	9 009 604	《通典·食货七》
隋	文帝开皇二年	582	3 600 000		《册府元龟》卷四八六
	炀帝大业二年	606	8 907 536	46 019 956	《通典·食货七》
	大业五年	609	8 907 546	46 019 956	《隋书·地理志》卷二九

朝代	年代	公元（年）	户	口	备注
唐	高祖武德年间	618—626	2 000 000		《通典・食货七》
	太宗贞观年间	627—649	3 000 000		《通典・食货七》
	高宗永徽元年	650	3 800 000		《通典・食货七》
	永徽三年	652	3 850 000		《旧唐书・高宗纪止》卷四
	中宗神龙元年	705	6 156 141	37 140 000	《唐会要》卷八四
	玄宗开元十四年	726	7 069 565	41 419 712	《旧唐书・玄宗纪止》卷八
	开元二十年	732	7 861 236	45 431 265	《旧唐书・玄宗纪止》卷八
	开元二十二年	734	8 018 710	46 285 161	《唐六典》卷三
	开元二十四年	736	8 018 710		《唐会要》卷八四
	开元二十八年	740	8 412 871	48 143 609	《新唐书・地理志一》卷三七
	天宝元年	742	8 525 763	48 909 800	《旧唐书・玄宗纪下》卷九
	天宝十四年	755	8 914 709	52 919 309	《通典・食货七》
	肃宗至德元年	756	8 018 710		《唐会要》卷八四
	乾元三年	760	1 933 174	16 990 386	《通典・食货七》
	代宗广德二年	764	2 933 125	16 920 386	《旧诏书・代宗纪》卷一一
	大历年间	766—779	1 300 000		《通典・食货七》
	德宗建中元年	780	3 805 076		《唐会要》卷八四
	宪宗元和二年	807	2 440 254		《唐会要》卷八四
	元和十五年	820	2 375 400	15 760 000	《旧唐书・穆宗纪》卷一六
	穆宗长庆元年	821	2 375 805	15 762 432	《旧唐书・穆宗纪》卷一六
	长庆年间	821—824	3 944 959		《唐会要》卷八四
	敬宗宝历年间	825—826	3 978 982		《唐会要》卷八四
	文宗大和年间	827—835	4 357 575		《唐会要》卷八四
	开成四年	839	4 996 752		《唐会要》卷八四
	武宗会昌元年	841	2 114 960		《新唐书・食货二》卷五二

朝代	年代	公元（年）	户	口	备注
宋	太祖建隆元年	960	967 353		《宋会要辑稿·食货六九》
	开宝九年	976	3 090 504		《通考·户口二》
	太宗至道二年	996	4 574 257		《太宗实录》卷 79
	真宗咸平六年	1003	6 864 160	14 278 040	《宋史·地理志》
	景德三年	1006	7 417 570	16 280 254	《宋会要辑稿·食货一二》
	大中祥符元年	1008	7 908 555	17 803 401	《续资治通鉴长编》卷七〇
	大中祥符二年	1009	8 402 537		《续资治通鉴长编》卷七二
	大中祥符四年	1011	133 112	541 419	《续资治通鉴长编》卷七六，疑户、口数均有误
	大中祥符七年	1014	9 055 729	21 996 965	《续资治通鉴长编》卷八三
	大中祥符八年	1015	8 422 403	18 881 930	《续资治通鉴长编》卷八六
	天禧三年	1019	8 545 276	19 471 556	《续资治通鉴长编》卷九四《续资治通鉴长编》卷九六
	天禧四年	1020	9 716 712	22 717 272	《宋会要辑稿·食货一一》
	天禧五年	1021	8 677 677	19 930 320	《续资治通鉴长编》卷一〇一
	仁宗天圣元年	1023	9 898 121	25 455 859	《宋会要辑稿·食货一一》
	天圣七年	1029	10 162 689	26 054 238	《续资治通鉴长编》卷一一〇
	天圣九年	1031	9 380 807	18 936 066	《续资治通鉴长编》卷一一五
	景祐元年	1034	10 296 565	26 205 441	《续资治通鉴长编》卷一二〇
	景祐四年	1037	10 663 027	22 482 516	《续资治通鉴长编》卷一二三
	宝元元年	1038	10 104 290		《玉海·户口》卷二〇
	宝元二年	1039	10 179 989	20 595 307	《宋会要辑稿·食货一一》
	庆历二年	1042	10 307 640	22 926 101	《续资治通鉴长编》卷一五七
	庆历五年	1045	10 682 947	21 654 163	《宋会要辑稿·食货一一》

朝代	年代	公元（年）	户	口	备注
宋	庆历八年	1048	10 723 695	21 836 004	《续资治通鉴长编》卷一六九
	皇祐二年	1050	10 747 954	22 057 662	《续资治通鉴长编》卷一七五
	皇祐五年	1053	10 792 705	22 292 861	《宋会要辑稿·食货》卷一一
	嘉祐三年	1058	10 825 580	22 442 791	《续资治通鉴长编》卷一九五
	嘉祐六年	1061	11 091 112	22 683 112	《文献通考·户口二》
	嘉祐八年	1063	12 462 317	26 421 651	《续资治通鉴长编》卷二〇三
	英宗治平元年	1064	12 489 481	28 823 252	《续资治通鉴长编》卷二〇六
	治平二年	1065	12 904 783	29 077 273	《宋会要辑稿·食货一一》
	治平三年	1066	12 917 221	29 092 185	《宋会要辑稿·食货一一》
	神宗熙宁二年	1069	14 412 043	23 068 230	《宋会要辑稿·食货一一》
	熙宁五年	1072	15 091 560	21 867 852	《宋会要辑稿·食货一一》
	熙宁八年	1075	15 684 529	23 807 165	《宋会要辑稿·食货一一》
	熙宁十年	1077	14 245 270	38 721 180	《宋会要辑稿·食货一一》
	元丰元年	1078	16 402 631	24 326 123	《宋会要辑稿·食货一一》
	元丰三年	1080	16 730 504	23 830 781	《宋会要辑稿·食货一一》
	元丰六年	1083	17 211 713	24 969 300	《宋会要辑稿·食货一一》
	哲宗元祐元年	1086	17 957 092	40 072 606	《宋会要辑稿·食货一一》
	元祐三年	1088	18 289 375	32 163 012	《宋会要辑稿·食货一一》
	元祐六年	1091	18 655 093	41 492 311	《宋会要辑稿·食货一一》
	绍圣元年	1094	19 120 921	42 566 243	《宋会要辑稿·食货一一》
	绍圣四年	1097	19 435 570	43 411 606	《续资治通鉴长编》卷五一九
	元符二年	1099	19 715 555	44 364 949	《宋会要辑稿·食货一一》
	元符三年	1100	19 960 812	44 914 991	《宋会要辑稿·食货六九》
	徽宗崇宁元年	1102	20 364 307	45 324 154	《宋会要辑稿·食货一一》
	崇宁二年	1103	20 524 065	45 981 845	《宋会要辑稿·食货一一》
	大观二年	1108	20 648 238	46 173 891	《宋会要辑稿·食货一一》
	大观三年	1109	20 882 438	46 734 784	《宋会要辑稿·食货一一》
	大观四年	1110	20 882 258	46 734 784	《宋会要辑稿·食货一一》

朝代	年代	公元（年）	户	口	备注
宋	高宗绍兴二十九年	1159	11 091 885	16 842 401	《宋会要辑稿·食货一一》
	绍兴三十年	1160	11 575 733	19 229 008	《宋会要辑稿·食货一一》
	绍兴三十一年	1161	11 364 377	24 202 301	《宋会要辑稿·食货一一》
	绍兴三十二年	1162	11 584 334	24 931 465	《宋会要辑稿·食货一一》
	孝宗隆兴元年	1163	11 311 386	22 496 686	《宋会要辑稿·食货一一》
	乾道元年	1165	11 705 662	25 179 177	《宋会要辑稿·食货一一》
	乾道二年	1166	12 335 450	25 378 648	《宋会要辑稿·食货一一》
	乾道三年	1167	11 800 366	26 086 146	《宋会要辑稿·食货一一》
	乾道四年	1168	11 683 511	25 395 502	《宋会要辑稿·食货一一》
	乾道五年	1169	11 633 233	24 772 833	《宋会要辑稿·食货一一》
	乾道六年	1170	11 847 385	25 971 870	《宋会要辑稿·食货一一》
	乾道七年	1171	11 852 580	25 428 255	《宋会要辑稿·食货一一》
	乾道八年	1172	11 730 699	25 955 359	《宋会要辑稿·食货一一》
	乾道九年	1173	11 849 328	26 720 724	《宋会要辑稿·食货一一》
	淳熙元年	1174	12 094 874	27 375 586	《宋会要辑稿·食货一一》
	淳熙二年	1175	12 501 400	27 634 010	《宋会要辑稿·食货一一》
	淳熙三年	1176	12 132 202	27 619 019	《宋会要辑稿·食货一一》
	淳熙四年	1177	12 176 807	27 025 758	《宋会要辑稿·食货一一》
	淳熙五年	1178	12 976 123	28 558 940	《宋会要辑稿·食货一一》
	淳熙六年	1179	12 111 180	29 502 290	《宋会要辑稿·食货一一》
	淳熙七年	1180	12 130 901	27 020 689	《宋会要辑稿·食货一一》
	淳熙八年	1181	11 567 413	26 132 494	《宋会要辑稿·食货一一》
	淳熙九年	1182	11 432 813	26 209 544	《宋会要辑稿·食货一一》
	淳熙十年	1183	11 156 184	22 833 590	《宋会要辑稿·食货一一》
	淳熙十一年	1184	12 398 309	24 530 188	《宋会要辑稿·食货一一》
	淳熙十二年	1185	12 390 465	24 393 821	《宋会要辑稿·食货一一》
	淳熙十三年	1186	12 369 881	24 341 447	《宋会要辑稿·食货一一》
	淳熙十四年	1187	12 376 552	24 311 789	《宋会要辑稿·食货一一》
	淳熙十五年	1188	11 876 373	24 306 252	《宋会要辑稿·食货一一》
	淳熙十六年	1189	12 907 438	27 564 106	《宋会要辑稿·食货一一》
	光宗绍熙元年	1190	12 355 800	28 500 258	《玉海》卷二〇
	绍熙四年	1193	12 302 873	27 845 085	《文献通考·户口二》

朝代	年代	公元（年）	户	口	备注
宋	宁宗嘉定十一年	1218	12 669 684		《宋史・地理志》
	嘉定十六年	1223	12 670 801	28 320 085	《文献通考・户口二》
	理宗景定五年	1264	5 696 989	13 026 532	《续文献通考・户口一》
金	世宗大定二十七年	1187	6 789 449	44 705 086	《金史・食货一・户口》卷四六
	章宗明昌元年	1190	6 939 000	45 447 900	《金史・食货一・户口》卷四六
	明昌六年	1195	7 223 400	48 490 400	《金史・食货一・户口》卷四六
	泰和七年	1207	7 684 438	45 816 079	《金史・食货一・户口》卷四六
元	太宗七年	1235	873 781	4 754 975	《元史・地理一》卷五八
	太宗八年	1236	11 000 000		《元史・太宗本纪》卷二
	宪宗二年	1252	1 200 000		《元史・地理一》卷五八
	世祖中统二年	1261	1 418 499		《元史・世祖本纪一》卷四
	中统三年	1262	1 476 146		《元史・世祖本纪二》卷四
	中统四年	1263	1 579 110		《元史・世祖本纪二》卷四
	至元元年	1264	1 588 195		《元史・世祖本纪二》卷四
	至元二年	1265	1 597 601		《元史・世祖本纪三》卷六
	至元三年	1266	1 609 903		《元史・世祖本纪三》卷六
	至元四年	1267	1 644 030		《元史・世祖本纪三》卷六
	至元五年	1268	1 650 286		《元史・世祖本纪三》卷六
	至元六年	1269	1 684 157		《元史・世祖本纪三》卷六
	至元七年	1270	1 939 449		《元史・世祖本纪四》卷七
	至元八年	1271	1 946 270		《元史・世祖本纪四》卷七
	至元九年	1272	1 955 880		《元史・世祖本纪四》卷七
	至元十年	1273	1 962 795		《元史・世祖本纪五》卷八
	至元十一年	1274	1 967 898		《元史・世祖本纪五》卷八
	至元十二年	1275	4 764 077		《元史・世祖本纪五》卷八
	至元十三年	1276	15 788 941		《元史类编・世祖一》卷二
	至元二十七年	1290	13 196 206	58 834 711	《元史・地理一》卷五八
	至元二十八年	1291	13 430 322	59 848 964	《元史・世祖本纪十三》卷一六
	至元三十年	1293	11 633 281	53 654 337	《元史・食货一》卷九三

朝代	年代	公元（年）	户	口	备注
明	太祖洪武十四年	1381	10 654 362	59 873 305	《太祖实录》卷一四〇
	洪武二十四年	1391	10 684 435	56 774 561	《太祖实录》卷二一四
	洪武三十五年	1402	10 626 779	56 301 026	《成祖实录》卷一五
	成祖永乐元年	1403	11 515 829	66 598 337	《成祖实录》卷二六
	永乐二年	1404	9 685 020	50 950 470	《成祖实录》卷三七
	永乐三年	1405	9 689 260	51 618 500	《成祖实录》卷四九
	永乐四年	1406	9 687 859	51 524 656	《成祖实录》卷六二
	永乐五年	1407	9 822 912	51 878 572	《成祖实录》卷七四
	永乐六年	1408	9 443 876	51 502 077	《成祖实录》卷八六
	永乐七年	1409	9 637 261	51 694 769	《成祖实录》卷九九
	永乐八年	1410	9 605 755	51 795 255	《成祖实录》卷一一一
	永乐九年	1411	9 533 692	51 446 834	《成祖实录》卷一二三
	永乐十年	1412	10 992 436	65 377 633	《成祖实录》卷一三五
	永乐十一年	1413	9 684 916	50 950 244	《成祖实录》卷一四六
	永乐十二年	1414	9 689 052	51 618 209	《成祖实录》卷一五九
	永乐十三年	1415	9 687 729	51 524 436	《成祖实录》卷一七一
	永乐十四年	1416	9 822 757	51 878 172	《成祖实录》卷一八三
	永乐十五年	1417	9 443 766	51 501 867	《成祖实录》卷一九五
	永乐十六年	1418	9 637 061	51 694 549	《成祖实录》卷二〇七
	永乐十七年	1419	9 605 553	51 794 935	《成祖实录》卷二一九
	永乐十八年	1420	9 533 492	51 446 434	《成祖实录》卷二三二
	永乐十九年	1421	9 703 360	51 794 228	《成祖实录》卷二四四
	永乐二十年	1422	9 665 133	52 688 691	《成祖实录》卷二五四
	永乐二十一年	1423	9 972 125	52 763 178	《成祖实录》卷二六六
	永乐二十二年	1424	10 066 080	52 468 152	《仁宗实录》第二册
	仁宗洪熙元年	1425	9 940 566	52 083 651	《宣宗实录》卷一二
	宣宗宣德元年	1426	9 918 648	51 960 119	《宣宗实录》卷二三
	宣德二年	1427	9 909 906	52 070 885	《宣宗实录》卷三四
	宣德三年	1428	9 916 837	52 144 021	《宣宗实录》卷四九

朝代	年代	公元（年）	户	口	备注
明	宣德四年	1429	9 848 393	53 184 816	《宣宗实录》卷六〇
	宣德五年	1430	9 778 419	51 365 851	《宣宗实录》卷七四
	宣德六年	1431	9 705 397	50 565 259	《宣宗实录》卷八五
	宣德七年	1432	9 633 294	50 667 805	《宣宗实录》卷九七
	宣德八年	1433	9 635 862	50 628 346	《宣宗实录》卷一〇七
	宣德九年	1434	9 702 322	50 627 456	《宣宗实录》卷一一五
	宣德十年	1435	9 702 495	50 627 569	《英宗实录》卷一二
	英宗正统元年	1436	9 713 407	52 323 993	《英宗实录》卷二五
	正统二年	1437	9 623 510	51 790 316	《英宗实录》卷三七
	正统三年	1438	9 704 145	51 841 182	《英宗实录》卷四九
	正统四年	1439	9 697 890	51 740 390	《英宗实录》卷六二
	正统五年	1440	9 686 707	51 811 758	《英宗实录》卷七四
	正统六年	1441	9 667 440	52 056 290	《英宗实录》卷八七
	正统七年	1442	9 552 737	53 949 951	《英宗实录》卷九九
	正统八年	1443	8 557 650	52 993 882	《英宗实录》卷一一一
	正统九年	1444	9 549 058	53 655 066	《英宗实录》卷一二四
	正统十年	1445	9 537 454	53 772 934	《英宗实录》卷一三六
	正统十一年	1446	9 528 443	53 740 321	《英宗实录》卷一四八
	正统十二年	1447	9 496 265	53 949 787	《英宗实录》卷一六一
	正统十三年	1448	9 530 933	53 534 498	《英宗实录》卷一七三
	正统十四年	1449	9 447 175	53 171 070	《英宗实录》卷一八六
	代宗景泰元年	1450	9 588 234	53 403 954	《英宗实录》卷一九九
	景泰二年	1451	9 504 954	53 433 830	《英宗实录》卷二一一
	景泰三年	1452	9 540 966	53 507 730	《英宗实录》卷二二四
	景泰四年	1453	9 384 334	53 369 460	《英宗实录》卷二三六
	景泰五年	1454	9 406 347	53 811 196	《英宗实录》卷二四八
	景泰六年	1455	9 405 390	53 807 470	《英宗实录》卷二六一
	景泰七年	1456	9 404 655	53 712 925	《英宗实录》卷二七三
	英宗天顺元年	1457	9 406 288	54 338 476	《英宗实录》卷二八五
	天顺二年	1458	9 469 340	54 205 069	《英宗实录》卷二九八

朝代	年代	公元（年）	户	口	备注
明	天顺三年	1459	9 410 399	53 710 308	《英宗实录》卷三一〇
	天顺四年	1460	9 420 033	53 747 400	《英宗实录》卷三二三
	天顺五年	1461	9 422 323	53 748 160	《英宗实录》卷三三五
	天顺六年	1462	9 309 966	54 160 634	《英宗实录》卷三四七
	天顺七年	1463	9 385 213	56 370 250	《英宗实录》卷三六〇
	天顺八年	1464	9 107 205	60 499 330	《宪宗实录》卷一二
	宪宗成化元年	1465	9 205 960	60 472 540	《宪宗实录》卷二四
	成化二年	1466	9 202 718	60 653 724	《宪宗实录》卷三七
	成化三年	1467	9 222 688	59 929 455	《宪宗实录》卷四九
	成化四年	1468	9 113 648	61 615 850	《宪宗实录》卷六一
	成化五年	1469	9 119 888	61 727 584	《宪宗实录》卷七四
	成化六年	1470	9 119 891	61 819 814	《宪宗实录》卷八六
	成化七年	1471	9 119 912	61 819 945	《宪宗实录》卷九九
	成化八年	1472	9 119 970	61 821 232	《宪宗实录》卷一一一
	成化九年	1473	9 120 161	61 823 480	《宪宗实录》卷一二三
	成化十年	1474	9 120 195	61 852 810	《宪宗实录》卷一三六
	成化十一年	1475	9 120 251	61 852 891	《宪宗实录》卷一四八
	成化十二年	1476	9 120 263	61 853 281	《宪宗实录》卷一六〇
	成化十三年	1477	9 120 278	61 853 581	《宪宗实录》卷一七三
	成化十四年	1478	9 126 272	61 832 193	《宪宗实录》卷一八五
	成化十五年	1479	9 120 690	71 850 132	《宪宗实录》卷一九八
	成化十六年	1480	9 127 928	62 456 993	《宪宗实录》卷二一〇
	成化十七年	1481	9 128 119	62 457 997	《宪宗实录》卷二二二
	成化十八年	1482	9 222 389	62 452 677	《宪宗实录》卷二三五
	成化十九年	1483	9 202 389	62 452 806	《宪宗实录》卷二四七
	成化二十年	1484	9 205 711	62 885 829	《宪宗实录》卷二五九
	成化二十一年	1485	9 205 860	62 885 930	《宪宗实录》卷二七三
	成化二十二年	1486	9 214 144	65 442 680	《宪宗实录》卷二八五
	成化二十三年	1487	9 102 630	50 207 134	《孝宗实录》卷八
	孝宗弘治元年	1488	9 223 630	50 207 934	《孝宗实录》卷二一

朝代	年代	公元（年）	户	口	备注
明	弘治二年	1489	9 406 393	50 302 769	《孝宗实录》卷三三
	弘治三年	1490	9 503 890	50 307 843	《孝宗实录》卷四六
	弘治四年	1491	9 807 173	50 503 356	《孝宗实录》卷五八
	弘治五年	1492	9 901 965	50 506 325	《孝宗实录》卷七〇
	弘治六年	1493	9 906 937	50 539 561	《孝宗实录》卷八三
	弘治七年	1494	9 909 725	50 614 196	《孝宗实录》卷九五
	弘治八年	1495	10 100 279	50 678 953	《孝宗实录》卷一〇七
	弘治九年	1496	10 201 183	50 727 539	《孝宗实录》卷一二〇
	弘治十年	1497	10 205 358	50 765 185	《孝宗实录》卷一三二
	弘治十一年	1498	10 304 374	50 805 375	《孝宗实录》卷一四五
	弘治十二年	1499	10 306 285	50 827 568	《孝宗实录》卷一五七
	弘治十三年	1500	10 402 519	50 828 937	《孝宗实录》卷一六九
	弘治十四年	1501	10 405 831	50 895 236	《孝宗实录》卷一八二
	弘治十五年	1502	10 409 788	50 908 672	《孝宗实录》卷一九四
	弘治十六年	1503	10 503 874	50 981 289	《孝宗实录》卷二〇六
	弘治十七年	1504	10 508 935	60 105 835	《孝宗实录》卷二一九
	弘治十八年	1505	12 972 974	59 919 822	《武宗实录》卷八
	武宗正德元年	1506	9 151 773	46 802 050	《武宗实录》卷二〇
	正德二年	1507	9 144 056	55 906 806	《武宗实录》卷三三
	正德三年	1508	9 143 709	59 425 208	《武宗实录》卷四五
	正德四年	1509	9 143 919	59 514 145	《武宗实录》卷五八
	正德五年	1510	9 144 095	59 499 759	《武宗实录》卷七〇
	正德六年	1511	9 152 180	60 446 135	《武宗实录》卷八二
	正德七年	1512	9 181 754	60 590 309	《武宗实录》卷九五
	正德八年	1513	9 370 452	63 284 203	《武宗实录》卷一〇七
	正德九年	1514	9 383 552	62 123 334	《武宗实录》卷一一九
	正德十年	1515	9 383 148	62 573 730	《武宗实录》卷一三二
	正德十一年	1516	9 380 123	62 573 736	《武宗实录》卷一四四
	正德十二年	1517	9 379 090	62 627 810	《武宗实录》卷一五六
	正德十三年	1518	9 379 182	62 664 295	《武宗实录》卷一六九

朝代	年代	公元（年）	户	口	备注
明	正德十四年	1519	9 379 081	62 695 812	《武宗实录》卷一八一
	正德十五年	1520	9 399 979	60 606 220	《武宗实录》卷一九四
	世宗嘉靖元年	1522	9 721 652	60 861 273	《世宗实录》卷二一
	嘉靖十一年	1532	9 443 229	61 712 993	《世宗实录》卷一四五
	嘉靖二十一年	1542	9 599 258	63 401 252	《世宗实录》卷二六九
	嘉靖三十一年	1552	9 609 305	63 344 107	《世宗实录》卷三九二
	嘉靖四十一年	1562	9 638 396	63 654 248	《世宗实录》卷五一六
	穆宗隆庆元年	1567	1 008 805	62 537 419	《穆宗实录》卷一五
	隆庆二年	1568	1 008 805	62 537 419	《穆宗实录》卷二七
	隆庆三年	1569	1 008 805	62 537 419	《穆宗实录》卷四〇
	隆庆四年	1570	1 008 805	62 537 419	《穆宗实录》卷五二
	隆庆五年	1571	1 008 805	62 537 419	《穆宗实录》卷六四
	神宗万历三十年	1602	10 030 241	56 305 050	《神宗实录》卷三七九
	光宗泰昌元年	1620	9 835 426	51 655 459	《熹宗实录》卷四
	熹宗天启元年	1621	9 835 426	51 655 459	《熹宗实录》卷一七
	天启三年	1623	9 835 426	51 655 459	《熹宗实录》卷四二
	天启五年	1625	9 835 426	51 655 459	《熹宗实录》卷六六
	天启六年	1626	9 835 426	51 655 459	《熹宗实录》卷七九
清	世祖顺治八年	1651		丁 10 633 326[①] 口 51 039 964	《世祖实录》卷六一
	顺治九年	1652		丁 14 483 858 口 69 522 518	《世祖实录》卷七一
	顺治十年	1653		丁 13 916 598 口 66 799 670	《世祖实录》卷七九
	顺治十一年	1654		丁 14 057 205 口 67 474 584	《世祖实录》卷八七

朝代	年代	公元（年）	户	口	备注
清	顺治十二年	1655		丁 14 033 900 口 67 362 720	《世祖实录》卷九一
	顺治十三年	1656		丁 15 412 776 口 73 981 324	《世祖实录》卷一〇六
	顺治十四年	1657		丁 18 611 996 口 89 337 580	《世祖实录》卷一一三
	顺治十五年	1658		丁 18 632 881 口 89 437 828	《世祖实录》卷一二三
	顺治十六年	1659		丁 19 008 913 口 91 242 782	《世祖实录》卷一三〇
	顺治十七年	1660		丁 19 087 572 口 91 620 345	《世祖实录》卷一四四
	顺治十八年	1661		丁 19 137 652 口 91 860 729	《圣祖实录》卷五
	圣祖康熙元年	1662		丁 19 203 232 口 92 175 513	《圣祖实录》卷七
	康熙二年	1663		丁 19 284 378 口 92 565 014	《圣祖实录》卷一一
	康熙三年	1664		丁 19 301 624 口 92 677 795	《圣祖实录》卷一四
	康熙四年	1665		丁 19 312 118 口 92 698 166	《圣祖实录》卷一八
	康熙五年	1666		丁 19 353 134 口 92 895 043	《圣祖实录》卷二〇

朝代	年代	公元（年）	户	口	备注
清	康熙六年	1667		丁 19 364 381 口 92 949 028	《圣祖实录》卷二五
	康熙七年	1668		丁 19 366 227 口 92 957 889	《圣祖实录》卷二七
	康熙八年	1669		丁 19 388 769 口 93 066 091	《圣祖实录》卷三一
	康熙九年	1670		丁 19 396 453 口 93 102 974	《圣祖实录》卷三四
	康熙十年	1671		丁 19 407 587 口 93 156 417	《圣祖实录》卷三八
	康熙十一年	1672		丁 19 431 567 口 93 271 521	《圣祖实录》卷四〇
	康熙十二年	1673		丁 19 393 587 口 93 089 217	《圣祖实录》卷四五
	康熙十三年	1674		丁 17 246 472 口 82 783 065	《圣祖实录》卷五一
	康熙十四年	1675		丁 16 075 552 口 77 162 649	《圣祖实录》卷五九
	康熙十五年	1676		丁 16 037 268 口 76 978 886	《圣祖实录》卷六四
	康熙十六年	1677		丁 16 216 357 口 77 838 513	《圣祖实录》卷七一
	康熙十七年	1678		丁 16 845 735 口 80 859 528	《圣祖实录》卷七九
	康熙十八年	1679		丁 16 914 256 口 81 188 428	《圣祖实录》卷八七
	康熙十九年	1680		丁 17 094 637 口 82 054 257	《圣祖实录》卷九三

朝代	年代	公元（年）	户	口	备注
清	康熙二十年	1681		丁 17 235 368 口 82 729 766	《圣祖实录》卷九九
	康熙二十一年	1682		丁 19 432 753 口 93 277 214	《圣祖实录》卷一〇六
	康熙二十二年	1683		丁 19 521 361 口 93 702 532	《圣祖实录》卷一一三
	康熙二十三年	1684		丁 20 340 655 口 97 635 144	《圣祖实录》卷一一八
	康熙二十四年	1685		丁 20 341 738 口 97 640 342	《圣祖实录》卷一二四
	康熙二十五年	1686		丁 20 341 738 口 97 640 342	《圣祖实录》卷一二九
	康熙二十六年	1687		丁 20 349 341 口 97 676 836	《圣祖实录》卷一三三
	康熙二十七年	1688		丁 20 349 341 口 97 676 836	《圣祖实录》卷一三九
	康熙二十八年	1689		丁 20 363 568 口 97 745 126	《圣祖实录》卷一四三
	康熙二十九年	1690		丁 20 363 568 口 97 745 126	《圣祖实录》卷一四九
	康熙三十年	1691		丁 20 363 568 口 97 745 126	《圣祖实录》卷一五三
	康熙三十一年	1692		丁 20 365 783 口 97 755 758	《圣祖实录》卷一五八
	康熙三十二年	1693		丁 20 365 783 口 97 755 758	《圣祖实录》卷一六三
	康熙三十三年	1694		丁 20 370 654 口 97 779 139	《圣祖实录》卷一六五

朝代	年代	公元（年）	户	口	备注
清	康熙三十四年	1695		丁 20 370 654 口 97 779 139	《圣祖实录》卷一七〇
	康熙三十五年	1696		丁 20 420 382 口 97 969 833	《圣祖实录》卷一七九
	康熙三十六年	1697		丁 20 410 682 口 97 971 273	《圣祖实录》卷一八六
	康熙三十七年	1698		丁 20 410 693 口 97 971 326	《圣祖实录》卷一九一
	康熙三十八年	1699		丁 20 410 896 口 97 972 300	《圣祖实录》卷一九六
	康熙三十九年	1700		丁 20 410 963 口 97 972 622	《圣祖实录》卷二〇三
	康熙四十年	1701		丁 20 411 163 口 97 973 582	《圣祖实录》卷二〇七
	康熙四十一年	1702		丁 20 411 380 口 97 974 624	《圣祖实录》卷二一〇
	康熙四十二年	1703		丁 20 411 480 口 97 973 510	《圣祖实录》卷二一五
	康熙四十三年	1704		丁 20 412 380 口 97 979 424	《圣祖实录》卷二一九
	康熙四十四年	1705		丁 20 412 560 口 97 980 288	《圣祖实录》卷二二二
	康熙四十五年	1706		丁 20 412 560 口 97 980 288	《圣祖实录》卷二二八
	康熙四十六年	1707		丁 20 412 560 口 97 980 288	《圣祖实录》卷二三二
	康熙四十七年	1708		丁 21 621 324 口 103 782 355	《圣祖实录》卷二三六

朝代	年代	公元（年）	户	口	备注
清	康熙四十八年	1709		丁 21 921 324 口 105 222 355	《圣祖实录》卷二四〇
	康熙四十九年	1710		丁 23 312 236 口 111 898 732	《圣祖实录》卷二四四
	康熙五十年	1711		丁 24 621 324 口 118 182 355	《圣祖实录》卷二四九
	康熙五十一年	1712		丁 24 623 524 口 118 192 915	《圣祖实录》卷二五二
	康熙五十二年	1713		丁 23 587 224 ＋60 455[②] 口 113 508 859	《圣祖实录》卷二五七
	康熙五十三年	1714		丁 24 622 524 ＋119 022 口 118 759 420	《圣祖实录》卷二六二
	康熙五十四年	1715		丁 24 622 524 ＋173 563 口 119 021 217	《圣祖实录》卷二六七
	康熙五十五年	1716		丁 24 722 424 ＋199 022 口 119 622 940	《圣祖实录》卷二七〇
	康熙五十六年	1717		丁 24 722 424 ＋210 025 口 119 675 755	《圣祖实录》卷二七六
	康熙五十七年	1718		丁 24 722 424 ＋251 075 口 119 872 795	《圣祖实录》卷二八二
	康熙五十八年	1719		丁 24 722 424 ＋298 549 口 120 100 670	《圣祖实录》卷二八七

朝代	年代	公元（年）	户	口	备注
清	康熙五十九年	1720		丁 24 720 404 +309 545 口 120 143 755	《圣祖实录》卷二九一
	康熙六十年	1721		丁 24 918 359 +467 850 口 121 853 803	《圣祖实录》卷二九六
	康熙六十一年	1722		丁 25 309 178 +454 320 口 123 664 790	《世宗实录》卷三
	世宗雍正元年	1723		丁 25 326 307 +408 557 口 123 527 347	《世宗实录》卷一四
	雍正二年	1724		丁 25 510 115 +601 838 口 125 337 374	《世宗实录》卷二七
	雍正三年	1725		丁 25 565 131 +547 283 口 125 339 587	《世宗实录》卷四〇
	雍正四年	1726		丁 25 579 675 +811 224 口 126 676 315	《世宗实录》卷五二
	雍正五年	1727		丁 25 656 118 +852 877 口 127 243 176	《世宗实录》卷六五
	雍正六年	1728		丁 25 660 980 +860 710 口 127 304 112	《世宗实录》卷七六
	雍正七年	1729		丁 25 799 639 +859 620 口 127 964 443	《世宗实录》卷九〇
	雍正八年	1730		丁 25 480 498 +851 959 口 126 395 793	《世宗实录》卷一〇一

朝代	年代	公元（年）	户	口	备注
清	雍正九年	1731		丁 25 441 456 +681 477 口 125 390 078	《世宗实录》卷一一四
	雍正十年	1732		丁 25 442 664 +9 222 191 口 126 551 304	《世宗实录》卷一二六
	雍正十一年	1733		丁 25 412 289 +936 486 口 126 474 120	《世宗实录》卷一三九
	雍正十二年	1734		丁 26 417 932 +937 530 口 131 306 217	《世宗实录》卷一五〇
	高宗乾隆六年	1741		143 411 559	《高宗实录》卷一七五
	乾隆七年	1742		159 801 551	《高宗实录》卷一八二
	乾隆八年	1743		164 454 416	《高宗实录》卷二〇八
	乾隆九年	1744		166 808 604	《高宗实录》卷二三一
	乾隆十年	1745		169 922 127	《高宗实录》卷二五五
	乾隆十一年	1746		171 896 773	《高宗实录》卷二八一
	乾隆十二年	1747		171 896 773	《高宗实录》卷三〇五
	乾隆十三年	1748		177 495 039	《高宗实录》卷三三二
	乾隆十四年	1749		177 495 039	《高宗实录》卷三五六
	乾隆十五年	1750		179 538 540	《高宗实录》卷三七九
	乾隆十六年	1751		181 822 359	《高宗实录》卷四〇五
	乾隆十七年	1752		182 857 277	《高宗实录》卷四二九
	乾隆十八年	1753		183 678 259	《高宗实录》卷四五四
	乾隆十九年	1754		184 504 493	《高宗实录》卷四七九
	乾隆二十年	1755		185 612 881	《高宗实录》卷五〇四
	乾隆二十一年	1756		188 615 514	《高宗实录》卷五二九
	乾隆二十二年	1757		190 348 328	《高宗实录》卷五五三

朝代	年代	公元（年）	户	口	备注
清	乾隆二十三年	1758		191 672 808	《高宗实录》卷五七八
	乾隆二十四年	1759		194 791 859	《高宗实录》卷六〇三
	乾隆二十五年	1760		196 837 977	《高宗实录》卷六二七
	乾隆二十六年	1761		198 214 555	《高宗实录》卷六五一
	乾隆二十七年	1762		200 472 461	《高宗实录》卷六七八
	乾隆二十八年	1763		204 209 828	《高宗实录》卷七〇二
	乾隆二十九年	1764		205 591 017	《高宗实录》卷七二五
	乾隆三十年	1765		206 993 224	《高宗实录》卷七五一
	乾隆三十一年	1766		208 095 796	《高宗实录》卷七七五
	乾隆三十二年	1767		209 839 546	《高宗实录》卷八〇一
	乾隆三十三年	1768		210 837 502	《高宗实录》卷八二五
	乾隆三十四年	1769		212 023 042	《高宗实录》卷八四九
	乾隆三十五年	1770		213 613 163	《高宗实录》卷八七五
	乾隆三十六年	1771		214 600 356	《高宗实录》卷八九九
	乾隆三十七年	1772		216 467 258	《高宗实录》卷九二四
	乾隆三十八年	1773		218 743 315	《高宗实录》卷九五〇
	乾隆三十九年	1774		221 027 224	《高宗实录》卷九七三
	乾隆四十年	1775		264 561 355	《高宗实录》卷一〇〇〇
	乾隆四十一年	1776		268 238 181	《高宗实录》卷一〇二四
	乾隆四十二年	1777		270 863 760	《高宗实录》卷一〇四七
	乾隆四十三年	1778		242 965 618	《高宗实录》卷一〇七三
	乾隆四十四年	1779		275 042 916	《高宗实录》卷一〇九七
	乾隆四十五年	1780		277 554 431	《高宗实录》卷一一二一
	乾隆四十六年	1781		279 816 070	《高宗实录》卷一一四八
	乾隆四十七年	1782		281 822 675	《高宗实录》卷一一七二
	乾隆四十八年	1783		284 033 785	《高宗实录》卷一一九五
	乾隆四十九年	1784		286 331 307	《高宗实录》卷一二二二
	乾隆五十年	1785		288 863 974	《高宗实录》卷一二四五

朝代	年代	公元（年）	户	口	备注
清	乾隆五十一年	1786		291 102 486	《高宗实录》卷一二七一
	乾隆五十二年	1787		292 429 018	《高宗实录》卷一二九五
	乾隆五十三年	1788		294 852 089	《高宗实录》卷一三一九
	乾隆五十四年	1789		297 717 496	《高宗实录》卷一三四五
	乾隆五十五年	1790		301 487 115	《高宗实录》卷一三七〇
	乾隆五十六年	1791		304 354 110	《高宗实录》卷一三九四
	乾隆五十七年	1792		307 467 279	《高宗实录》卷一四一九
	乾隆五十八年	1793		310 497 210	《高宗实录》卷一四四四
	乾隆五十九年	1794		313 281 795	《高宗实录》卷一四六八
	乾隆六十年	1795		296 968 986	《高宗实录》卷一四九三
	仁宗嘉庆元年	1796		275 662 044	《仁宗实录》卷一二
	嘉庆二年	1797		271 333 544	《仁宗实录》卷二五
	嘉庆三年	1798		290 982 980	《仁宗实录》卷三七
	嘉庆四年	1799		293 283 179	《仁宗实录》卷五六
	嘉庆五年	1800		295 237 311	《仁宗实录》卷七七
	嘉庆六年	1801		297 501 548	《仁宗实录》卷九三
	嘉庆七年	1802		299 749 110	《仁宗实录》卷一〇七
	嘉庆八年	1803		302 250 673	《仁宗实录》卷一二五
	嘉庆九年	1804		304 461 284	《仁宗实录》卷一三九
	嘉庆十年	1805		332 181 403	《仁宗实录》卷一五五
	嘉庆十一年	1806		335 369 469	《仁宗实录》卷一七二
	嘉庆十二年	1807		338 062 439	《仁宗实录》卷一九〇
	嘉庆十三年	1808		350 291 724	《仁宗实录》卷二〇六
	嘉庆十四年	1809		352 900 042	《仁宗实录》卷二二三
	嘉庆十五年	1810		345 717 214	《仁宗实录》卷二三七
	嘉庆十六年	1811		358 610 039	《仁宗实录》卷二五二
	嘉庆十七年	1812		333 700 560	《仁宗实录》卷二六五
	嘉庆十八年	1813		336 451 672	《仁宗实录》卷二八二

朝代	年代	公元（年）	户	口	备注
清	嘉庆十九年	1814		316 574 895	《仁宗实录》卷三〇一
	嘉庆二十年	1815		326 574 895	《仁宗实录》卷三一四
	嘉庆二十一年	1816		328 814 957	《仁宗实录》卷三二五
	嘉庆二十二年	1817		331 330 433	《仁宗实录》卷三三七
	嘉庆二十三年	1818		348 820 037	《仁宗实录》卷三五二
	嘉庆二十四年	1819		301 260 545	《仁宗实录》卷三六六
	嘉庆二十五年	1820		353 377 694	《宣宗实录》卷一二
	宣宗道光元年	1821		355 540 258	《宣宗实录》卷二八
	道光二年	1822		372 457 539	《宣宗实录》卷四七
	道光三年	1823		375 153 122	《宣宗实录》卷六三
	道光四年	1824		374 601 132	《宣宗实录》卷七八
	道光五年	1825		379 885 340	《宣宗实录》卷九三
	道光六年	1826		380 287 007	《宣宗实录》卷一一三
	道光七年	1827		383 696 095	《宣宗实录》卷一三一
	道光八年	1828		386 531 513	《宣宗实录》卷一五〇
	道光九年	1829		390 500 650	《宣宗实录》卷一六四
	道光十年	1830		394 784 681	《宣宗实录》卷一八二
	道光十一年	1831		395 821 092	《宣宗实录》卷二〇三
	道光十二年	1832		397 132 659	《宣宗实录》卷二二九
	道光十三年	1833		398 942 036	《宣宗实录》卷二四八
	道光十四年	1834		401 008 574	《宣宗实录》卷二六一
	道光十五年	1835		401 767 053	《宣宗实录》卷二七七
	道光十六年	1836		404 901 448	《宣宗实录》卷二九三
	道光十七年	1837		405 923 174	《宣宗实录》卷三〇四
	道光十八年	1838		409 038 799	《宣宗实录》卷三一八
	道光十九年	1839		410 850 639	《宣宗实录》卷三二九
	道光二十年	1840		412 814 828	《宣宗实录》卷三四三
	道光二十一年	1841		413 457 311	《宣宗实录》卷三六五

朝代	年代	公元（年）	户	口	备注
清	道光二十二年	1842		414 686 994	《宣宗实录》卷三八七
	道光二十三年	1843		417 239 097	《宣宗实录》卷四〇〇
	道光二十四年	1844		419 441 336	《宣宗实录》卷四一二
	道光二十五年	1845		421 342 730	《宣宗实录》卷四二五
	道光二十六年	1846		423 121 129	《宣宗实录》卷四三八
	道光二十七年	1847		424 938 009	《宣宗实录》卷四五一
	道光二十八年	1848		426 737 016	《宣宗实录》卷四六二
	道光二十九年	1849		412 986 649	《宣宗实录》卷四七六
	道光三十年	1850		414 493 899	《文宗实录》卷二五
	文宗咸丰元年	1851		432 164 047	《文宗实录》卷五〇
	咸丰二年	1852		334 403 035	《文宗实录》卷八〇
	咸丰三年	1853		297 626 556	《文宗实录》卷一一六，缺江苏、湖南、湖北
	咸丰四年	1854		298 152 503	《文宗实录》卷一五六，缺江苏、安徽、湖南、湖北、福建、广东、广西
	咸丰五年	1855		293 740 282	《文宗实录》卷一八七，缺安徽、湖北、贵州
	咸丰六年	1856		275 117 661	《文宗实录》卷二一七，缺江苏、安徽、湖北、贵州
	咸丰七年	1857		242 372 140	《文宗实录》卷二四二，缺安徽、江西、福建、湖北、湖南、河南、广东、广西、云南、贵州
	咸丰八年	1858		293 887 502	《文宗实录》卷二七二，缺江苏、安徽、福建、湖北、湖南、广东、广西、云南、贵州
	咸丰九年	1859		291 148 743	《东华续录》，缺直隶保定等十府，安徽、江苏、福建之台湾、巴时坤、乌鲁木齐、广西、云南、贵州

朝代	年代	公元（年）	户	口	备注
清	咸丰十年	1860		260 924 675	《东华续录》，缺直隶保定等 10 府，安徽、江苏、江西、浙江之仁和等 20 州县，福建之台湾，巴里坤、乌鲁木齐、广西、云南、贵州之都匀、镇远 2 府，及八寨等 18 厅州县
	咸丰十一年	1861		266 889 845	《穆宗实录》卷一五，缺江苏、安徽、福建、云南、广西、浙江
	穆宗同治元年	1862		255 417 324	《穆宗实录》卷五三，缺江苏、福建、云南、广西、浙江、陕西、安徽
	同治二年	1863		233 950 435	《穆宗实录》卷八九，缺奉天、江苏、福建、云南、广西、浙江、陕西、甘肃、安徽、贵州
	同治三年	1864		237 507 727	《穆宗实录》卷一二五，缺江苏、福建、云南、安徽、广西、贵州、浙江、陕西、甘肃
	同治四年	1865		237 458 005	《穆宗实录》卷一六四，缺江苏、安徽、浙江、福建、陕西、甘肃、广西、云南、贵州、巴里坤、乌鲁木齐
	同治五年	1866		191 773 213	《穆宗实录》卷一九三，缺江苏、安徽、福建、陕西、甘肃、广西、云南、贵州
	同治六年	1867		236 636 585	《穆宗实录》卷二二〇，缺江苏、安徽、福建、广西、陕西 、甘肃、云南、贵州

朝代	年代	公元（年）	户	口	备注
清	同治七年	1868		238 180 135	《穆宗实录》卷二四九，缺直隶、江苏、安徽、福建、湖北、湖南、陕西、四川、广西、云南、贵州
	同治八年	1869		239 011 321	《穆宗实录》卷二七四，缺江苏、安徽、福建、云南、广西、陕西、甘肃
	同治九年	1870		268 040 023	《穆宗实录》卷三〇一，缺江苏、安徽、福建、云南、广西、陕西、甘肃
	同治十年	1871		272 354 831	《穆宗实录》卷三二七，缺江苏、安徽、福建、云南、广西 、陕西、甘肃
	同治十一年	1872		274 636 014	《穆宗实录》卷三四八，缺江苏、安徽、云南、广西、陕西、甘肃
	同治十二年	1873		277 133 224	《穆宗实录》卷三六二，缺江苏、安徽、云南、广西、陕西、甘肃
	德宗光绪元年	1875		322 655 781	《清史稿·食货志》卷二五
	光绪十三年	1887		377 636 000	《光绪会典》卷一七
	光绪二十七年	1901		426 447 325	《清朝续文献通考·户口一》卷二五
	溥仪宣统三年	1911		408 182 071	《清朝续文献通考·户口一》卷二五
民国	民国元年	1912		405 810 000	国民党政府内务部户口统计
	民国十七年	1928		441 842 000	1934 年《中国经济年鉴》第三章人口
	民国二十二年	1933		444 490 000	国民党政府统计局 1935 年《统计提要》
	民国三十六年	1947		462 798 000 455 590 000	1948 年《中华年鉴》上册 国民党政府统计局 1947 年《统计提要》③

注：

①清顺治八年至雍正十二年实录所载的数字为人丁数。在清代，16～60岁的男子称为丁，人丁是不包括妇女、16岁以下的儿童和60岁以上的老人的。据《清朝通典·食货九·户口丁中》卷8记载：乾隆十四年总计直省人丁共36 261 620，人口为177 495 039，如用人丁数除人口数，所得的商为4.8，也就是1人丁代表着4.8人口。本表中人丁换算成人口便是根据这个商数。

②清康熙五十二年至雍正十二年，实录除记载在册的人丁数，同时还记载有“永不加赋滋生人丁”。因此其人丁数应为在册人丁加上“永不加赋滋生人丁”。本表用“＋”号表示，“＋”号前为在册人丁，“＋”号后为“永不加赋滋生人丁”。

③民国年间的人口数，其中，民国元年（405 810 000）、民国二十二年（444 490 000）、民国三十六年（455 590 000），均来自于胡焕庸、张善余《中国人口地理（上册）》（华东师范大学出版社，1984年）中的研究。

说明：

1. 本表的人口数字，俱根据历史文献的记载。

2. 本表的人口数字，俱是历代封建王朝在其控制版图内能征收赋税的在册人口数，并非实际人口数。

3. 近代学者对中国历代人口曾做过不少研究和探讨，并提出了不少新的见解和看法，现将有关资料，按时代次序排列，分别择要介绍如下，以供参考。

（1）夏商西周的人口数

①宋镇豪认为“夏初约略为240万～270万人，商初约为400万～450万人，至晚商大致增至780万人左右”（《夏商人口初探》，《历史研究》1991年4期）。

②王育民认为“夏初为135万人，商初为196万人，西周初为285万人，春秋后期为450万人”（《先秦时期人口刍议》，《上海师范大学学报》1990年2期）。

（2）战国时期的人口数

①郭沫若认为战国时期的人口为2 000万人（《中国史稿》第二册，人民出版社，1979年，46页）。

②管东贵认为战国时期人口约为2 500万人（《战国至汉初的人口变迁》，台湾《中央研究院历史语言研究所集刊》第50本）。

③宁可认为战国时期人口为3 000万人（《试论中国封建社会的人口问题》，《中国史研究》1980年1期）。

④葛剑雄认为“战国后期的人口更多是处于停滞，或小幅度下降，战国时期的人口峰值会略高于秦统一时的4 000万，但不会高很多，估计在4 500万之内”（《中国人口史（第一卷）》，复旦大学出版社，2002年，300页）。

（3）秦代的人口数

①葛剑雄指出“将秦汉之际的人口损失估计为50%，应该说是相当保守的。西汉初人口有1 500万～1 800万，那么秦始皇去世时秦朝的人口至少应有3 000万～3 600万，秦始皇统一之初的人口可能接近4 000万”（《中国人口史（第一卷）》，复旦大学出版社，2002年，304页）。

②袁祖亮认为“秦朝时期的人口约有2 000万至3 000万之间”（《中国古代人口史专

题研究》，中州古籍出版社，1994 年，396 页）。

（4）汉代的人口数

①葛剑雄认为："西汉期间全国人口年平均增长率约 6‰～7‰。西汉末期，元始二年（公元 2）在其直接统治的郡、国范围内约有 6 000 万人口；西汉初，汉高祖五年（前 202 年）在其境内（包括东瓯、南越等）人口的下限约 1 500 万，上限约 1 800 万。""如果以元兴元年为基点，以年平均增长率 7‰来回溯，东汉中元二年的实际人口应该有 3 810 万，而不是户口统计数上的 2 100 万。""东汉人口的峰值估计有 6 500 万。"（《中国人口史（第一卷）》，复旦大学出版社，2002 年，375、411、435 页）

②王育民认为"汉初实际人口估计当在 1 500 万至 1 800 万之间"，"西汉时期全国总人口估计在 6 500万以上"，"东汉人口只能高于西汉，其盛时人口当远逾 1 300 万户，6 500万口以上"（《中国人口史》，江苏人民出版社，1995 年，102、114 页）。

③袁祖亮认为"估计西汉初年的人口约有 1 400 万"，武帝末年的人口数据为 3 000 万（《中国古代人口史专题研究》，中州古籍出版社，1994 年，396、399 页）。

④范文澜认为西汉初年人口为 600 万（《中国通史简编》，河北教育出版社，2000 年，121 页）。

（5）三国时的人口数

①葛剑雄认为"三国末期在其疆域范围内的人口总数的下限定为三千万，应该是没有问题的"（《中国人口发展史》，福建人民出版社，1991 年，132 页；《中国人口史（第一卷）》，复旦大学出版社，2002 年，447 页）。

②王育民认为"三国初期（220 年）人口约 475.2 万户，2 653.9 万人"（《中国人口史》，江苏人民出版社，1995 年，131 页）。

（6）晋代的人口数

①王育民认为"西晋盛时总数将在 800 万户，4 500 万口左右"，"东晋盛时当有 335 万户，1 700 万口"（《西晋人口蠡测》，《中国史研究》1995 年 3 期；《中国人口史》，江苏人民出版社，1995 年，148 页）。

②赵文琳、谢淑君认为"西晋时代在临至永嘉之乱前夕，人数有很大增长，按照我们的推算数，公元 297 年，接近二千三百万人，比《晋书》自计人口数增加了 44.5%"（《中国人口史》，人民出版社，1988 年，92 页）。

③葛剑雄认为"永康元年（300）之前，实际人口可能达到 3 500 万左右"（《中国人口发展史》，福建人民出版社，1991 年，134 页；《中国人口史（第一卷）》，复旦大学出版社，2002 年，458 页），而东晋末年，人口估计有 1 746 万（《中国人口史（第一卷）》，复旦大学出版社，2002 年，465 页）。

（7）南北朝时期的人口数

①朱大渭认为"南北朝极盛时人口为 48 654 860 人，略低于东汉永寿年间人口数"（《魏晋南北朝户口的消长及其原因》，《中国史研究》1990 年 3 期）。

②葛剑雄认为"以六世纪二十年代北魏的三千余万，加上南朝梁同时的二千万，南北人口的总数合计已超过五千万，这是比较保守的估计"（《中国人口发展史》，福建人民出版社，1991 年，143 页；《中国人口史（第一卷）》，复旦大学出版社，2002 年，475 页）。

（8）隋代的人口数

①葛剑雄认为“隋朝的人口高峰期，人口总数大致有5 600万～5 800万”(《中国人口发展史》，福建人民出版社，1991年，147页)。

②王育民认为“隋代盛时全国人口约在1 200万户，6 200万口左右”(《中国人口史》，江苏人民出版社，1995年，201页)。

③冻国栋认为“大业五年前后，隋全境著籍户数已达900余万，口数4 600余万”(《中国人口史（第二卷)》，复旦大学出版社，2002年，130页)。

(9) 唐代的人口数

①陈旭麓认为盛唐时期中国人口约为9 000多万(《农民起义与人口问题》，《中国农民战争史研究（第一辑)》，上海人民出版社，1979年，8页)。

②胡焕庸、张善余认为“盛唐时人口达到8 000万左右，是可以肯定的，即使更高一些，也完全可能”(《中国人口地理（上册)》，华东师范大学出版社，1984年，33页)。

③葛剑雄、王育民认为“唐代前期人口的峰值在8 000万至9 000万之间”(《中国人口发展史》，福建人民出版社，1991年，159页；《中国人口史》，江苏人民出版社，1995年，213页)。

④冻国栋认为唐天宝十三载（754年）的实际户数约为1 430万～1 540万，实际口数约为7 475万～8 050万(《中国人口史（第二卷)》，复旦大学出版社，2002年，182页)。

(10) 五代时的人口数

葛剑雄、王育民认为“实际人口大概有3 000万左右”(《中国人口发展史》，福建人民出版社，1991年，175页；《中国人口史》，江苏人民出版社，1995年，255页)。

(11) 宋代的人口数

①范文澜认为“北宋末约一万万（宋户口不计妇女，当时男丁四千三百八十万，加上同数妇女，应为八千七百余万。再加‘户版刻隐’，约为一万万)”(《范文澜历史论文选集》，中国社会科学出版社，1979年，96页)。

②葛剑雄认为“可以肯定：北宋的最高人口数已经突破一亿了”，“1207—1208年，中国的总人口已经突破一亿二千万了”(《中国人口发展史》，福建人民出版社，1991年，192、201页)。

③穆朝庆认为“北宋时的男子人口已达五千三百多万，假设男女相当，则当时人口超过一亿六十（百）万”(《两宋户籍制度》，《历史研究》1982年1期)。

④吴慧认为“到北宋末徽宗时农村人口还只一亿零四百万而已”(《中国历代粮食亩产研究（增订再版)》，中国农业出版社，2017年，219页)。

⑤王育民认为“倘以中国历代人口平均每户5口推算，则大观三年（1109）的20 882 438户当有10 441万余口，全国人口已突破1亿，较唐代天宝十四年的5 291万余口几乎增加了1倍”(《中国人口史》，江苏人民出版社，1995年，297页)。

⑥袁祖亮认为“宋代人口要超过汉唐一倍以上，是缺乏物质基础的，所以崇宁、大观年间的人口不可能高达1亿”(《宋代人口之我见》，《中国史研究》1987年3期)。

⑦吴松弟认为北宋宣和六年（1124)，有2 340万户，12 600万人，约1.3亿人(《中国人口史（第三卷)》，复旦大学出版社，2002年，352页)。

(12) 元代的人口数

①王育民认为“元代全国人口当有2 335万户，10 438万口，较宋金户数之和增加

14.7%”（《中国人口史》，江苏人民出版社，1995 年，396 页）。

②葛剑雄认为“元末年的实际人口完全可能超过 7 000 万”（《中国人口发展史》，福建人民出版社，1991 年，208 页）。

③邱树森认为“元代最高人口数字约为 1 900 多万户，近 9 000 万口”（《元代户口问题刍议》，《元史论丛（第二辑）》，中华书局，1983 年，120 页）。

④吴松弟认为元代人口峰值约为 1 800 万户，9 000 万人（《中国人口史（第三卷）》，复旦大学出版社，2002 年，391 页）。

（13）明代的人口数

①陈彩章认为“有明一代，其人口最盛时，必超过八千五百万”（《中国历代人口变迁之研究》，商务印书馆，1946 年，43 页）。

②费正清、赖肖尔认为“明代的二百七十六年内，平均人口约为一亿左右”（《中国：传统与变革》，陈仲丹等译，江苏人民出版社，1992 年，180 页）。

③王守稼、缪振鹏认为“明中叶实际人数当达一亿上下，嘉靖万历时估计达一亿数千万，即与官方统计数比较，相差达一倍以上”（《明代户口流失原因初探》，《首都师范大学学报（社会科学版）》1982 年 2 期）。

④许涤新、吴承明认为“嘉靖朝人口应超过 1 亿，万历朝至少应有 1.2 亿……以 1.2 亿代表明盛世人口最高数字，大体是合理的”（《中国资本主义发展史（第一卷）》，人民出版社，1985 年，39 页）。

⑤胡焕庸、张善余认为“我们认为明初（1370 年）中国人口为 6 000 万，穆宗隆庆年间（1570 年）为 1.4 亿，这也就是整个明代人口的峰值数字”（《中国人口地理（上册）》，华东师范大学出版社，1984 年，49 页）。

⑥吕景琳认为“明代中后期的在（黄）册数字，肯定要比实额少得多，照保守的估计，也应占实额的 20%，那末，我们似以此推断，此时人口为 125 693 104 人，如果这个 1.2 亿左右的估计稍贴近事实，那么到万历末年，可能增长到 1.5 亿上下”（《明代的耕地与人口问题》，《山东社会科学》1993 年 5 期）。

⑦何炳棣认为“万历二十八年（1600）明朝范围内约有 1.5 亿人口”（《1368—1953 年中国人口研究》，葛剑雄译，上海古籍出版社，1989 年，310 页）。

⑧王育民认为“嘉靖、万历年间，实际人口在一亿三千万到一亿五千万之间，即比明初增长一倍多，是完全可能的”（《明代户口新探》，《历史地理》第 9 辑，上海人民出版社，1990 年，154 页）。

⑨赵冈、陈仲毅认为明代人口已有 2 亿（《中国土地制度史》，新星出版社，2006 年，98 页）。

⑩葛剑雄、曹树基认为“到十六世纪后期，明朝的人口已突破 2 亿大关，是毫无疑义的”（《对明代人口总数的新估计》，《中国史研究》1995 年 1 期）。

（14）清代的人口数

①王育民认为“处于清代人口峰值的道光三十年的实际人口可能已达 4.4 亿以上”（《中国人口史》，江苏人民出版社，1995 年，515 页）。

②闵宗殿认为“咸丰元年的我国人口，为各省所报的人口 431 894 047 人加台湾人口 2 440 704 人和永安州人口几万人，总数当在 43 433 万人左右”（《咸丰元年的中国人口》，《农史研究》1983 年 1 期）。

（二）中国历代耕地统计表

年代	公元（年）	人口	耕地[①]		人均耕地		备注
			古亩	市亩	古亩/人	市亩/人	
西汉平帝元始二年	2	59 594 978	827 053 600	576 456 359	13.88	9.67[②]	《汉书·地理志》
东汉和帝元兴元年	105	53 256 229	732 017 080	510 215 904	13.74	9.58	《东汉会要·民政上》卷二八
东汉安帝延光四年	125	48 690 789	694 289 213	483 919 581	14.26	9.94	《东汉会要·民政上》卷二八
东汉顺帝建康元年	144	49 730 550	689 627 156	480 670 127	13.87	9.66	《续汉书·郡国志五》
东汉冲帝永憙元年	145	49 524 183	695 767 620	484 950 031	14.05	9.79	《续汉书·郡国志五》
东汉质帝本初元年	146	47 566 772	693 012 338	483 029 599	14.57	10.15	《续汉书·郡国志五》
隋炀帝大业五年	609	46 019 956	5 585 404 000[③]	4 367 785 928	121.37	94.91	《隋书》卷二九；《通典·食货二》[④]
唐玄宗开元十四年	726	41 419 712	1 440 386 213	1 126 382 019	34.78	27.03	《旧唐书》卷八；《通典·食货二》
唐玄宗天宝十四年	755	52 919 309	1 430 386 213[⑤]	1 118 562 019	27.03	21.13	《通典·食货二》《通典·食货七》
宋真宗景德三年	1006	16 280 254	186 000 000	166 656 000	11.42	10.23	《宋会要辑稿·食货一二》；《续通典·食货一》
宋真宗天禧五年	1021	19 930 320	524 758 432	470 183 555	26.33	23.59	《宋会要辑稿·食货一一》；《文献通考·田赋四》
宋仁宗皇祐五年	1053	22 292 861	228 000 000	204 288 000	10.23	9.16[⑥]	《续资治通鉴长编》卷一七五；《续资治通考·田赋四》
宋英宗治平三年	1066	29 092 185	440 000 100	394 240 000	15.12	13.54	《宋会要辑稿·食货一一》；《文献通考·田赋四》

年代	公元（年）	人口	耕地		人均耕地		备注
			古亩	市亩	古亩/人	市亩/人	
宋神宗元丰六年	1083	24 969 300	461 655 600	413 643 417	18.49	16.56	《宋会要辑稿·食货一一》；《文献通考·田赋四》
明太祖洪武十四年	1381	59 873 305	366 771 549	334 128 881	6.13	5.18	《明太祖实录》卷一四〇
洪武二十四年	1391	56 774 561	387 474 673	352 989 314	6.82	6.21	《明太祖实录》卷二一四
洪武二十六年	1393	60 545 812	850 762 368[7]	775 044 517	14.05	12.79	《万历会典·户部六》卷一七、卷一九
明仁宗洪熙元年	1425	52 083 651	416 770 700	379 678 108	8.00	7.28	《宣宗实录》卷一二
明宣宗宣德元年	1426	51 960 119	412 462 600	375 753 428	7.94	7.25	《宣宗实录》卷二三
宣德二年	1427	52 707 885	394 334 300	359 238 547	7.48	6.81	《宣宗实录》卷三四
宣德三年	1428	52 144 021	411 313 700	374 706 780	7.88	7.18	《宣宗实录》卷四九
宣德四年	1429	53 184 816	450 156 500	410 092 571	8.46	7.71	《宣宗实录》卷六〇
宣德五年	1430	51 365 851	414 068 000	377 215 948	8.06	7.34	《宣宗实录》卷七四
宣德六年	1431	50 565 259	418 046 200	380 840 088	8.26	7.53	《宣宗实录》卷八五
宣德七年	1432	50 667 805	424 492 800	386 712 940	8.37	7.63	《宣宗实录》卷九七
宣德八年	1433	50 826 346	427 893 400	389 810 887	8.41	7.66	《宣宗实录》卷一〇七
宣德九年	1434	50 627 456	427 016 100	389 011 667	8.43	7.68	《宣宗实录》卷一一五
宣德十年	1435	50 627 569	427 017 200	389 012 669	8.43	7.68	《英宗实录》卷一二
明英宗正统元年	1436	52 323 993	437 318 700	398 397 335	8.35	7.61	《英宗实录》卷二五
正统二年	1437	51 790 316	432 318 000	393 841 698	8.34	7.60	《英宗实录》卷三七

年代	公元（年）	人口	耕地		人均耕地		备注
			古亩	市亩	古亩/人	市亩/人	
正统三年	1438	51 841 182	432 212 500	393 745 587	8.33	7.59	《英宗实录》卷四九
正统四年	1439	51 740 390	432 315 000	393 838 965	8.35	7.61	《英宗实录》卷六二
正统五年	1440	51 811 758	432 246 800	393 776 834	8.34	7.60	《英宗实录》卷七四
正统六年	1441	52 056 290	431 774 200	393 346 296	8.29	7.56	《英宗实录》卷八七
正统七年	1442	53 949 951	424 211 800	386 456 949	7.86	7.16	《英宗实录》卷九九
正统八年	1443	52 993 882	424 281 800	386 520 719	8.00	7.29	《英宗实录》卷一一一
正统九年	1444	53 655 066	424 951 600	387 130 907	7.92	7.21	《英宗实录》卷一二四
正统十年	1445	53 772 934	424 723 900	386 923 472	7.90	7.19	《英宗实录》卷一三六
正统十一年	1446	53 740 321	424 569 900	386 783 178	7.86	7.19	《英宗实录》卷一四八
正统十二年	1447	53 949 787	424 870 500	387 057 025	7.87	7.17	《英宗实录》卷一六一
正统十三年	1448	53 534 498	415 321 800	378 358 159	7.75	7.06	《英宗实录》卷一七三
正统十四年	1449	53 171 070	435 076 300	396 354 509	8.18	7.45	《英宗实录》卷一八六
明代宗景泰元年	1450	53 403 954	425 630 300	387 749 203	7.97	7.26	《英宗实录》卷一九九
景泰二年	1451	53 433 830	415 637 500	378 645 762	7.77	7.08	《英宗实录》卷二一一
景泰三年	1452	53 507 730	426 686 200	388 711 128	7.97	7.26	《英宗实录》卷二二四
景泰四年	1453	53 369 460	426 703 600	388 726 979	7.99	7.27	《英宗实录》卷二三六
景泰五年	1454	53 811 196	426 734 100	388 754 765	7.93	7.22	《英宗实录》卷二四八

年代	公元（年）	人口	耕地		人均耕地		备注
			古亩	市亩	古亩/人	市亩/人	
景泰六年	1455	53 807 470	426 733 900	388 754 582	7.93	7.22	《英宗实录》卷二六一
景泰七年	1456	53 712 925	426 744 900	388 764 603	7.94	7.23	《英宗实录》卷二七三
明英宗天顺元年	1457	54 338 476	424 140 300	386 391 813	7.80	7.11	《英宗实录》卷二八五
天顺二年	1458	54 205 069	426 359 900	388 413 868	7.86	7.16	《英宗实录》卷二九八
天顺三年	1459	53 710 308	419 902 800	382 531 450	7.81	7.12	《英宗实录》卷三一〇
天顺四年	1460	53 747 400	426 274 800	388 336 342	7.93	7.22	《英宗实录》卷三二三
天顺五年	1461	53 748 160	424 201 000	386 447 111	7.89	7.18	《英宗实录》卷三三五
天顺六年	1462	54 160 634	424 598 300	386 809 051	7.83	7.14	《英宗实录》卷三四七
天顺七年	1463	56 370 250	429 350 300	391 138 123	7.61	6.93	《英宗实录》卷三六〇
天顺八年	1464	60 499 330	472 430 200	430 383 912	7.81	7.11	《宪宗实录》卷一二
明宪宗成化元年	1465	60 472 540	472 742 600	430 668 508	7.81	7.11	《宪宗实录》卷二四
成化二年	1466	60 653 724	472 718 500	430 646 553	7.97	7.10	《宪宗实录》卷三七
成化三年	1467	59 929 455	477 870 600	435 340 116	7.97	7.26	《宪宗实录》卷四九
成化四年	1468	61 615 850	475 503 100	433 183 324	7.71	7.03	《宪宗实录》卷六一
成化五年	1469	61 727 584	477 657 200	435 145 709	7.73	7.04	《宪宗实录》卷七四
成化六年	1470	61 819 814	477 672 100	435 159 283	7.72	7.03	《宪宗实录》卷八六
成化七年	1471	61 819 945	477 893 100	435 360 614	7.73	7.04	《宪宗实录》卷九九

年代	公元（年）	人口	耕地		人均耕地		备注
			古亩	市亩	古亩/人	市亩/人	
成化八年	1472	61 821 232	477 895 000	435 362 345	7.73	7.04	《宪宗实录》卷一一一
成化九年	1473	61 823 480	477 898 000	435 365 078	7.73	7.04	《宪宗实录》卷一二三
成化十年	1474	61 852 810	477 899 000	435 365 989	7.73	7.04	《宪宗实录》卷一三六
成化十一年	1475	61 852 891	477 899 000	435 365 989	7.72	7.03	《宪宗实录》卷一四八
成化十二年	1476	61 853 281	477 899 500	435 366 444	7.72	7.03	《宪宗实录》卷一六〇
成化十三年	1477	61 853 581	477 899 700	435 366 626	7.72	7.03	《宪宗实录》卷一七三
成化十四年	1478	61 832 193	477 898 000	435 365 078	7.72	7.03	《宪宗实录》卷一八五
成化十五年	1479	71 850 132	477 895 000	435 362 345	6.65	6.05	《宪宗实录》卷一九八
成化十六年	1480	62 456 993	477 997 200	435 455 449	7.65	6.97	《宪宗实录》卷二一〇
成化十七年	1481	62 457 997	477 998 500	435 456 633	7.65	6.97	《宪宗实录》卷二二二
成化十八年	1482	62 452 677	478 068 800	435 520 676	7.65	6.97	《宪宗实录》卷二三五
成化十九年	1483	62 452 806	478 208 100	435 647 579	7.65	6.97	《宪宗实录》卷二四七
成化二十年	1484	62 885 829	486 149 800	442 882 467	7.73	7.04	《宪宗实录》卷二五九
成化二十一年	1485	62 885 930	488 112 100	444 670 123	7.76	7.07	《宪宗实录》卷二七三
成化二十二年	1486	65 442 680	488 190 000	444 741 090	7.45	6.79	《宪宗实录》卷二八五
成化二十三年	1487	50 207 134	125 382 100	114 223 093	2.49	2.27	《孝宗实录》卷八[8]
明孝宗弘治元年	1488	50 207 934	825 388 100	751 928 559	16.43	14.97	《孝宗实录》卷二一

年代	公元（年）	人口	耕地		人均耕地		备注
			古亩	市亩	古亩/人	市亩/人	
弘治二年	1489	50 302 769	825 488 100	752 019 659	16.41	14.94	《孝宗实录》卷三三
弘治三年	1490	50 307 843	825 488 100	752 019 659	16.40	14.94	《孝宗实录》卷四六
弘治四年	1491	50 503 356	825 588 100	752 110 759	16.37	14.89	《孝宗实录》卷五八
弘治五年	1492	50 506 325	825 588 100	752 110 759	16.34	14.89	《孝宗实录》卷七〇
弘治六年	1493	50 539 561	825 588 100	752 110 759	16.33	14.88	《孝宗实录》卷八三
弘治七年	1494	50 614 196	825 688 100	752 201 859	16.33	14.88	《孝宗实录》卷九五
弘治八年	1495	50 678 953	826 678 100	753 103 749	16.31	14.86	《孝宗实录》卷一〇七
弘治九年	1496	50 727 539	826 788 100	753 203 959	16.29	14.84	《孝宗实录》卷一二〇
弘治十年	1497	50 765 185	826 788 100	753 203 959	16.27	14.82	《孝宗实录》卷一三二
弘治十一年	1498	50 805 375	826 798 100	753 213 069	16.27	14.82	《孝宗实录》卷一四五
弘治十二年	1499	50 827 568	826 898 700	753 304 715	16.26	14.82	《孝宗实录》卷一五七
弘治十三年	1500	50 858 937	826 998 100	753 395 269	16.26	14.82	《孝宗实录》卷一六九
弘治十四年	1501	50 895 236	826 999 200	753 396 271	16.24	14.80	《孝宗实录》卷一八二
弘治十五年	1502	50 908 672	835 748 500	761 366 883	16.41	14.94	《孝宗实录》卷一九四
弘治十六年	1503	50 981 289	830 748 900	756 812 247	16.29	14.84	《孝宗实录》卷二〇六
弘治十七年	1504	60 105 835	841 686 200	766 776 128	14.00	12.75	《孝宗实录》卷二一九
弘治十八年	1505	59 919 822	469 723 300	427 917 926	7.83	7.14	《武宗实录》卷八

年代	公元（年）	人口	耕地		人均耕地		备注
			古亩	市亩	古亩/人	市亩/人	
明武宗正德元年	1506	46 802 050	469 723 300	427 917 926	10.03	9.14	《武宗实录》卷二〇
正德二年	1507	55 906 806	469 723 300	427 917 926	8.40	7.65	《武宗实录》卷三三
正德三年	1508	59 425 208	469 723 300	427 917 926	7.90	7.20	《武宗实录》卷四五
正德四年	1509	59 514 145	469 723 300	427 917 926	7.89	7.19	《武宗实录》卷五八
正德五年	1510	59 499 759	469 723 300	427 917 926	7.89	7.19	《武宗实录》卷七〇
正德六年	1511	60 446 135	469 723 300	427 917 926	7.77	7.07	《武宗实录》卷八二
正德七年	1512	60 590 309	469 723 300	427 917 926	7.75	7.06	《武宗实录》卷九五
正德八年	1513	63 284 203	469 723 300	427 917 926	7.42	6.76	《武宗实录》卷一〇七
正德九年	1514	62 123 334	469 723 300	427 917 926	7.56	6.88	《武宗实录》卷一一九
正德十年	1515	62 573 730	469 723 300	427 917 926	7.50	6.83	《武宗实录》卷一三二
正德十一年	1516	62 573 736	469 723 300	427 917 926	7.50	6.83	《武宗实录》卷一四四
正德十二年	1517	62 627 810	469 723 300	427 917 926	7.50	6.83	《武宗实录》卷一五六
正德十三年	1518	62 664 295	469 723 300	427 917 926	7.49	6.82	《武宗实录》卷一六九
正德十四年	1519	62 695 812	469 723 300	427 917 926	7.49	6.82	《武宗实录》卷一八一
正德十五年	1520	60 606 220	469 723 300	427 917 926	7.49	6.82	《武宗实录》卷一九四
明世宗嘉靖元年	1522	60 861 273	438 752 600	399 703 618	7.20	6.56	《世宗实录》卷二一
嘉靖十一年	1532	61 712 993	428 828 400	390 662 672	6.94	6.33	《世宗实录》卷一四五

年代	公元（年）	人口	耕地		人均耕地		备注
			古亩	市亩	古亩/人	市亩/人	
嘉靖二十一年	1542	63 401 252	428 928 400	390 753 772	6.76	6.16	《世宗实录》卷二六九
嘉靖三十一年	1552	63 344 107	428 035 800	389 940 613	6.75	6.14	《世宗实录》卷三九二
嘉靖四十一年	1562	63 654 248	431 169 400	392 795 323	6.77	6.17	《世宗实录》卷五一六
明穆宗隆庆元年	1567	62 537 419	467 775 000	426 143 025	7.47	6.81	《穆宗实录》卷一五
隆庆二年	1568	62 537 419	467 775 000	426 143 025	7.47	6.81	《穆宗实录》卷二七
隆庆三年	1569	62 537 419	467 775 000	426 143 025	7.47	6.81	《穆宗实录》卷四〇
隆庆四年	1570	62 537 419	467 775 000	426 143 025	7.47	6.81	《穆宗实录》卷五二
隆庆五年	1571	62 537 419	467 775 000	426 143 025	7.47	6.81	《穆宗实录》卷六四
明神宗万历三十年	1602	56 305 050	1 161 894 800	1 058 486 163	20.63	18.79⑨	《神宗实录》卷三七九
明光宗泰昌元年	1620	51 655 459	743 931 900	677 721 960	14.40	13.12	《熹宗实录》卷四
明熹宗天启元年	1621	51 655 459	743 931 900	677 721 960	14.40	13.12	《熹宗实录》卷一七
天启三年	1623	51 655 459	743 931 900	677 721 960	14.40	13.12	《熹宗实录》卷四二
天启五年	1625	51 655 459	743 931 900	677 721 960	14.40	13.12	《熹宗实录》卷六六
天启六年	1626	51 655 459	743 931 900	677 721 960	14.40	13.12	《熹宗实录》卷七九
清世祖顺治八年	1651	51 039 964⑩	290 858 461	267 880 642	5.69	5.24	《世祖实录》卷六一
顺治九年	1652	69 522 518	403 390 504	371 522 654	5.80	5.34	《世祖实录》卷七一
顺治十年	1653	66 799 670	388 792 636	358 078 017	5.82	5.36	《世祖实录》卷七九

年代	公元（年）	人口	耕地		人均耕地		备注
			古亩	市亩	古亩/人	市亩/人	
顺治十一年	1654	67 474 584	389 693 500	358 907 713	5.77	5.31	《世祖实录》卷八七
顺治十二年	1655	67 362 720	387 771 991	357 138 003	5.75	5.30	《世祖实录》卷九六
顺治十三年	1656	73 981 324	478 186 000	440 409 306	6.46	5.95	《世祖实录》卷一〇六
顺治十四年	1657	89 337 580	496 039 830	456 852 683	5.55	5.11	《世祖实录》卷一一三
顺治十五年	1658	89 437 828	498 864 074	459 453 812	10.00	9.21	《世祖实录》卷一二三
顺治十六年	1659	91 242 782	514 202 234	473 580 257	5.63	5.19	《世祖实录》卷一三〇
顺治十七年	1660	91 620 345	519 403 830	478 370 927	5.66	5.22	《世祖实录》卷一四四
顺治十八年	1661	91 860 729	526 502 829	484 909 105	5.73	5.27	《圣祖实录》卷五
清圣祖康熙元年	1662	92 175 513	531 135 814	489 176 084	5.76	5.30	《圣祖实录》卷七
康熙二年	1663	92 565 014	534 967 510	492 705 076	5.77	5.32	《圣祖实录》卷一一
康熙三年	1664	92 677 795	535 895 325	493 559 594	5.78	5.32	《圣祖实录》卷一四
康熙四年	1665	92 698 166	538 143 754	495 630 397	5.80	5.34	《圣祖实录》卷一八
康熙五年	1666	92 895 043	539 526 236	496 903 663	5.80	5.34	《圣祖实录》卷二〇
康熙六年	1667	92 949 028	541 147 354	498 396 713	5.82	5.36	《圣祖实录》卷二五
康熙七年	1668	92 957 889	541 035 087	498 293 867	5.82	5.36	《圣祖实录》卷二七
康熙八年	1669	93 066 091	543 246 357	500 329 894	5.83	5.37	《圣祖实录》卷三一
康熙九年	1670	93 102 974	545 505 681	502 410 732	5.85	5.39	《圣祖实录》卷三四

年代	公元(年)	人口	耕地		人均耕地		备注
			古亩	市亩	古亩/人	市亩/人	
康熙十年	1671	93 156 417	545 917 018	502 789 573	5.86	5.39	《圣祖实录》卷三八
康熙十一年	1672	93 271 521	549 135 638	505 753 922	5.88	5.42	《圣祖实录》卷四〇
康熙十二年	1673	93 089 217	541 562 783	498 779 323	5.81	5.35	《圣祖实录》卷四五
康熙十三年	1674	82 783 065	530 875 662	488 936 484	6.41	5.90	《圣祖实录》卷五一
康熙十四年	1675	77 162 649	507 345 863	467 265 539	6.57	6.05	《圣祖实录》卷五九
康熙十五年	1676	76 978 886	486 423 392	447 995 944	6.31	5.81	《圣祖实录》卷六四
康熙十六年	1677	77 838 513	498 364 253	458 993 477	6.40	5.89	《圣祖实录》卷七一
康熙十七年	1678	80 859 528	506 479 287	466 467 423	6.26	5.76	《圣祖实录》卷七九
康熙十八年	1679	81 188 428	513 635 341	473 058 149	6.32	5.82	《圣祖实录》卷八七
康熙十九年	1680	82 054 257	522 766 687	481 468 118	6.37	5.86	《圣祖实录》卷九三
康熙二十年	1681	82 729 766	531 573 260	489 578 972	6.42	5.91	《圣祖实录》卷九九
康熙二十一年	1682	93 277 214	552 356 884	508 720 690	5.92	5.45	《圣祖实录》卷一〇六
康熙二十二年	1683	93 702 532	561 583 768	517 218 650	5.99	5.51	《圣祖实录》卷一一三
康熙二十三年	1684	97 635 144	589 162 337	542 618 512	6.03	5.55	《圣祖实录》卷一一八
康熙二十四年	1685	97 640 342	589 162 337	542 618 512	6.03	5.55	《圣祖实录》卷一二四
康熙二十五年	1686	97 640 342	590 343 867	543 706 701	6.04	5.56	《圣祖实录》卷一二九
康熙二十六年	1687	97 676 836	590 418 484	543 775 423	6.04	5.56	《圣祖实录》卷一三三

年代	公元（年）	人口	耕地		人均耕地		备注
			古亩	市亩	古亩/人	市亩/人	
康熙二十七年	1688	97 676 836	590 418 484	543 775 423	6.04	5.56	《圣祖实录》卷一三九
康熙二十八年	1689	97 745 126	593 181 304	546 319 981	6.06	5.58	《圣祖实录》卷一四三
康熙二十九年	1690	97 745 126	593 268 427	546 400 221	6.06	5.58	《圣祖实录》卷一四九
康熙三十年	1691	97 745 126	593 268 427	546 400 221	6.06	5.62	《圣祖实录》卷一五三
康熙三十一年	1692	97 755 758	597 345 634	550 155 328	6.11	5.62	《圣祖实录》卷一五八
康熙三十二年	1693	97 755 758	597 345 634	550 155 328	6.11	5.62	《圣祖实录》卷一六二
康熙三十三年	1694	97 779 139	597 526 854	550 322 232	6.11	5.62	《圣祖实录》卷一六五
康熙三十四年	1695	97 779 139	597 526 854	550 322 232	6.11	5.62	《圣祖实录》卷一七〇
康熙三十五年	1696	97 969 833	598 645 467	551 352 475	6.11	5.62	《圣祖实录》卷一七九
康熙三十六年	1697	97 971 273	598 606 834	551 316 894	6.11	5.62	《圣祖实录》卷一八六
康熙三十七年	1698	97 971 326	598 677 538	551 382 012	6.11	5.62	《圣祖实录》卷一九一
康熙三十八年	1699	97 972 300	598 688 534	551 392 139	6.11	5.62	《圣祖实录》卷一九六
康熙三十九年	1700	97 972 622	598 698 554	551 401 368	6.11	5.62	《圣祖实录》卷二〇三
康熙四十年	1701	97 973 582	598 698 565	551 401 378	6.11	5.62	《圣祖实录》卷二〇七
康熙四十一年	1702	97 974 624	598 699 363	551 402 113	6.11	5.62	《圣祖实录》卷二一〇
康熙四十二年	1703	97 973 510	598 690 565	551 394 010	6.11	5.62	《圣祖实录》卷二一五
康熙四十三年	1704	97 979 424	598 719 662	551 420 808	6.11	5.62	《圣祖实录》卷二一九

年代	公元（年）	人口	耕地		人均耕地		备注
			古亩	市亩	古亩/人	市亩/人	
康熙四十四年	1705	97 980 288	598 890 352	551 578 014	6.11	5.62	《圣祖实录》卷二二二
康熙四十五年	1706	97 980 288	598 895 053	551 582 343	6.11	5.62	《圣祖实录》卷二二八
康熙四十六年	1707	97 980 288	598 329 362	551 061 342	6.10	5.62	《圣祖实录》卷二三二
康熙四十七年	1708	103 782 355	621 132 132	572 062 693	5.98	5.51	《圣祖实录》卷二三六
康熙四十八年	1709	105 222 355	631 134 434	581 274 813	5.99	5.52	《圣祖实录》卷二四〇
康熙四十九年	1710	111 898 732	663 113 224	610 727 279	5.92	5.45	《圣祖实录》卷二四四
康熙五十年	1711	118 182 355	693 034 434	638 284 713	5.86	5.40	《圣祖实录》卷二四九
康熙五十一年	1712	118 192 915	693 044 455	638 293 943	5.86	5.40	《圣祖实录》卷二五二
康熙五十二年	1713	113 508 859	693 088 969	638 334 940	6.10	5.62	《圣祖实录》卷二五七
康熙五十三年	1714	118 759 420	659 076 490	607 009 447	5.54	5.11	《圣祖实录》卷二六二
康熙五十四年	1715	119 021 217	725 065 490	667 785 316	6.09	5.61	《圣祖实录》卷二六九
康熙五十五年	1716	119 622 940	725 075 490	667 794 526	6.06	5.58	《圣祖实录》卷二七〇
康熙五十六年	1717	119 675 755	725 075 490	667 794 526	6.05	5.58	《圣祖实录》卷二七六
康熙五十七年	1718	119 872 795	725 091 190	667 808 986	6.04	5.57	《圣祖实录》卷二八二
康熙五十八年	1719	120 100 670	726 782 250	669 366 452	6.05	5.58	《圣祖实录》卷二八七
康熙五十九年	1720	120 143 755	726 812 250	66 934 082	6.04	5.57	《圣祖实录》卷二九一
康熙六十年	1721	121 853 803	735 645 059	677 529 099	6.03	5.56	《圣祖实录》卷二九六

年代	公元（年）	人口	耕地		人均耕地		备注
			古亩	市亩	古亩/人	市亩/人	
康熙六十一年	1722	123 664 790	851 099 240	783 862 400	6.88	6.33	《世宗实录》卷三
清世宗雍正元年	1723	123 527 347	890 187 962	819 863 113	7.20	6.63	《世宗实录》卷一四
雍正二年	1724	125 337 374	890 647 524	820 286 369	7.10	6.54	《世宗实录》卷二七
雍正三年	1725	125 339 587	896 582 747	825 752 710	7.15	6.58	《世宗实录》卷四〇
雍正四年	1726	126 676 315	896 865 417	826 013 049	7.07	6.52	《世宗实录》卷五二
雍正五年	1727	127 243 176	863 629 146	795 402 443	6.78	6.25	《世宗实录》卷六五
雍正六年	1728	127 304 112	865 253 620	796 898 584	6.79	6.25	《世宗实录》卷七六
雍正七年	1729	127 964 443	873 221 580	804 237 075	6.82	6.28	《世宗实录》卷九〇
雍正八年	1730	126 395 793	878 176 017	808 800 111	6.94	6.39	《世宗实录》卷一〇一
雍正九年	1731	125 390 078	878 619 080	809 208 172	7.00	6.45	《世宗实录》卷一一四
雍正十年	1732	126 551 304	881 378 086	811 749 217	6.96	6.41	《世宗实录》卷一二六
雍正十一年	1733	126 474 120	889 041 640	818 807 350	7.02	6.47	《世宗实录》卷一三九
雍正十二年	1734	131 306 217	890 138 724	819 817 764	6.77	6.24	《世宗实录》卷一五〇
清高宗乾隆三十一年	1766	208 095 796	741 449 550	682 875 035	3.56	3.28	《高宗实录》卷七七五
清仁宗嘉庆十七年	1812	333 700 560	791 525 196	728 994 700	2.37	2.18⑪	《仁宗实录》卷二六五
清宣宗道光二年	1822	372 457 539	—	697 000 000	—	1.87	《户部则例》⑫
清宣宗道光三十年/清文宗咸丰元年	1851	434 390 000	—	697 000 000	—	1.60	《户部则例》⑬

年代	公元（年）	人口	耕地		人均耕地		备注
			古亩	市亩	古亩/人	市亩/人	
清德宗光绪十三年	1887	377 636 000	911 976 606	839 930 454	2.22	2.04	《光绪会典》卷一七
光绪二十六年	1900	443 000 000	—	847 780 000	—	1.91	《中国自然资源手册》⑭
清宪宗宣统二年	1910	419 640 000	—	145 524 000	—	3.47	《中国自然资源手册》⑮
民国五年	1916	409 500 000	1 276 894 000	—	—	3.12	《统计月报》2卷9期
民国二十三年	1934	462 153 000	1 228 367 000	—	—	2.66	1935年《申报年鉴》
民国三十六年	1947	462 798 000	1 410 731 000	—	—	3.0	《中华年鉴》

注：

① 耕地中古亩同市亩的换算，系根据陈梦家《亩制与里制》（《考古》1966年1期）中所提供的换算方法和结论，具体的折算方法是：

先秦 $(6\times0.231)^2\times100\div666.67=0.288$ 市亩

汉 $(6\times0.232)^2\times240\div666.67=0.697$ 市亩

隋唐 $(5\times0.295)^2\times240\div666.67=0.783$ 市亩

宋 $(5\times0.3157)^2\times240\div666.67=0.896$ 市亩

明 $(5\times0.318)^2\times240\div666.67=0.911$ 市亩

清 $(5\times0.32)^2\times240\div666.67=0.921$ 市亩

② 吴慧认为："如果平帝时的八百二十七万余顷是大亩，合今市亩5.7亿亩，近六千万人拥地这么许多，连城市人口一起在内每人平均占地9.7市亩；而按小亩计算，则合今市亩2.38亿亩，城乡一起，平均每人占地只近四市亩。"（见吴慧：《中国历代粮食亩产研究（增订再版）》，中国农业出版社，2017年，20页）

③ 汪籛认为："史籍所说的大业中垦田五千五百八十五万余顷，当今十六亿亩以上，即约略与今耕地面积相等，这在实际上是不可能的。""史籍上记录的隋唐田亩数，也就是来源于当时的度支或户部将各州或郡申报的户籍簿中的'合应受田'部分，相加而得出的数字，……这些数字本来就不是什么实际耕地面积。"（见汪籛：《隋唐史论稿》，中国社会科学出版社，1981年，42、46页）

④ 耕地数疑有误。

⑤ 吴慧认为："唐时有地税之制（充义仓米），每亩收米二升。据《通典》天宝计账，其地税约得千二百四十余万石，即缴纳地税之垦田数为六百二十余万顷，还有不课户的田亩不纳地税以及豪家隐匿田产者，实际垦田当大于此数（所谓天宝垦田 1 430 万余顷是应受田数，非实际垦田，已有人辨之）。"（见吴慧：《中国历代粮食亩产研究（增订再版）》，中国农业出版社，2017 年，160 页）

⑥ 根据何凡能等人的估算，北宋中期境内耕地面积 71 845 万亩，人口数量 8 720 万人，人均耕地面积 8.2 亩，其中，南方人均 8.0 亩，北方人均 8.5 亩。（见何凡能等：《北宋中期耕地面积及其空间分布格局重建》，《地理学报》，2011 年 11 期）

⑦ 高王凌认为，明洪武二十六年的耕地面积比洪武朝各次统计都高出 4 亿亩耕地，主要是因为湖广（22 000 万亩）、河南（14 000万亩）的数字过高，可能是因为抄录错误导致（分别多出 2 亿亩和 1 亿亩）；同样数值过高的还有凤阳府（多出 4 000 万亩），这些高出的数字总数约为 4 亿亩。除去这 4 亿亩的高出值，与洪武朝其他统计基本一致。（见高王凌：《明清时期的耕地面积》，《清史研究》，1992 年 3 期）

彭雨新也认为，明洪武二十六年耕地面积 8 804 624 顷的数字是有问题的，主要南直隶、湖广、河南、北直隶、山东五省的虚报，约 450 万顷。（见彭雨新：《明清两代田地、人口、赋额的增长趋势》，《文史知识》，1993 年 7 期）

吕景琳认为："自洪武二十四年到二十五年一年之间，增加耕地 4 621 776.27 顷，翻了一番还要多。……据二书（《诸司职掌》《明会典》）记载，湖广田地 2 202 175.75 顷，河南 1 449 469.82 顷，凤阳府 417 493.90 顷。数字之大出乎常情。以湖广为例，其田亩数比当时的浙江、江西、福建、广东、四川、山东六布政司的田亩数之和 2 167 905.95 顷还要多。在 20 世纪 80 年代，湖南、湖北（约当于明代湖广疆土）两省耕地面积也不过 106 万顷，尚不及荒芜不堪的明初耕地面积的一半。河南今天也只有 1 亿多亩耕地，还不到明朝初年的 70%，而河南在明初是一片草莽，被称为'无人区'，直到洪武末年和永乐初年还是移民填实之地，由于遍地草菜，故在册田地多为'大亩'，几亩折合一亩。仅此也就可以看到《诸司职掌》《明会典》的大谬。"（见吕景琳：《明代耕地与人口问题》，《山东社会科学》，1993 年 5 期）

⑧ 疑耕地数有误。

⑨ 疑耕地数有误。史志宏测算认为，明朝万历年间人口约有 1.2 亿人，耕地约折合 7.0 亿市亩，人均耕地 5.83 市亩。（见史志宏：《十九世纪上半期的中国耕地面积再估计》，《中国经济史研究》，2011 年 4 期）

⑩ 清顺治八年至雍正十二年（1651—1734）文献记载全为人丁数，本表编制时已将人丁数换算成人口数，其换算的方法和根据请参看本书《中国历代人口统计》之注①。另，根据史志宏的测算，清康雍之际，人口约有 1.25 亿，耕地约折合 9.84 亿市亩，人均耕地 7.87 市亩。（见史志宏：《十九世纪上半期的中国耕地面积再估计》，《中国经济史研究》，2011 年 4 期）

另外，一些学者对清前期耕地面积的估算与表中数据差距较大，如根据周荣的估算，顺治十八年（1661）、雍正二年（1724）、乾隆十八年（1753）、嘉庆十七年（1812）和道光二十年（1840），"真实"的耕地面积分别为 94 718.25 万亩、160 228.19万亩、

177 991.98万亩、223 996.95万亩和210 423.65万亩。（见周荣：《清代前期耕地面积的综合考察和重新估算》，《江汉论坛》，2001年9期）

⑪从1823年到1850年的20多年间，官方资料没有再详细记载其中某一年份中的耕地面积和人口规模，因此，这段时期内的数据是缺失的。但一些学者对这一时期的耕地面积、人口规模和人均耕地面积进行了估算，例如，叶瑞汶认为：道光二十九年（1850），人口约为4.1亿人，耕地约为73 751.29万亩（见叶瑞汶：《中国历代人口和耕地走势的分析》，《南昌大学学报（社会科学版）》，1993年2期），因此，人均耕地为1.80亩。此外，史志宏测算认为，清道光末年，人口数约为4.3亿，耕地面积约为12.54亿亩，人均耕地2.92亩。（见史志宏：《十九世纪上半期的中国耕地面积再估计》，《中国经济史研究》，2011年4期）

⑫⑬转引自郑正等：《清朝的真实耕地面积》，《江海学刊》，1998年4期。

⑭⑮见中国科学院、国家计划委员会自然资源综合考察委员会：《中国自然资源手册》，科学出版社，1990年。

说明：

本表的耕地数字俱根据历史文献的记录，系历代封建王朝在其控制版图内能征收赋税的在册耕地数，本表编制时曾参考过梁方仲的《中国历代户口、田地、田赋统计》（中华书局，2008年）和许道夫的《中国近代农业生产及贸易统计资料》（上海人民出版社，1983年），特致谢意。

中国古代度量衡

本专题包括两方面内容：一是历代主要计量单位及其变迁，二是明清民间田土面积计量法。

（一）中国历代尺度演变表

朝代	每尺折合今制（厘米）	依据出土实物实测结果		依据文献或实物推算结果	
		出土古尺	实测结果（厘米）	依据文献或实物	推算结果（厘米）
商	16.0	传殷墟出土骨尺（台北故宫博物院藏）	16.93		
		传殷墟出土牙尺一（中国历史博物馆藏）	15.78		
		传殷墟出土牙尺二（上海博物馆藏）	15.80		
战国及秦	23.2	传洛阳金村出土铜尺（南京大学藏）	23.10	据商鞅方升（上海博物馆藏）推算（《上海博物馆馆刊》1期，151～152页）。	23.19
西汉	23.2	1968年河北满城中山王妻窦绾墓出土错金铁尺	23.20		
		1957年甘肃酒泉汉墓出土铜尺	23.10		
		1970年山东曲阜九龙山3号西汉墓出土残铜尺二寸	23.50		
新莽	23.1			据新莽嘉量（台北故宫博物院藏）推算（据刘复实测及推算）。	23.08
东汉	23.4	1956年长沙雷家嘴东汉墓出土铜尺	23.39		
		1959年长沙刘家冲东汉墓出土铜尺	23.39		
东汉晚期	23.6	1956年掖县东汉晚期墓出土铜尺	23.60		
		1959年长沙小林子东汉墓出土铜尺	23.60		
		1954年合肥东汉晚期墓出土铜尺	23.75		
魏	24.2	1972年甘肃嘉峪关三国魏墓出土骨尺二件	23.80	《隋书·律历志》："魏尺，杜夔所用调律，比晋前尺一尺四分七厘。"	24.18

朝代	每尺折合今制（厘米）	依据出土实物实测结果		依据文献或实物推算结果	
		出土古尺	实测结果（厘米）	依据文献或实物	推算结果（厘米）
魏	24.2	魏正始五年东莞官弩机望山尺二寸	24.26	魏景元四年，刘徽注《九章·商功》：王莽铜斛于今尺为“深九寸五分五厘”。（《晋书·律历志》）	24.18
西晋	24.2	1965年北京八宝山西晋王凌妻华芳墓山土骨尺	24.20	《晋书·律历志》：晋前尺同魏杜夔尺。	24.18
		1956年河南洛阳旧唐屯村西晋墓出土骨尺	24.30	晋荀勗前尺铭：“晋泰始十年，中书考古器，揆校今尺，长四分半。”（《晋书·律历志》）	24.14
		1959年洛阳永宁二年西晋墓出土残骨尺	24.47		
东晋	24.5			《隋书·律历志》：“晋后尺实比晋前尺一尺六分二厘。萧吉云，晋时江东所用。”	24.48
刘宋	24.6			《隋书·律历志》：“宋氏尺实比晋前尺一尺六分四厘”，“此宋代人间所用尺”。	24.60
梁	24.7			《隋书·律历志》“梁朝俗间尺……实比晋前尺一尺七分一厘。”	24.74
前赵	24.2			《隋书·律历志》：“赵刘曜浑天仪土圭尺……比晋前尺一尺五分。”	24.25
北魏	28.0			《隋书·律历志》：“后魏前尺实比晋前尺一尺二寸七厘。”	27.88
				《隋书·律历志》：“后魏中尺实比晋前尺一尺二寸一分一厘。”	27.98
				《隋书·律历志》：“后魏后尺实比晋前尺一尺二寸八分一厘。”	29.59

朝代	每尺折合今制（厘米）	依据出土实物实测结果		依据文献或实物推算结果	
		出土古尺	实测结果（厘米）	依据文献或实物	推算结果（厘米）
东魏北齐	30.2			《隋书·律历志》："东魏尺实比晋前尺一尺五寸八毫"，"齐朝因而用之"。马衡考证，"五"乃"三"字之误。	30.21
北周	29.6			《隋书·律历志》："后周玉尺实比晋前尺一尺一寸五分八厘。"按玉尺应用范围限于官司。	26.74
				《隋书·律历志》："后周市尺比玉尺长九分三厘。"同后魏后尺。	29.59
隋	29.6			《隋书·律历志》：后周市尺，"开皇初著令以为官尺，百司用之，终于仁寿"。按隋另有铁尺，用于调律。市尺相当于铁尺的一尺二寸。	29.59
唐	30.0	日本正仓院所藏唐尺26支，长度29.4～31.7厘米，平均29.75厘米（藤田元春《尺度综考》第一篇《尺度考》第五"唐大尺"）	29.75	唐承隋制，尺有大小两种。小尺用于调律、测日晷影、制冠冕，"内外官司悉用大者"（《唐六典·金部·郎中》）。	
		新中国成立前嵩县刘家岭唐墓出土铜尺	31.00		
		1976年西安郭家滩78号唐墓出土铜尺	30.09		
		1955年长沙丝茅冲朱家花园唐墓出土铁尺	29.50		
宋	31.2	1921年巨鹿故城出土北宋木矩尺	30.91	宋人《家礼》的"木主全式"图，记载"三司布帛尺即省尺，又名京尺，当周尺一尺三寸四分"。周尺指宋高若讷仿制晋前尺。	30.80
		1921年巨鹿故城出土北宋木尺二件	32.84		
		1964年南京孝陵卫宋墓出土木尺	31.40	宋人《家礼》："周尺当三司布帛尺七寸五分。"	30.95

<table>
<tr><th rowspan="2">朝代</th><th rowspan="2">每尺折合今制（厘米）</th><th colspan="2">依据出土实物实测结果</th><th colspan="2">依据文献或实物推算结果</th></tr>
<tr><th>出土古尺</th><th>实测结果（厘米）</th><th>依据文献或实物</th><th>推算结果（厘米）</th></tr>
<tr><td rowspan="2">宋</td><td rowspan="2">31.2</td><td>1965年武汉十里铺北宋墓出土木尺</td><td>31.20</td><td>蔡元定《律吕新书》："太府布帛尺比晋前尺一尺三寸五分。"《玉海》同。</td><td>31.20</td></tr>
<tr><td>1975年江陵凤凰山宋墓出土木尺</td><td>30.80</td><td>沈括《梦溪笔谈》："古尺二寸五分十分分之一，合今尺一寸八分百分之四十五强。"</td><td>31.68</td></tr>
<tr><td rowspan="5">明</td><td rowspan="3">营造尺
31.8</td><td>1956年山东梁山洪武年间沉船中出土骨尺</td><td>31.80</td><td rowspan="3">明朱载堉《律学新说》所绘木工曲尺即营造尺。</td><td rowspan="3">31.80</td></tr>
<tr><td>嘉靖牙尺（故宫博物院藏）</td><td>32.00</td></tr>
<tr><td>明鎏铜尺（故宫博物院藏）</td><td>31.74</td></tr>
<tr><td>量地尺
32.7</td><td></td><td></td><td>明朱载堉《律学新说》所绘宝源局量地铜尺。</td><td>32.64</td></tr>
<tr><td>裁衣尺
34.0</td><td>1965年上海上塘湾明墓出土木尺</td><td>34.50</td><td>明朱载堉《律学新说》所绘宝钞尺即裁衣尺。</td><td>34.00</td></tr>
<tr><td rowspan="8">清</td><td rowspan="3">营造尺
32.0</td><td>康熙牙尺（中国历史博物馆藏）</td><td>32.00</td><td>《西清古鉴》卷三四记新莽嘉量斛深当今尺七寸二分。</td><td>32.00</td></tr>
<tr><td>清工部嵌牙营造尺（故宫博物院藏）</td><td>32.00</td><td rowspan="2">康熙二十五编《律吕正义》上编图绘营造尺原刊本。</td><td rowspan="2">32.00</td></tr>
<tr><td>清乾隆铜营造尺</td><td>32.50</td></tr>
<tr><td rowspan="3">量地尺
34.5</td><td>清代木方戒尺，上刻古今五种尺度，最长为量地藩尺（《传世历代古尺图录》）</td><td>34.35</td><td rowspan="3"></td><td rowspan="3"></td></tr>
<tr><td>康熙量地官尺</td><td>34.50</td></tr>
<tr><td>康熙户部尺</td><td>34.86</td></tr>
<tr><td rowspan="2">裁衣尺
35.5</td><td>清牙尺（中国历史博物馆藏）</td><td>35.30</td><td rowspan="2">《光绪会典》："俗用裁衣尺，营造尺一寸一分一厘一毫。""营造尺，裁衣尺九寸。"</td><td rowspan="2">35.55</td></tr>
<tr><td>清裁衣尺（《传世历代古尺图录》）</td><td>34.88</td></tr>
</table>

（二）中国历代亩积、里长表

朝代	尺度（厘米）	亩积（米^2）	里长（米）
战国	23.2	$(6\times0.232)^2\times100=193.7664$	$6\times0.232\times300=417.6$
秦及西汉	23.2	$(6\times0.232)^2\times240=465.0393$	$6\times0.232\times300=417.6$
新莽	23.1	$(6\times0.231)^2\times240=461.0390$	$6\times0.231\times300=415.8$
东汉	23.4	$(6\times0.234)^2\times240=473.0918$	$6\times0.234\times300=421.2$
东汉晚期	23.6	$(6\times0.236)^2\times240=481.2134$	$6\times0.236\times300=424.8$
魏	24.2	$(6\times0.242)^2\times240=505.9929$	$6\times0.242\times300=435.6$
西晋	24.2	$(6\times0.242)^2\times240=505.9929$	$6\times0.242\times300=435.6$
东晋	24.5	$(6\times0.245)^2\times240=518.6160$	$6\times0.245\times300=441.0$
刘宋	24.6	$(6\times0.246)^2\times240=522.8582$	$6\times0.246\times300=442.8$
梁	24.7	$(6\times0.247)^2\times240=527.1177$	$6\times0.247\times300=444.6$
前赵	24.2	$(6\times0.242)^2\times240=505.9929$	$6\times0.242\times300=435.6$
北魏	28.0	$(6\times0.28)^2\times240=677.3760$	$6\times0.28\times300=504.0$
东魏北齐	30.2	$(6\times0.302)^2\times240=788.0025$	$6\times0.302\times300=543.6$
北周	29.6	$(6\times0.296)^2\times240=757.0022$	$6\times0.296\times300=532.8$
隋	29.6	$(6\times0.296)^2\times240=757.0022$	$6\times0.296\times300=532.8$
唐	30.0	$(6\times0.3)^2\times240=540$	$5\times0.3\times360=540.0$
宋	31.2	$(6\times0.312)^2\times240=584.0640$	$5\times0.312\times360=561.6$
明	31.8	$(6\times0.318)^2\times240=607.7440$（营造亩）	$5\times0.318\times360=572.4$
清	32.0	$(6\times0.32)^2\times240=614.4000$（营造亩）	$5\times0.32\times360=576.0$

（三）中国历代量值演变表

朝代	每斗折合今制（毫升）	依据出土实物实测结果		依据文献推算结果	
		出土古量器	实测结果（毫升）	依据文献	推算结果（毫升）
战国齐	2 000	子禾子釜（中国历史博物馆藏）	20 460		
		陈纯釜（上海博物馆藏）	20 580		
		左关锹（锹相当于斗）	2 070		
战国秦及秦代	2 000	商鞅方升（上海博物馆藏）	202.15		
		秦始皇方升（上海博物馆藏）	199.5		
		两诏铜椭量（斗，中国历史博物馆藏）	1 980		
西汉	2 000	汉上林供府升（天津市艺术博物馆藏）	196		
新莽	2 000	新莽嘉量（升，台北故宫博物院藏）	200.63		
		始建国元年方斗（中国历史博物馆藏）	1 900		
东汉	2 000	建武十一年大司农斛（中国历史博物馆藏）	19 600		
		光和二年大司农斛（上海博物馆藏）	20 390		
三国魏	2 000			《隋书·律历志》据刘徽注《九章·商功》所说“当今大司农斛”的容积，谓“王莽铜斛……以徽术计之，于今斛为容九斗七升四合有奇”。	20 535
南朝齐	3 000			《隋书·律历志》：“齐以古升（一斗）五升为一斗。”	3 000

朝代	每斗折合今制（毫升）	依据出土实物实测结果		依据文献推算结果	
		出土古量器	实测结果（毫升）	依据文献	推算结果（毫升）
南朝梁、陈	2 000			《隋书·律历志》："梁陈依古。"	2 000
北魏北齐	4 000			《左传·定公八年》孔颖达正义："魏齐斗、秤于古二而为一。"按孔氏所说只是约数。	4 000
北朝	5 350	晋寿升"容一升"。晋寿在今四川昭化，始置于西晋，曾属南朝，后属北魏，北周始废。其容积与孔颖达所记周隋量接近，该是北朝时制作。	535		
北周	6 000			北周有官斗容 1 522 毫升，保定元年得古玉斗，又据以颁行，容2 105毫升，都只行于官司。《左传·定公八年》孔颖达正义："周、隋三而为一。"	6 000
隋	6 000(大) 2 000(小)			《隋书·律历志》："开皇以古升三升为一升"，"大业初，依复古斗"。	6 000(大) 2 000(小)
唐	6 000(大) 2 000(小)	大业三年隋大府寺合（日本藏）	19.91	《唐六典》："三斗为大斗。"《管子·国蓄篇》房玄龄注："古之石，准今之三斗三升三合。"	6 000(大) 2 000(小)
宋	6 700			沈括《梦溪笔谈》："（古）斗升计六斗当今宋一斗七升六合。"	6 700
元	9 570			《元史·世祖纪》："世祖取江南，命输米者止用宋斛，以宋一石当今七斗。"	9 571
明	9 635	明成化铜方升（故宫博物院藏）	963.5	据《三通考辑要》所载明铁斛推算。	10 730
清	10 430	清康熙铁方升（故宫博物院藏）	1 043	据清《会典》所载户部铸铁方升推算。	1 034.5

（四）中国历代衡值演变表

<table>
<tr><th rowspan="2">朝代</th><th rowspan="2">每斤折合今制（克）</th><th colspan="2">依据出土实物实测结果</th><th colspan="2">依据文献或实物推算结果</th></tr>
<tr><th>出土古衡器</th><th>实测结果（克）</th><th>依据文献或实物</th><th>推算结果（克）</th></tr>
<tr><td>战国三晋</td><td>250</td><td>司马成公禾石权（中国历史博物馆藏）</td><td>258.1</td><td>易县辛庄头战国晚期出土金饰件，刻记重量，据以推算。</td><td>248.40</td></tr>
<tr><td rowspan="2">战国楚</td><td rowspan="2">250</td><td>新中国成立前长沙近郊出土铜砝码一组十件，其最大一枚一斤。</td><td>251.33</td><td rowspan="2"></td><td rowspan="2"></td></tr>
<tr><td>1954 年长沙左家公山出土铜砝码一组九件，其最大一枚半斤。</td><td>125</td></tr>
<tr><td>秦</td><td>250</td><td>1964 年西安阿房宫遗址出土高奴禾石权，一百二十斤，重 30 750 克。</td><td>256.3</td><td>内蒙古西沟畔匈奴墓出土两件金饰牌，刻有重量，据以推算。</td><td>251.48
248.51</td></tr>
<tr><td rowspan="2">西汉</td><td rowspan="2">250</td><td>武库一斤权（北京大学藏）</td><td>252</td><td rowspan="2"></td><td rowspan="2"></td></tr>
<tr><td>1968 年满城汉墓出土三钧权重 22.49 公斤。</td><td>250</td></tr>
<tr><td>新莽</td><td>250</td><td>1927 年甘肃定西称钩驿出土新莽铜权衡，石权每斤合 249.6 克，九斤权每斤合 246.9 克。</td><td>249.6
246.9</td><td></td><td></td></tr>
<tr><td rowspan="2">东汉</td><td rowspan="2">250</td><td>大司农铜权（中国历史博物馆藏），重 2 996 克，按十二斤计，每斤 249.7 克。</td><td>249.7</td><td rowspan="2"></td><td rowspan="2"></td></tr>
<tr><td>1973 年四川成都天回公社东汉墓出土铜环权，每斤重 241.2～249.6 克不等。</td><td>249.6</td></tr>
<tr><td>南朝齐</td><td>375</td><td></td><td></td><td>《隋书·律历志》：“齐以古称一斤八两为一斤。”</td><td>375.00</td></tr>
</table>

朝代	每斤折合今制（克）	依据出土实物实测结果		依据文献或实物推算结果	
		出土古衡器	实测结果（克）	依据文献或实物	推算结果（克）
南朝梁、陈	250			《隋书·律历志》："梁陈依古称。"	250
北魏北齐	500			《左传·定公八年》孔颖达正义："魏齐斗称于古二而一。"按孔氏所说只是约数。	500
北周	700			《左传·定公八年》孔颖达正义："周隋（斗称）于古三而一。"	750
隋	700(大) 250(小)	1930年易县燕下都出土隋铁权，同一地层附近陶罐有隋五铢钱十多枚。	693.1	《隋书·律历志》"开皇以古称三斤为一斤。""大业中，依复古称。"	750(大) 250(小)
唐	670（大） 224（小）			《唐六典》："三两为大两，十六两为斤"，"官私悉用大者"。1970年西安南郊何家庄出土记有重要的唐银器七件，推算出平均每两为42.798克，一大斤为684.768克。	684.76
				何家庄出土记有重量的十五块银版，平均每两为41.793克，一大斤为663克。	663
				1979年山西平鲁出土乾元金铤，自记二十两，重807.8克，每斤646.4克，同出土"员外同正铤"，自记二十两，重283克，每斤重224克，当为小斤。	646.4(大) 224(小)

朝代	每斤折合今制（克）	依据出土实物实测结果		依据文献或实物推算结果	
		出土古衡器	实测结果（克）	依据文献或实物	推算结果（克）
宋	640	1975年湖南湘潭出土嘉祐铜则，自记重一百斤，重64公斤，每斤640克。“则”是砝码之意。	610	沈括《梦溪笔谈》“（秦汉）称三斤当今十三两。”	610.0
		1972年浙江瑞安出土熙宁铜砣，自记重一百斤，实重62.5公斤，每斤625克。	625	1976年河南方城张伯和庄出土银铤，自记重五十两，实重1 950克，每斤624克。	624.0
金	640	1973年北京复兴门外出土大定铜则，自记重一百两，实重3 962.58克，每斤634克。	634	正隆二年银铤记重五十两，实重2 014克。秦和四年银铤加刻重四十九两八钱半，实重1 980克。秦和七年银铤加刻重四十九两四钱，实重1 960克。“使司”银铤加刻重四十九两一钱，实重2 000克。平均每两40克左右。	640.0
元	620	1957年内蒙古兴和县魏家村出土元贞元年斤半锤，实重878.44克，每斤585.6克。	585.6	1957年黑龙江阿乡区小原乡出土银铤，自记重五十两，实重1 958克，每斤626.5克。	626.5
		大德八年二斤锤（中国历史博物馆藏），实重1 275克，每斤637.5克。	637.5	1957年江苏句容出土至正十四年银元宝，自记重五十两，实重1 899克，每斤607.1克。	607.1
明	590	天启三年常州吴县校准砝码，存三两一块，实重109.3克，每斤582克。	582		
		1977年河南荥阳汜水虎牢关出土崇祯丁丑年二十五两砝码，实重928.4克，每斤594.2克。	594.2		

朝代	每斤折合今制（克）	依据出土实物实测结果		依据文献或实物推算结果	
		出土古衡器	实测结果（克）	依据文献或实物	推算结果（克）
清	590	康熙十八年苏州府校准砝码，自记重十两，实重 362 克，每斤 580 克。	580		
		康熙二十四年五十两砝码，实重1 862克，每斤 596.8 克。	596.8		
		乾隆二十九年工部制造五百两砝码，实重 18 700 克，每斤 598.4 克。	598.4		

说明：

1. 出土同一朝代的古尺，常因时间或地区不同，长度略有出入，中国历代尺度演变表大都选取其中有代表性的长度作结论，或者采用其平均数作为结论。

2. 魏、晋、南北朝的量值与衡值，文献上只记它与前代的比例约数，同时又缺乏出土实物可以推算，因此，中国历代量值演变表和中国历代衡值演变表所列只是约数。

3. 以上四表均源自郑天挺、谭其骧主编《中国历史大辞典》之中国历代度量衡演变表（上海辞书出版社，2010 年，3458～3462 页）。

（五）明清民间田土面积计量法

单位名称	流行地区	和亩换算	所记内容	出处
石	湖南浏阳		楚俗之田又不论亩而论石，或一石多二三斗，或一石少二三斗，民间交易只以谷种计田，照种收粮	嘉庆《浏阳县志》卷三六《艺文》
	湖南醴陵		田种称石、称斗不称亩，以十斗为一石，有丈种、时种（时种七八斗即为一石，俗呼喊种）	同治《醴陵县志》卷一《舆地志·风俗》
	湖北利川		水旱田地不分顷亩，但就谷种数计之	同治《利川县志》卷二《典礼志·风俗》
	广东		不知计亩，而但论种	王植《荣德堂稿》卷七《密询海疆利弊以裨实政事复藩台萨十四条》
	浙江金华	2.5亩	所谓田一石者，大率当二亩半为中制	道光《金华县志》卷三《志田志》第二
	浙江兰溪	2.6亩；2.8亩；2.9亩；3.0亩	斗石核计亩分，山塘即以田地斗石为率。……土称田之斗石，亦有广狭之分，有二亩六分为一石者，有二亩八九分为一石者，又有三亩者，地山塘无斗石可计	光绪《兰溪县志》卷二《志田赋·土田》
	湖南澧州	5.0亩	五亩田叫一石田	胡林翼《胡文忠公遗集》卷七〇，《抚鄂书牍》《致汪梅村》
	湖南益阳	6.3亩	乡人以六亩三分为一石	胡林翼《胡文忠公遗集》卷七〇，《抚鄂书牍》《致汪梅村》
	湖北孝感		大约田一亩，可以播种一斗六升六合六勺六撮	光绪《孝感县志》卷三《赋役》
	湖北宁乡	10亩	大率种一斗，得田一亩	同治《宁乡县志》卷二四《风俗·方言》
	安徽滁州	10亩		光绪《滁州县志》卷二之一《食货志·土产》

单位名称	流行地区	和亩换算	所记内容	出处
石	安徽	4亩	每谷一石，可种华田四亩	〔英〕林乐知《中国度支考》“地丁银”
	贵州都匀	25亩	俗以种计亩，约四升种为一石	光绪《青田县志》卷四《风土志·风俗》
	江西新建	67亩	各乡田亩，其面积之计算，大都以新播种子数折合而算之。例如播种子一石五斗之面积，计合田十亩，习惯上所谓六六折算得即本于此	《民商事习惯调查录》第416页《新建县习惯》
	江西南部		田数以石计，不以亩计，即收一石称为谷田一石是也	《民商事习惯调查》第420页《赣南各县习惯》
把	江西萍乡	30把=1亩	论亩数曰若干把，谓莳秧若干把也，一亩合三十把。安乐乡人又曰若干石种，谓所播之谷种一石，谷种曰二百把	同治《萍乡县志》卷一《地理志·风俗》
	贵州		苗疆田无弓口、亩数，古州、永从诸处皆然，计禾一把，上田值一二金，下者以是为差，……一夫力耕，岁可获禾百把（一把米田，大概可收白米四斤）	吴振棫《黔语》
运	来凤、宣恩		水旱田地不以种计，不以石计，但曰每田一运值钱若干（每运相当于七斗）	同治《来凤县志》卷一
秤（称）	福建、安徽		如一秤田、两秤田	刑科题本，乾隆三十四年九月十二日
	安徽婺源		对册计算章字号局内田亩，约八千四百秤（一秤低者18斤，高者22斤）	詹元相《畏斋日记》
晌	宁古塔（今吉林宁安县）	4亩	宁古塔地不计亩而计晌，晌者尽一日所种之谓也。约当浙江田四亩零	林佶《金辽备考》下《地亩》，《柳边纲略》卷三
	奉化（今吉林梨树县）	10亩	俗以地十亩为一晌，又名一天，以意揣之，大抵一夫一日足垦荒十亩，因名	光绪《奉化县志》卷三〇《志田赋·地亩》

单位名称	流行地区	和亩换算	所记内容	出处
晌	西安（今吉林东辽县）	10 亩	土人种地以天数，或称日晌，一天为十亩，一晌亦然，上农一人年种五天，次者三四天	宣统《西安县志略》
	海城、辽中、镇安（今黑山县）、怀得、康平、奉化、辽源、西安、西丰、洮南	10 亩		《奉天全省农业调查书》第一期，第一册
	辽阳、义州、广宁、兴京（今新宾县）、法库、盘山厅（今盘山县）	8 亩		《奉天全省农业调查书》第一期，第一册
	兴仁、铁岭、开原、新民、盖州	6 亩		《奉天全省农业调查书》第一期，第一册
	承德县北路	12 亩		《奉天全省农业调查书》第一期，第一册
	山西临县	3 亩；4 亩	农家但以牛力为率，自晨至午为一晌，或从土作垧，今东区以三亩为一垧，西区四亩为垧	山西《临县志》卷一〇
	甘肃皋兰	2.5 亩	晌，田数也，邑语二亩半日晌	光绪《皋兰续志稿》卷一一
日	沈阳东南部	6 亩	六亩为日	刑科题本，乾隆三十四年九月十二日
壤	山西偏关	2 亩；3 亩	关人以壤计田，每壤约二亩多或三亩	《偏关志》卷上《地理志·风土》
一具牛	山西偏关	200 亩；300 亩	每百壤曰一具牛（牝牡相妃曰具），以百壤而八分之，则曰一牛蹄	《偏关志》卷上《地理志·风土》

单位名称	流行地区	和亩换算	所记内容	出处
垧	陕西清涧	3亩	但以牛力为率，自晨至午为一晌，或以晌作垧，又曰埫，又讹而为纯，为晨，大约一埫为地三亩，或云牛耕自朝至着为巡，当作巡	道光《清涧县志》卷一《地理志·风俗》
	陕西安定县	3亩	业耕者大率以牛耕自晨至午为一晌，名曰一垧（约地三亩）	道光《安定县志》卷四《田赋志·征赋》
	陕西肤施	3亩	土俗以三亩为一垧	卢坤《秦疆治略》
	陕西延长	4亩；5亩	以地四亩为一垧，称一亩为一堆。（缴田赋时）以五亩折正一亩，呼为一垧	乾隆《延长县志》卷三《户役志·杂课》
	陕西延安	4亩	以四亩为一垧	嘉庆《延安府志》卷三九
甲	台湾东界内山番地	11.31亩	见令文出已垦生熟番埔地一万一千二百甲，每甲合内地民田十一亩三分一厘	《清朝续文献通考》卷一五《田赋十五》
	台湾	10亩	盖自红夷至台，就中土遗民令之耕田输租，以受种十亩之地为一甲，分别上、中、下则征粟	《诸罗杂识》转引自《台湾历史纲要》第106页
	台湾十八重溪	11.25亩	十八重溪……其田共三十二甲，视内地三百六十个余	范咸《重修台湾府志》卷二二《艺文三》
坵	广西	4亩	广西土俗，以四亩为坵，二亩为伯，一亩为什，五分为伍	嘉庆《广西通志》卷二五五《经政五》
	广西白山	6亩;5亩;4亩	上田六亩为一坵，中田五亩为一坵，下田四亩为一坵	道光《白山司志》卷七《田赋》
双	云南曲靖	5亩	自曲靖府至滇池，入水耕田，五亩为一双	民国《马龙县志》卷三《地理·风俗》
	云南永昌	5亩	田五亩为一双	光绪《永昌府志》卷八《风俗》
分	云南蒙自（个旧）		田以分计，一分者犹言一区，不论多寡	乾隆《蒙自县志》卷二《风俗考》
秭	贵州思南		掐稻一握曰一手，两手曰秸，百曰秸秭，因有一秭田、两秭田之语，盖以种别亩，不以亩计种	道光《思南府续志》卷二《地理志·风俗》

单位名称	流行地区	和亩换算	所记内容	出处
穳	湖南绥宁	1/20 亩	通共苗民一百八十二户，共男妇老幼八百五十六口，共给上中下则田禾三万四千二百四十穳，计一千一百十二亩	同治《绥宁县志》卷二三《安插彝瑶》
担	四川井研		田不以亩计，以尽人力所尽一担为率	光绪《井研志》卷八
束	江西赣南	1/120 亩；1/90 亩；1/60 亩	定南等处，则载几多束（原注：束为田禾 1 捆之称。大概上则田，每亩约 120 束，中则约 90 束，下则约六七十束不等）	《民商事习惯调查录》第 430 页《赣南各县习惯》
箇	上海松江	1/300 亩	俗以三百箇称为一亩	姜皋《浦泖农咨》
工	江西瑞金		买到观上名下早晚谷田九工正……共纳租谷贰拾捌角伍大升，又皮骨田一工，载粮五合	光绪《瑞金新塘刘氏族谱·田产》
车	江西新建、丰城		新建、丰城等县习惯，田业面积有不计石数、亩数而以水车之数载于契者。盖一车之水能灌若干田为标准也，然运水之车又有人力车、牛力车之分	《民商事习惯调查录》第 454 页《新建、丰城等县习惯》
赏	河北	6 亩	当日原圈地，每人六赏，一赏六亩	刘献廷《广阳杂记》卷一

说明：

本表编制时，参考了郭松义《清代的亩制和流行于民间的田土计量法》（《平准学刊》第三辑上册，中国商业出版社 1986 年，263～279 页）、卞利《明清南方田土面积民间计量方法及实质》（《中国农史》1995 年 2 期），特致谢意。

中国古代农官沿革表

本专题收录了历代的农官，不同农官的不同职能，并按时代顺序排列，以见古代农官的演变，同时注明出处，以便查考。

朝代	职官类别	官名	别称	职掌	备注
夏	农	啬夫	啬人	掌收贡赋	《大戴礼记·夏小正》
夏	牧	牧正		掌畜牧	《左传·哀公元年》
夏	虞	虞人		掌山泽	《大戴礼记·夏小正》
商	工	司工		掌百工	《续殷文存》
商	农	小耤臣		掌管王室　田庄	陈茂同《历代职官沿革史》
商	农	小刈臣		掌刈获	《殷墟文字乙编》2813
商	农	小众人臣		管理农人劳动	《甲骨续存》476
商	农	田老	畯老	掌管外地社田	陈邦怀《殷代社会史料征存》卷下
商	牧	牧正	牧师	掌畜牧	《竹书纪年》
商	牧	犬		掌管田猎并参加征伐	王宇信《商王朝的内外职官》
西周	农	司徒	司土、农父	掌公田与役徒	《尚书·君牙》
西周	农	司空	司工	农田规划与整治	《国语·周语上》
西周	农	田畯	农正、农大夫、甸人、农夫、田大夫、田甸、甸人、甸师、保介	掌管籍田	《诗经·豳风·七月》
西周	农	廪人		掌收藏谷米	《国语·周语上》韦昭注
西周	农	司啬	后稷	管理农业	《礼记·郊特牲》郑玄注
西周	牧	牧正	牧	掌养祭祀用牲	《国语·周语上》韦昭注
西周	牧	牧牛		掌养官牛	李学勤《歧山董家村训匜考释》，《尚书·小序》《周礼·夏官》
西周	牧	太仆	走马	掌王家与马和国家马政	《诗经·大雅·云汉》
西周	牧	趣马		掌养马	《周礼·夏官司马》
西周	牧	圉人		士大夫之家臣，掌养马	《周礼·夏官司马·圉人》

朝代	职官类别	官名	别称	职掌	备注
西周	虞	虞人	虞师、兽人、山人	掌山泽及田猎	《国语·周语中》《荀子·王制》
		驺虞		掌管泽薮	《诗经·召南·驺虞》
		兽虞	大罗氏	掌捕飞禽走兽	《礼记·郊特牲》《国语·鲁语上》
		水虞		掌川泽	《国语·鲁语上》
	蚕桑	桑虞	野虞	掌蚕桑	《礼记·月令》《穆天子传》
	园囿	场人	场师	掌园圃	《国语·周语上》韦昭注
		司王宥		掌周王苑囿	《谏毁铭》
	渔	渔师		掌渔业	《礼记·月令》
	林	麓	录	掌林木	于省吾《双剑誃吉金文选》上，《说文》
	工	工师	工	掌管百工	《国语·周语上》韦昭注
	酒	大酋		掌造酒	《礼记·月令》孙希旦《集解》
春秋	农	甸人（晋）		掌公田	《左传·成公十年》杜预注
		大田（齐）	大司田	掌农田	《管子·小匡》《晏子春秋·内篇·问下》
		帅甸（宋）	甸师	掌公田	《左传·文公十六年》杜预注，《春秋大事表》卷十杨伯峻注
	牧	乘田（鲁）		苑囿之吏、主六畜之刍牧	《孟子·万章下》赵岐注
		校人（鲁）		掌马	《左传·哀公三年》杜预注
		圉人(鲁、齐、宋)		掌养马	《管子·小问》尹知章注
		马师（郑）		掌马	《左传·昭公七年》
		仆大夫（晋）		掌车马之事	《左传·成公六年》杜预注
		校正（晋、宋）		掌马	《左传·成公十八年》杜预注

朝代	职官类别	官名	别称	职掌	备注
春秋	牧	豚尹（楚）		掌养猪	《左传·襄公十八年》
		宫厩尹（楚）		掌王马房	《左传·襄公十五年》
		中厩尹（楚）		掌宫内马房	《左传·昭公二十七年》杜预注
		监马尹（楚）		掌马政	《左传·昭公三十年》
		王马之属（楚）		掌养王马，属校人	《左传·昭公二十年》杜预注
	虞	虞人（鲁、齐）	虞师、虞候	掌山泽	《左传·昭公二十年》杜预注
	田猎	兽人（晋）		掌田猎	《左传·宣公十二年》
		迹人（宋）		掌田猎	《左传·哀公十四年》杜预注
	园囿	麓（晋）		掌苑囿	《国语·晋礼九》韦昭注
		莠尹（楚）		掌楚王苑囿	《左传·昭公二十七年》
		芋尹（楚）		掌芋园	《左传·昭公十三年》
		蓝尹（楚）		掌种蓝草	《左传·定公五年》
	林	衡鹿（齐）		掌林木	《左传·昭公二十年》
	渔	舟鲛（齐）	侍鱼	掌渔业、蒲苇	《晏子春秋·外篇》
		主鱼吏（秦）		掌取鱼	《七国考》引《列仙传》
	水	水官（齐）		掌水利工程	《管子·度地》
战国	农	司徒（魏、齐）		掌土地与民政	《战国策·魏三》鲍寇注
		大田（秦）		掌农业	《云梦秦简·田律》
		都田啬夫（秦）		掌全县农事	《云梦秦简·效律》
		田啬夫（秦）		掌地方农事	《云梦秦简·厩苑律》
		申徒（韩）	司徒	掌土地与民政	《史记·高祖功臣侯者年表》
		田部吏（赵）		掌收赋税	《史记·廉颇蔺相如列传》

朝代	职官类别	官名	别称	职掌	备注
战国	农	廪吏（韩）		掌粮仓	《七国考》引《韩非子》
		廪（齐）		掌粮仓	李学勤《战国题铭概述》
		太仓（秦）		掌粮仓	《云梦秦简·厩苑律》
		都仓啬夫（秦）		掌全县粮仓	《云梦秦简·效律》
		仓啬夫（秦）		掌粮仓	《云梦秦简·仓律》
		廪人（秦）		掌计粮数及藏米	《云梦秦简·效律》
	牧	豕宰（燕）		掌养猪	《七国考》引《符子》
		厩啬夫（秦）		掌养马	《云梦秦简·秦律杂抄》
		皂啬夫（秦）		掌马的饲养人员	《云梦秦简·秦律杂抄》
		牛长（秦）		掌牛的饲养	《云梦秦简·厩苑律》
	虞	虞人（魏）		掌山泽	《战国策·魏》鲍寇注
	林	漆园吏（宋）		掌县属漆园	《史记·老子韩非子列传》
		漆园啬夫（秦）		掌漆园	《云梦秦简·秦律杂抄》
	园囿	苑啬夫（秦）		掌苑囿	《云梦秦简·内史杂律》
	水	水官（燕）		掌河道	《七国考》引《符子》
秦	农	治粟内吏		掌国家财政，供军国之用	《汉书·百官公卿表第七上》卷一九
		太仓令、丞		治粟内吏属官，掌谷藏	《汉书·百官公卿表第七上》卷一九
		平准令、丞		治粟内吏属官，掌知物价，主练染，作彩色	《汉书·百官公卿表第七上》卷一九
		仓吏		地方官，主管仓储	《史记·货殖列传》
		有秩、啬夫		五千户以上的乡设有秩，不到五千户设啬夫，主调解纠纷，平断曲直，收赋税，征徭役	陈茂同《历代职官沿革史》第78页
		少府		掌山海池泽之税，供君主私眷之用	《汉书·百官公卿表第七上》卷一九

朝代	职官类别	官名	别称	职掌	备注
秦	牧	太仆		掌舆马	《汉书·百官公卿表第七上》卷一九
		厩驺	厩司御	掌一县之车马	陈茂同《历代职官沿革史》第77页
	工	将作少府		掌治宫室	《汉书·百官公卿表第七上》卷一九
	水	都水长、丞		掌陂池灌溉，保守河渠	《通典·职官九》卷二七
汉	农	大司农	大农令	掌全国财政，包括各地田租口赋之收入、盐酒专卖、鼓铸统制，平准、均输与漕运管理，以及各地物产调度，国家开支等	《汉书·百官公卿表第七上》卷一九
		騪粟都尉	搜粟都尉、治粟都尉	掌征集年粮，武帝时一种官职	《通志·职官四》卷五四
		农都尉		掌边郡屯田殖谷，郡级官	《汉书·食货志第四上》卷二四
		籍田令、丞		掌耕国庙社稷之田	《通志·职官四》卷五九
		太仓令、丞		大司农属官，受郡国传漕谷	《汉书·百官公卿表第七上》卷一九，《后汉书·百官志》
		司仓参军		掌仓库	《通志·职官六》卷五六
		檠官令、丞		主舂御米及作干糒	《汉书·百官公卿表第七上》卷一九
	牧	太仆		掌舆马	《汉书·百官公卿表第七上》卷一九
		大厩令		太仆属官	《汉书·百官公卿表第七上》卷一九
		未央令		太仆属官	《汉书·百官公卿表第七上》卷一九
		家马令		太仆属官	《汉书·百官公卿表第七上》卷一九
		车府令、丞		太仆属官	《汉书·百官公卿表第七上》卷一九
		路軨令、丞		太仆属官	《汉书·百官公卿表第七上》卷一九
		骑马令、丞		太仆属官	《汉书·百官公卿表第七上》卷一九
		骏马令、丞		太仆属官	《汉书·百官公卿表第七上》卷一九
		龙马监长、丞		太仆属官	《汉书·百官公卿表第七上》卷一九

朝代	职官类别	官名	别称	职掌	备注
汉	牧	闲驹监长、丞		太仆属官	《汉书·百官公卿表第七上》卷一九
		橐泉监长、丞		太仆属官	《汉书·百官公卿表第七上》卷一九
		騊駼监长、丞		太仆属官	《汉书·百官公卿表第七上》卷一九
		承华监长、丞		太仆属官	《汉书·百官公卿表第七上》卷一九
		牧师苑令		太仆属官，掌边郡养马	《汉书·百官公卿表第七上》卷一九
		牧橐令、丞		太仆属官，掌牧养骆驼	《汉书·百官公卿表第七上》卷一九
		昆蹏令、丞		太仆属官，掌养好马	《汉书·百官公卿表第七上》卷一九
		中太仆		掌皇太后舆马	《汉书·百官公卿表第七上》卷一九
	工	司空		掌水土事，包括营起城邑，浚沟洫，修堤防	《后汉书·百官志一》志第二四
		将作少府	将作大匠	掌修作宗庙、宫室、陵园土木之工，并树桐、梓之类列于道侧	《后汉书·百官志四》志第二六
	水	水衡都尉		掌上林苑水利	《汉书·百官公卿表第七上》卷一九
		都水长、丞		主陂池灌溉，保守河渠，水衡都尉属官	《汉书·百官公卿表第七上》卷一九
		河堤谒者	都水使者	钦差至黄河巡察的官员	《后汉书·循吏列传第六十六》卷七六
		河堤员吏		郡国水官，掌河渠堤防、农田水利	《后汉书·循吏列传第六十六》卷七六
	园囿	上林黄令丞		主上林苑禽兽	《通志·职官四》卷五四
		果丞		掌诸果实	《通志·职官四》卷五四
		海丞		掌海税	《通志·职官四》卷五四
三国	农	大司农（魏、蜀、吴）	大农	掌职如汉制	《通志·职官四》卷五四
		太仓令（魏）			
		稾官令、丞（魏）		大司农属官，掌主受漕谷	《通志·职官四》卷五四
		典农中郎将（魏）		主舂御米及作干粮，大司农属官	《通志·职官四》卷五四
				掌屯田地区农业生产、民政、田租、职权和太守	《通志·职官四》卷五四

朝代	职官类别	官名	别称	职掌	备注
三国	农	典农校尉(魏、吴)		主屯田	《通志·职官四》卷五四
		典农都尉(魏、吴)		主郡县屯田	《通志·职官四》卷五四
		屯田都尉(魏、吴)		屯田地区行政长官，掌屯区生产、民政、田租	陈茂同《历代职官沿革史》第645页，《三国志·魏志·梁习传》
		度支中郎将		掌诸军屯田	陈茂同《历代职官沿革史》第158页
		度支校尉		掌诸军屯田	陈茂同《历代职官沿革史》第158页
		度支都尉		掌诸军屯田	陈茂同《历代职官沿革史》第158页
	牧	牧官都尉		掌监牧	《通志·职官四》卷五四
	工	左民尚书		主缮修功作	《通志·职官四》卷五四
	水	都水使者		掌水利、舟航水河，四品官	《通典·职官十八》卷三六
		都水参军		掌水利，七品官	《通典·职官十八》卷三六
		都水使者令史		掌水利，八品官	《通典·职官十八》卷三六
晋	农	大司农		掌钱谷之事，职掌如汉制，统太仓、籍田、檠官三令，襄国都水长，东西南北部护漕掾	《晋书·职官志》卷二四
		屯田尚书	田曹	掌天下屯田、职田、公廨田	《文献通考·职官六》卷五二
		少府		掌山海池泽之税，以奉养天子，为天子私府，职如秦制	《晋书·职官志》卷二四
	牧	太仆		掌皇帝舆马与国家马政，统典农，典虞都尉，典虞丞，左、右、中典牧都尉、车府、典牧、乘黄厩、骅骝厩、龙马厩等令。典牧又另置羊牧丞	《晋书·职官志》卷二四
		库曹		掌厩牧、牛马、市租，属侍御史	《晋书·职官志》卷二四

朝代	职官类别	官名	别称	职掌	备注
晋	工	将作大匠		掌土木之役，职如汉制，有事则置，无事则罢	《晋书·职官志》卷二四，《唐六典》
晋	水	都水使者		掌陂池河渠事，并兼掌舟航水运，属官有河堤谒者	《晋书·职官志》卷二四
南北朝	农	大司农丞(宋、齐)		掌九谷六畜之供膳馐者	《宋书·百官上》卷三九
		太仓令（宋）		掌全国粮仓，大司农属官	《宋书·百官上》卷三九
		籴官令（宋）		掌舂御米	《宋书·百官上》卷三九
		籍田令（宋）		掌耕宗庙社稷之田	《宋书·百官上》卷三九
		司农卿(梁、陈)		主农功仓廪。统太仓、籴官、籍田、上林令，又管乐游、北苑丞、左右中部三仓丞，荚库、荻库、箬库丞，湖西诸屯主	《隋书·百官上》卷二六
		劝课谒者（梁）			《隋书·百官上》卷二六
		大司农卿(北魏)			《魏书·官氏志》卷一一三
		司农寺（北齐）		掌仓市薪菜、园池果实。统平准、太仓、钩盾、典农、籴官、梁州水次仓、石济水次仓、籍田等署令、丞	《隋书·百官中》卷二七
		屯田郎中(北齐)		掌籍田、诸州屯田	《隋书·百官中》卷二七
		司农上士(后周)		掌三农九谷、稼穑之政令	《通典·职官八》卷二六
	牧	太仆（宋）		掌舆马	《宋史·百官上》卷三九
		太仆卿（梁）		统南马牧、左右牧、龙厩、内外厩丞	《隋书·百官上》卷二六
		弘训太仆（梁）			《隋书·百官上》卷二六
		太仆寺（后魏、北齐）		掌诸车辇、马、牛、畜之属，统骅骝（掌御马及诸鞍乘）、左右龙、左右牝（掌驼鸟）、驼牛（掌饲驼骡驴牛）、司羊（掌诸羊）、乘黄（掌诸辇辂）、车府（掌诸杂车）等署令、丞	《隋书·百官中》卷二七

朝代	职官类别	官名	别称	职掌	备注
南北朝	虞	虞曹（北齐）		掌地图、山川远近、園囿田猎、杀膳杂味等事，尚书省属官	《隋书·百官中》卷二七
	工	将作大匠(宋、齐)		主工匠、土木之事	《宋书·百官上》卷三九
		大匠卿（梁）		掌土木之工，统左、右校诸署	《隋书·百官上》卷二六
	水	都水使者（宋）		掌舟航运部	《宋书·百官下》卷四〇
		水衡都尉（宋、北魏）			《宋书·百官上》卷三九，《魏书·官氏志》卷一一三
		太舟卿(梁、陈)	都水台	主舟航堤渠	《隋书·百官上》卷二六
		都水台使者（北齐）		管诸津桥	《隋书·百官中》卷二七
隋	农	司农寺卿		统太仓、典农、平准、廪市、钩盾、华林、上林、檠官等署	《隋书·百官下》卷二八
		诸屯监		掌营种屯田、功课畜产等事，畿内者隶司农，畿外者隶诸州	《通志·职官四》卷五四
		屯田郎中	屯田侍郎、屯田郎	掌天下屯田、职田、公廨田，兼掌仪式之事	《通志·职官三》卷五三
		太仓署令		掌中央仓廪出纳	《通志·职官四》卷五四
		诸仓监		掌地方仓廪出纳	《通志·职官四》卷五四
	牧	太仆寺卿		统骅骝、乘黄、龙厩、车府、典牧牛羊等署	《隋书·百官下》卷二八
		兽医博士员			《隋书·百官下》卷二八
	工	将作大匠	将作太监、将作大监	掌土木、工匠之政	《隋书·百官下》卷二八
	园囿	苑总监		掌宫苑内馆园池之事，属司农寺卿	《通志·职官四》卷五四
		上林署		掌诸苑囿园池、种植蔬果、藏冰之事，司农寺卿属官	《通志·职官四》卷五四

朝代	职官类别	官名	别称	职掌	备注
隋	虞	虞部侍郎		掌山林政令、山林保护、田猎采捕，工部属官	《隋书·百官下》卷二八
	水	都水台使者	都水监使者	掌航海及水运	《隋书·百官下》卷二八
		水部侍郎	水部郎	掌舟船、津梁等事，属工部	《通志·职官三》卷五三
		舟楫署令		属都水监	《通志·职官四》卷五四
		河渠署令		属都水监	《通志·职官四》卷五四
唐	农	户部尚书		掌天下土地、人民、钱谷之政，贡赋之差	《新唐书·百官一》卷四六
		户部郎中、员外郎		掌户口、土田、赋役、贡献、蠲免、优复、姻婚、继嗣之事。以男女之黄、小、中、丁、老为之帐籍，以永业、口分、园宅均其土田，以租、庸、调敛其物，以九等定天下之户，以为尚书、侍郎之贰	《新唐书·百官一》卷四六
		度支郎中		掌天下租赋、物产丰约事宜、水陆道途之利，岁计所出而支调之	《新唐书·百官一》卷四六
		仓部郎中		掌天下库储、出纳租税、禄粮仓廪之事	《新唐书·百官一》卷四六
		工部尚书		掌山泽、屯田、工匠、诸司公廨纸笔墨之事	《新唐书·百官一》卷四六
		屯田郎中		掌天下屯田及京文武职田、诸司公廨田	《新唐书·百官一》卷四六
		司农寺卿		掌仓储委积之事。总上林、太仓、钩盾、䆃官四署及诸仓、司竹、诸汤、宫苑、盐池、诸屯等监。凡京都百司官吏禄禀、朝会、祭祀所须，皆供焉。籍田，则进耒耜	《新唐书·百官三》卷四八
		太仓署令		掌廪藏之事	《新唐书·百官三》卷四八
		钩盾署令		掌供薪炭、鹅鸭、蒲蔺、陂池薮泽之物，以给祭祀、朝会、飨燕宾客	《新唐书·百官三》卷四八
		䆃官署令		掌䆃择米麦	《新唐书·百官三》卷四八

朝代	职官类别	官名	别称	职掌	备注
唐	农	太原、永丰、龙门等仓监		掌仓廪储积	《新唐书·百官三》卷四八
		诸屯监		掌营种屯田，句会功课及畜产簿账，以水旱蝝蝗定课，屯主劝率营农，督敛地课	《新唐书·百官三》卷四八
		太府寺卿		掌邦国财货、廪藏、贸易，总京师四市、平准、左右藏、常平七署之官属，举其纲目，修其职务	《旧唐书·职官三》卷四四
		常平署令		掌平籴、仓储、出纳	《新唐书·百官三》卷四八
		互市监		掌蕃国交易之事	《新唐书·百官三》卷四八
	牧	尚乘局奉御	奉驾局	掌内外闲厩之马	《新唐书·百官二》卷四七
		太仆寺卿	司驭寺、司仆寺	掌厩牧、辇舆之政，总乘黄、典厩、典牧、车府四署及诸监牧	《新唐书·百官三》卷四八
		乘黄署令		掌供给车路及驯驭之法	《新唐书·百官三》卷四八
		典厩署令		掌饲马牛、给养杂畜	《新唐书·百官三》卷四八
		典牧署令		掌诸牧杂畜给纳及酥酪脯腊之事	《新唐书·百官三》卷四八
		车府署令		掌王公以下车路及驯驭之法	《新唐书·百官三》卷四八
		诸牧监		掌群牧的孳生考课	《新唐书·百官三》卷四八
		东宫九牧监丞		掌牧养马牛，以供皇太子之用	《新唐书·百官三》卷四八
		沙苑监丞		掌畜养陇右诸牧的牛羊，以供其宴会、祭祀及尚食所用	《新唐书·百官三》卷四八
	水	水部郎中		掌津济、船舻、渠梁、堤堰、沟洫、渔捕、运漕、碾硙之事	《新唐书·百官一》卷四六
		都水监使者		掌川泽、津梁、渠堰、陂池之政，总河渠、诸津监署。凡渔捕有禁。溉田自远始，先稻后陆，渠长、斗门长节其多少而均焉	《新唐书·百官三》卷四八

朝代	职官类别	官名	别称	职掌	备注
唐	水	河渠署令		掌河渠、陂池、堤堰、鱼醢之事。凡沟渠开塞、渔捕时禁，皆颛之	《新唐书·百官三》卷四八
		诸津令		掌天下津济舟梁	《新唐书·百官三》卷四八
		舟楫署令		掌公私舟船、运漕之事	《旧唐书·百官三》卷四四
	园林	上林署		掌苑囿、园池，植果蔬，以供朝会、祭祀及尚食诸司常料	《新唐书·百官三》卷四八
		虞部郎中		掌京都衢巷、苑囿、山泽、草木及百官、蕃客时蔬薪炭供顿、畋猎之事	《新唐书·百官一》卷四六
		司竹监		掌植竹、苇，供宫中百司帘篚之署，岁以笋供尚食	《新唐书·百官三》卷四八
		温泉汤监		掌汤池、宫禁、防堰及偫粟刍、修调度，以备供奉。凡近汤所润瓜蔬，先时而熟者，以荐陵庙	《新唐书·百官三》卷四八
		京都诸宫苑总监		掌苑内宫馆、园地、禽鱼、果木	《新唐书·百官三》卷四八
		京都诸园苑监，苑四面监		掌完葺苑面、宫馆、园池与种莳、蕃养六畜之事	《新唐书·百官三》卷四八
		司苑、典苑		属尚寝局，掌园苑、莳植蔬果，果熟进御	《新唐书·百官二》卷四七
		掌苑		太子内官，掌邦植蔬果	《新唐书·百官二》卷四七
		百工监		掌采伐木材，属将作监	《新唐书·百官三》卷四八
宋	农	户部尚书		掌天下人户、土地、钱谷之政令，贡赋、征役之事。其属有度支、金部、仓部	《宋史·职官三》卷一六三
		仓部郎中		参掌国之仓庾储积及其给受之事	《宋史·职官三》卷一六三
		工部尚书		掌百工水土之政令，稽其功绪以诏赏罚	《宋史·职官三》卷一六三

朝代	职官类别	官名	别称	职掌	备注
宋	农	屯田郎中		掌屯田、营田、职田、学田、官庄之政令，及其租入、种刈、兴修、给纳之事。凡塘泺以时增减，堤堰以时修葺，并有司修葺种植之事，以赏罚诏其长贰而行之	《宋史·职官三》卷一六三
		司农寺判寺事		掌供籍田九种，大中小祀供豕及蔬果、明房油，兴平粜、利农之事	《宋史·职官五》卷一六五
	牧	太仆寺卿		掌车辂，厩牧之令	《宋史·职官四》卷一六四
		车辂院		掌乘舆、法物，凡大驾、法驾、小驾、供辇辂及奉引属车，辨其名数与陈列先后之序	《宋史·职官四》卷一六四
		左右骐骥院、左右天驷监		掌国马，别其驽良，以待军国之用	《宋史·职官四》卷一六四
		养象所		掌调御驯象	《宋史·职官四》卷一六四
		驼坊、车营、致远务		掌分养杂畜以供负载搬运	《宋史·职官四》卷一六四
		牧养上下监		掌治疗病马及申驹数，有耗失则送皮剥所	《宋史·职官四》卷一六四
		左右天厩坊		听民间承佃牧地	《宋史·职官四》卷一六四
		群牧司制置使		掌内外厩牧之事，周知国马之政，而察其登耗焉	《宋史·职官四》卷一六四
		牛羊司、牛羊供应所		掌供大中小祀之牲牷及大官宴享膳馐之用	《宋史·职官四》卷一六四
	虞	虞部郎中		掌山泽、苑囿、场冶之事，辨其地产而为之厉禁	《宋史·职官三》卷一六三
	茶	榷货务都茶场提辖官		掌鹾、茗、香、礬钞引之政令，以通商贾、佐国用	《宋史·职官一》卷一六一
		翰林司		掌供果实及茶茗汤药	《宋史·职官四》卷一六四
		提举茶盐司		掌摘山煮海之利，以佐国用	《宋史·职官七》卷一六七

朝代	职官类别	官名	别称	职掌	备注
宋	茶	都大提举茶马司		掌榷茶之利，以佐邦用，凡市马于四夷，率以茶易之	《宋史·职官四》卷一六七
		茶库		掌受江、浙、荆、湖、建、剑茶茗，以给翰林诸司及赏赉出鬻	《宋史·职官五》卷一六五
	酿造	法酒库		掌以式法授酒材，视其厚薄之齐，而谨其出纳之政	《宋史·职官四》卷一六四
		内酒坊		惟造酒以待余用	《宋史·职官四》卷一六四
		油醋库		掌供油及盐胾	《宋史·职官四》卷一六四
		乳酪院		掌供造酥酪	《宋史·职官四》卷一六四
	织造	绫锦院		掌织纴锦绣，以供乘舆凡服饰之用	《宋史·职官五》卷一六五
		染院		掌染丝枲币帛	《宋史·职官五》卷一六五
		裁造院		掌裁制服饰	《宋史·职官五》卷一六五
		文绣院		掌纂绣，以供乘舆服御及宾客祭祀之用	《宋史·职官五》卷一六五
	水	都水监使者		掌中外川泽、河渠、津梁、堤堰疏凿浚治之事	《宋史·职官五》卷一六五
		提举三白渠公事		掌潴泄三白渠，以给关中灌溉之利	《宋史·职官七》卷一六七
		提举市舶司		掌蕃货海泊征榷贸易之事，以来远人、通远物	《宋史·职官七》卷一六七
辽	农	司农寺卿			《辽史·百官志三》卷四七
	牧	北院详稳司		掌北院部族军马之政令	《辽史·百官志一》卷四五
		南院详稳司		掌南院部族军马之政令	《辽史·百官志一》卷四五
		鹰坊使			《辽史·百官志二》卷四六
		医兽局使			《辽史·百官志二》卷四六
		西路群牧使司			《辽史·百官志二》卷四六
		倒塌岭西路群牧使司			《辽史·百官志二》卷四六

朝代	职官类别	官名	别称	职掌	备注
辽	牧	浑河北马群司			《辽史·百官志二》卷四六
		漠南马群司			《辽史·百官志二》卷四六
		漠北滑水马群司			《辽史·百官志二》卷四六
		牛群司			《辽史·百官志二》卷四六
		尚厩使			《辽史·百官志二》卷四六
		飞龙使			《辽史·百官志二》卷四六
		总领内外厩马			《辽史·百官志二》卷四六
		监养鸟兽官			《辽史·百官志二》卷四六
		车都省太师		分掌军马之政	《辽史·百官志二》卷四六
		西都省太师		分掌军马之政	《辽史·百官志二》卷四六
		大元帅府大臣		总军马之政	《辽史·百官志二》卷四六
		都元帅府大将军		总军马之政	《辽史·百官志二》卷四六
		太仆寺			《辽史·百官志三》卷四七
		乘黄署			《辽史·百官志三》卷四七
	水	都水监			《辽史·百官志三》卷四七
金	农	户部郎中、员外郎		掌户籍、物力、婚姻、继嗣、田宅、财业、盐铁、酒曲、香茶、矾锡、丹粉、坑冶、榷场、市易等事，又掌度支、国用、俸禄、恩赐、钱帛、宝货、贡赋、租税、府库、仓廪、积贮、权衡、度量、法式、给授职田、拘收官物并照磨计账等事	《金史·百官一》卷五五
		工部尚书、侍郎、郎中		掌修造营建法式、诸作工匠、屯田山林川泽之禁、江河提岸、道路桥梁之事	《金史·百官一》卷五五
		劝农使大司农卿、少卿		掌课天下力田之事，兼采访公事	《金史·百官一》卷五五

朝代	职官类别	官名	别称	职掌	备注
金	农	三司使、副使		掌劝农盐铁、度支	《金史·百官一》卷五五
		太仓使		掌九谷廪藏、出纳之事	《金史·百官二》卷五六
		榷货务使		掌发卖给随路香茶盐钞引	《金史·百官二》卷五六
		漕运司提举		掌河仓漕运之事	《金史·百官三》卷五七
		诸仓使		掌仓廪畜积、受纳租税、支给禄廪之事	《金史·百官三》卷五七
		草场使		掌储积受给之事	《金史·百官三》卷五七
	牧	尚厩局提点		掌御马调习牧养，以奉其事	《金史·百官二》卷五六
		鹰坊提点		掌调养鹰鹘“海东青”之类	《金史·百官二》卷五六
		典牧司使			《金史·百官二》卷五六
		圉牧司使			《金史·百官二》卷五六
		提举圉牧所			《金史·百官二》卷五六
		诸群牧所使（乌鲁古）		掌检校群牧、畜养蕃息之事	《金史·百官三》卷五七
		廪牺署令		掌荐牺牲及养饲等事	《金史·百官一》卷五五
	园林	上林署提点		掌诸苑园池沼、种植花木果蔬及承奉行幸舟船事	《金史·百官二》卷五六
		花木局都监		掌拘收材木诸物及出给之事	《金史·百官二》卷五六
		中都木场使		掌蕲养竹园采斫之事	《金史·百官三》卷五七
		京兆府司竹监管勾			《金史·百官三》卷五七
	酿造	酒坊使		掌酿造御酒及支用诸色酒醴	《金史·百官二》卷五六
		尚酿署令		掌进御酒醴	《金史·百官二》卷五六
		中都都曲使司		掌监知人户酿造曲糵，办课以佐国用	《金史·百官三》卷五七
	织造	诸绫锦院使		掌织造常课疋段之事	《金史·百官三》卷五七
	水	都水监		掌川泽、津梁、舟楫、河渠之事	《金史·百官二》卷五六

朝代	职官类别	官名	别称	职掌	备注
金	水	都巡河官		掌巡视河道、修缮堤堰、栽植榆柳，凡河防之事	《金史·百官二》卷五六
		诸埽物料场官		掌受给木场物料	《金史·百官二》卷五六
		南京延津渡河桥官管勾		掌桥船渡口讥察济渡、给受本桥诸物等事，内稽察事隶留守司	《金史·百官二》卷五六
		规措京兆府耀州三白渠公事		掌灌溉民田	《金史·百官三》卷五七
元	农	户部尚书		掌天下户口、钱粮、田土之政令	《元史·百官一》卷八五
		大司农	务农院、司农寺	掌农桑、水利、学校、饥荒之事	《元史·百官三》卷八七
		籍田令		掌耕种籍田，以奉宗庙祭祀	《元史·百官三》卷八七
		稻田提领所提领		掌稻田布种，岁收子粒，转输醴源仓	《元史·百官三》卷八七
		屯田打捕总管府		掌献田岁入，以供内府及湖泊山场渔猎，以供内膳	《元史·百官三》卷八七
		满浦仓大使		掌收受各处子粒、米面等物，以待转输京师	《元史·百官三》卷八七
		大都太仓、上都太仓		掌内府支持米豆及酒材米曲菜物	《元史·百官三》卷八七
		弘州种田提举司		掌输纳麦面之事	《元史·百官三》卷八七
		达鲁花赤（掌印官）			《元史·百官三》卷八七
		营田提举司			《元史·百官三》卷八七
		民田提领所			《元史·百官三》卷八七
		稻田提举司			《元史·百官三》卷八七
		安广、怀远等处稻田提领所		掌稻田布种，岁收子粒，转输醴源仓	《元史·百官三》卷八七
		左、右、中三卫都指挥使		掌宿卫扈从，兼屯田	《元史·百官二》卷八六

朝代	职官类别	官名	别称	职掌	备注
元	农	海道运粮万户府		掌每岁海道运粮供给大都	《元史·百官七》卷九一
		海运千户所			《元史·百官七》卷九一
		都水庸田使司		掌种植稻田之事	《元史·百官八》卷九二
		都总制庸田使司			《元史·百官八》卷九二
		浙江、江东、江西、湖广、福建五省木绵提举司		向民间征棉布实物贡赋	《元史·世祖本纪第十二》卷一五
		宣农提举司		掌征收田赋、子粒之事	《元史·百官三》卷八七
		善农提举司	田赋提举司		《元史·百官三》卷八七
		田赋提领所			《元史·百官三》卷八七
		分司农司		西自西山，南至保定、河间，北至檀、顺州，东至迁民镇，凡系官地及元管各处屯田，悉从分司农司立法募民佃种之	《元史·百官八》卷九二
		大兵农司		至正十五年，诏有水田去处，置大兵农司，招诱夫丁，有事则乘机招讨，无事则栽植播种。有保定、河间、武清、景蓟等处大兵农使司	《元史·百官八》卷九二
		漕运司		掌统领军人水手，防护粮船	《元史·百官八》卷九二
		屯田使司			《元史·百官八》卷九二
	牧	太仆寺	群牧所、尚牧监太仆院卫尉院	掌阿塔思马匹（骟马），受给造作鞍辔之事	《元史·百官六》卷九〇
		尚乘寺		掌上御鞍辔舆辇，阿塔思群牧骟马驴骡，及领随路局院鞍辔等造作，收支行省岁造鞍辔，理四怯薛阿塔赤词讼，起取南北远方马匹等事	《元史·百官六》卷九〇

朝代	职官类别	官名	别称	职掌	备注
元	牧	典牧监		掌孳畜之事	《元史·百官五》卷八九
		群牧监		掌中宫位下孳畜	《元史·百官五》卷八九
		管领诸路打捕鹰房纳绵等户总管府		岁办税粮皮货，采捕野物鹰鹞以供内府	《元史·百官五》卷八九
		猪羊市提领			《元史·百官一》卷八五
		牛驴市提领			《元史·百官一》卷八五
	园林	上林署		掌宫苑栽植花卉，供进蔬菜种苜蓿以饲驼马，备煤炭以给营缮	《元史·百官六》卷九〇
		花园管勾		掌花卉果木	《元史·百官六》卷九〇
		苜蓿园提领		掌种苜蓿，以饲马驼膳羊	《元史·百官六》卷九〇
		木场提领		掌受给营造宫殿材木	《元史·百官六》卷九〇
		山场采木提领所			《元史·百官六》卷九〇
		材木库大使		掌造作材木	《元史·百官五》卷八九
	茶	常湖等处茶园都提举司		掌常、湖二路茶园户二万三千有奇，采摘茶芽，以贡内府	《元史·百官三》卷八七
		建宁、北苑、武夷茶场提领所茶运司		掌岁贡茶芽	《元史·百官三》卷八七
	酿造	大都酒课提举司		掌酒醋榷酤之事	《元史·百官一》卷八五
		光禄寺卿		掌起运米曲诸事，领尚饮、尚酝局，沿路酒坊，各路布种事	《元史·百官三》卷八七
		大都尚酝局		掌酿造诸王百官酒醴	《元史·百官三》卷八七
		上都尚酝局			《元史·百官三》卷八七
		大都醴源仓		掌受香莎、苏门等酒材糯米，乡贡曲药，以供上酝及岁赐诸百官者	《元史·百官三》卷八七

朝代	职官类别	官名	别称	职掌	备注
元	酿造	上都醴源仓		掌受大都转输米面，并酝造车驾临幸次舍供给之酒	《元史·百官三》卷八七
		尚珍署		掌收济宁等处田土子粒，以供酒材	《元史·百官三》卷八七
		沙糖局		掌沙糖、蜂蜜煎造及方贡果木	《元史·百官三》卷八七
	织造	工部尚书		掌天下营造百工之政令	《元史·百官一》卷八五
		绣局大使		掌绣造诸王百官段匹	《元史·百官一》卷八五
		纹锦总院提领		掌织诸王百官段匹	《元史·百官一》卷八五
		涿州罗局提领		掌织造纱罗段匹	《元史·百官一》卷八五
		尚方库提领		掌出纳丝金颜料等物	《元史·百官一》卷八五
		织染人匠提举司			《元史·百官一》卷八五
		大都等处织染提举司提举			《元史·百官五》卷八九
		织染局大使			《元史·百官一》卷八五
		晋宁路织染提举司			《元史·百官一》卷八五
		都提举万亿绮源库（都提举）		掌诸色段匹	《元史·百官一》卷八五
		都提举万亿赋源库（都提举）		掌丝绵、布帛诸物	《元史·百官一》卷八五
		绫锦局大使		招收析居放良还俗僧道为工匠，教习织造之事，属织染杂造人匠都总管府	《元史·百官五》卷八九
		纹锦局大使		属织染杂造人匠都总管府	《元史·百官五》卷八九
	皮革	大都皮货提领			《元史·百官一》卷八五
		通州皮货所提领			《元史·百官一》卷八五
		大都软皮局使			《元史·百官五》卷八九
		上都软皮局使			《元史·百官五》卷八九

朝代	职官类别	官名	别称	职掌	备注
元	皮革	斜皮局使			《元史·百官五》卷八九
		牛皮局大使			《元史·百官五》卷八九
		上都毡局大使			《元史·百官五》卷八九
		上都斜皮等局大使			《元史·百官五》卷八九
		利用监卿		掌出纳皮货衣物之事	《元史·百官六》卷九〇
		熟皮局大使		掌每岁熟造野兽皮货等物	《元史·百官六》卷九〇
		软皮局大使		掌内府细色银鼠野兽诸色皮货	《元史·百官六》卷九〇
		斜皮局副使		掌每岁熟造内府各色野马皮胯	《元史·百官六》卷九〇
		貂鼠局提举			《元史·百官六》卷九〇
		染局副使		掌每岁变染皮货	《元史·百官六》卷九〇
	水	都水监		掌治河渠，并堤防、水利、桥梁、闸堰之事	《元史·百官六》卷九〇
		大都河道提举司			《元史·百官六》卷九〇
		河南、山东都水监		至正六年五月，以连年河决为患，置都水监，以专疏塞之任	《元史·百官八》卷九二
		行都水监		掌巡视河道	《元史·百官八》卷九二
		安庆等处河泊所提领			《元史·百官五》卷八九
		果木市提领			《元史·百官一》卷八五
		鱼蟹市大使			《元史·百官一》卷八五
明	农	户部尚书		掌天下户口、田赋之政令	《明史·职官一》卷七二
		民科郎中		主所属省府州县地理、人物、图志、古今沿革、山川险易、土地肥瘠宽狭、户口物产多寡登耕之数	《明史·职官一》卷七二
		度支郎中		主会计夏税、秋粮、存留，起运及赏赉、禄秩之经费	《明史·职官一》卷七二

朝代	职官类别	官名	别称	职掌	备注
明	农	仓科郎中		主漕运、军储出纳料粮	《明史·职官一》卷七二
		总督仓场		掌督在京及通州等处仓场粮储	《明史·职官一》卷七二
		工部尚书		掌天下百官、山泽之政令	《明史·职官一》卷七二
		总理河漕兼提督军务			《明史·职官二》卷七三
		总理粮储提督军务兼巡抚应天等府			《明史·职官二》卷七三
		司农司		明初置，后罢	《明史·职官一》卷七二
		屯田清吏司		典屯种、抽分、薪炭、夫役、坟茔之事	《明史·职官一》卷七二
	牧	行太仆寺卿		掌各边卫所营堡之马政，以听于兵部	《明史·职官四》卷七五
		苑马寺卿		掌六监二十四苑之马政，而听于兵部	《明史·职官四》卷七五
		良牧署典署		牧牛羊豕，蕃育育鹅鸭鸡，皆籍其牝牡之数，而课孳卵	《明史·职官三》卷七四
		茶马司大使		掌市马之事	《明史·职官四》卷七五
		驯象所		领象奴养象，以供朝会陈列、驾辇、驮宝之事	《明史·职官五》卷七六
		太仆寺卿		掌牧马之政令，以听于兵部	《明史·职官三》卷七四
		群牧监监正		专司牧养	《明史·职官三》卷七四
	园林	上林苑监正		掌苑囿、园地、牧畜、树种之事	《明史·职官三》卷七四
		林衡署典署		典果实花木	《明史·职官三》卷七四
		嘉蔬署典署		典莳艺瓜菜，皆计其町畦、树植之数，而以时苞进	《明史·职官三》卷七四
	虞	虞衡清吏司郎中	虞衡司郎中	典山泽采捕、陶冶之事	《明史·职官一》卷七二

朝代	职官类别	官名	别称	职掌	备注
明	水	都水清吏司郎中		典川泽、陂池、桥道、舟车、织造、券契、量衡之事	《明史·职官一》卷七二
		河泊所官		掌收鱼税	《明史·职官四》卷七五
		闸官、坝官		掌启闭蓄泄	《明史·职官四》卷七五
清	农	户部尚书		掌天下土田、户口、钱谷之政，平准出纳，以均邦赋	《清朝通典·职官二》卷二四
		总督仓场户部右侍郎		掌稽总督岁漕之入，以均廪禄，以储军饷，凡南北漕艘、京通仓庾悉隶焉	《清朝通典·职官二》卷二四
		坐粮厅郎中、员外郎		掌北河浚浅，修筑堤岸、闸坝，催趱漕船抵坝回空，督令经纪车户，转运交仓，兼司通济库银出纳及抽收通州税课之事	《清朝通志·职官略一》卷六四
		各仓监督		凡石坝运到漕白二粮，抽验斛面，督催车户，分运京仓，及随粮松板支收之事皆属焉	《清朝通志·职官略一》卷六四
		工部尚书		掌工虞器用、辨物庀材，以饬邦事	《清史稿·职官一》卷一一四
		屯田清吏司郎中		掌修陵寝大工，办王、公、百官坟茔制度，大祭祀供薪炭，百司岁给亦如之，并检督匠役，审核海、苇、煤课	《清史稿·职官一》卷一一四
		木仓监督		凡各省岁输木材，谨其储偫以待各工	《清朝通志·职官略二》卷六五
		盛京工部侍郎		掌盛京工政	《清史稿·职官一》卷一一四
		总督漕运		掌治漕挽，以时稽核催趱	《清史稿·职官三》卷一一六
		库大使		掌主库藏，隶布政使	《清史稿·职官三》卷一一六
		仓大使		掌主仓庾，隶布政使及各府	《清史稿·职官三》卷一一六
		农工商部大臣		掌主农工商政令，专司推演实业，以厚民生	《清史稿·职官六》卷一一九
		农务司郎中	平均司	掌农桑、屯垦、树艺、畜牧并隶，通各省水利，汇核支销	《清史稿·职官六》卷一一九

朝代	职官类别	官名	别称	职掌	备注
清	农	艺师		掌治专门职业	《清史稿·职官六》卷一一九
		艺士		掌治专门职业	《清史稿·职官六》卷一一九
		玉泉山稻田厂		掌办理稻田莳种、储藏之事，隶属内务府	《清朝通志·职官略三》卷六六
	牧	太仆寺卿		掌两翼牧马场之政令	《清朝通志·职官略四》卷六七
		左司员外郎		掌驮载驼只，以备巡幸之用	《清朝通志·职官略四》卷六七
		右司员外郎		掌察验牧场，马匹盈亏，以时烙印	《清朝通志·职官略四》卷六七
		统辖两翼牧场总管		办理牧场事务	《清朝通志·职官略四》卷六七
		上驷院卿		掌总理御厩事务，隶属内务府	《清朝通志·职官略三》卷六六
	虞	虞衡清吏司郎中		掌山泽采捕及陶冶器用、修造权衡武备之事	《清史稿·职官一》卷一一四
	园林	奉宸苑卿		掌总理苑囿事务	《清朝通志·职官略三》卷六六
		南苑郎中		掌本苑官职升除及分管九门草甸、围墙、树木、牲兽之事	《清朝通志·职官略三》卷六六
		圆明园总管事务大臣			《清史稿·职官略五》卷一一六
		畅春园总管大臣			《清史稿·职官略五》卷一一六
		清漪园、静明园、静宜园管理事务员外郎			《清朝通志·职官略三》卷六六
		长春园、熙春园、绮春园、春熙院管理事务员外郎			《清朝通志·职官略三》卷六六
	织造	织造监督		掌供奉上用缎匹，隶属内务府	《清朝通志·职官略三》卷六五
		织染局员外郎		掌织造，皇宫用缎纱、染彩、绣绘之事	《清朝通志·职官略三》卷六六

朝代	职官类别	官名	别称	职掌	备注
清	水	都水清吏司郎中		掌河渠舟航、道路关梁、公私水事	《清史稿·职官一》卷一一四
		直年河道沟渠大臣		掌京师五城河道沟渠	《清史稿·职官一》卷一一四
		河道总督		掌治河渠，以时疏浚堤防，综其政令	《清史稿·职官三》卷一一六
		闸官		掌潴泄启闭	《清史稿·职官三》卷一一六
		河泊所大使		掌征鱼税	《清史稿·职官三》卷一一六

中国历代农书简介

本专题共分十一大类，每类中都按成书年代先后分别介绍，对各农书介绍书名、作者、成书年代、简要内容、存佚情况以及当今的整理与研究等方面的内容。

目　次

（一）综合类

（二）植物、气象、占候类

南方草木状
桂海虞衡志
全芳备祖
遵生八笺
植品
群芳谱
广群芳谱
植物名实图考
抚郡农产考略
田家五行
农候杂占

（三）农具类

耒耜经
代耕架图说
农具记
杵臼经

（四）耕作、农田水利类

管子地员
思辨录辑要论区田
区种五种
丰豫庄本书
多稼集
营田辑要
五省沟洫图说
筑圩图说
吴中水利书
浙西水利书
畿辅河道水利丛书
井利图说

（五）荒政、治虫类

救荒活民书
救荒本草
救荒野谱
捕蝗汇编
捕蝗考
治蝗全法
捕除蝗蝻要法三种

（六）农作物类

禾谱
稻品
九谷考
泽农要录
江南催耕课稻编
释谷
金薯传习录
甘薯录
棉花图
木棉谱
糖霜谱
烟谱

（七）园艺类

学圃杂疏
灌园史
汝南圃史
笋谱
菌谱
野菜谱
野菜博录
茹草编
野菜笺
野菜赞
荔枝谱
闽中荔枝通谱
荔谱
岭南荔枝谱
龙眼谱
打枣谱
水蜜桃谱
橘录
槜李谱
魏王花木志
洛阳牡丹记
扬州芍药谱
洛阳花木记
洛阳牡丹记
陈州牡丹记
亳州牡丹史
曹州牡丹谱
牡丹谱
花史左编
花佣月令
花镜
培花奥诀录
芍药谱三种
菊谱（刘蒙）
百菊集谱
德善斋菊谱
艺菊书
菊谱（周履靖）
种菊法
菊谱（叶天培）
菊说
艺菊新编
海天秋色谱
艺菊须知
金漳兰谱
兰谱
兰蕙镜
艺兰记
兰蕙同心录
范村梅谱
缸荷谱

（八）竹木、茶类

竹谱
桐谱
茶经
茶录
东溪试茶录
大观茶论
品茶要录
宣和北苑贡茶录

北苑别录

茶谱

茶疏

茶史

（九）畜牧兽医类

司牧安骥集

马经通玄方论

马书

元亨疗马集

养耕集

抱犊集

相牛心镜要览

猪经大全

鸡谱

鸽经

蜂衙小记

（十）蚕桑类

蚕书

蚕经

豳风广义

蚕桑说

养蚕成法

蚕桑简编

山左蚕桑考

樗茧谱

广蚕桑说

蚕桑辑要

湖蚕述

野蚕录

（十一）水产类

陶朱公养鱼法

鱼经

异鱼图赞

闽中海错疏

海错百一录

朱砂鱼谱

官井洋讨鱼秘诀

（一）综 合 类

夏小正

中国先秦时期的农业文献，是中国最早的物候历。《夏小正》的具体内容最早收录于西汉礼学名家戴德编选的《大戴礼记》中，而《夏小正》之名最早出现在《史记·夏本纪》中。《夏本纪》载："孔子正夏时，学者多传《夏小正》。"《论语·八佾》载："夏礼，吾能言之，杞不足征也。"《礼记·礼运》记载："孔子曰：'我欲观夏道，是故之杞，而不足征也，吾得《夏时》焉。'"从这些历史文献的记载来看，孔子可能是从夏之后裔的杞国获得叫《夏时》的文献，后来学者根据孔子所得《夏时》，整理成为传世于今的《夏小正》。据夏玮瑛考证，为战国早期儒生所作。

《夏小正》463 字。全书将一年分为 12 月，除二月、十一月、十二月，每月都以一些显著星象的出没表示节候。每月都标明一定的农事，以物候记事，用来指导农业生产，如"正月：启蛰，鸡桴粥"；"八月：群鸟翔，剥枣"等。

此书文字古奥，研究注释者颇多，有 30 多种版本，以清人毕沅《夏小正考注》、李调元《夏小正笺》、洪震煊《夏小正疏义》为好。今人有夏纬瑛《夏小正经文校释》（农业出版社，1981 年）。

吕氏春秋上农、任地、辩土、审时

战国末期吕不韦组织门客集体编纂的杂家著作。完成于秦王政八年（前 239）。其中《士容论》的后四篇——《上农》《任地》《辩土》《审时》属农业文献。

"上农"即尚农，论述重农思想和农业政策；"任地"讲土地利用原则；"辩土"讲作物栽培的要求与方法；"审时"讲掌握农时。《上农》等四篇是中国现存最早的农业文献，提出了不少值得重视的论点。其中，《任地》《辩土》《审时》三篇构成了一个整体，具有农业通论的性质。其核心问题可以归纳为两个方面：一是农时掌握；二是土地利用。农时掌握，主要强调重要性，方法则只是介绍了按照物候确定播种和收获时期的经验，篇幅较小。土地利用，篇幅较大，其中心环节为畎亩法。文中特别是提出了"夫稼，为之者人也，生之者地也，养之者天也"的论断，阐明了农业生产与天、地、人三者的关系，标志着中国农学"三才"论的形成。《上农》等四篇为中国农学理论及精耕细作方法奠定了基础。

此书流传版本颇多。徐光启《农政全书》全文收录。《上农》等四篇文字古奥，不少专家曾进行整理注释，如夏纬瑛的《〈吕氏春秋〉上农等四篇校释》（中华书局，1956 年），王毓瑚的《先秦农家言四篇别释》（农业出版社，1980 年）。

吕氏春秋十二纪

与《上农》等四篇出自农学家之手不同，《十二纪》有可能是阴阳家所作。《十二纪》分为十二篇，分列“十二纪”之首，是按阴历十二个月的顺序记述每个月的星象、物候、节气及有关政事。在每个月的政事中，绝大多数与农业有关，包括种植业、畜牧业、蚕桑业、虞衡（林、渔）业等农业活动和农业祭祀等。在这些农事活动的记述中，虽然也涉及农业技术的内容，但重点却是讲政府应如何根据不同时令对农业生产进行管理。它指示统治者在一年中的不同时期应该做什么，不应该做什么。因此，它不是农家月令，而是官方月令，带有官方农学的色彩，开启了后世月令类农书的先河。

该书比《夏小正》进了一大步，无论对星象、物候还是对农事的记载都更为详尽、具体和系统，而且包含了二十四节气的大部分内容，奠定了后来的二十四节气和七十二候的基础。

氾胜之书

西汉时农书。作者氾胜之，汉成帝时为议郎，曾“教田三辅”，取得很大成绩，后升为御史。此书约完成于西汉后期，即是在议郎任内总结农业生产经验而成的。《汉书·艺文志》著录《氾胜之十八篇》，即后世所称《氾胜之书》。

《氾胜之书》现存约 3 500 字，分为三部分。第一部分为耕作栽培通论。《氾胜之书》首先提出了耕作栽培的总则：“凡耕之本，在于趣时、和土、务粪泽，早锄早获”；“得时之和，适地之宜。田虽薄恶，收可亩十石。”然后分别论述了土壤耕作的原则和种子处理的方法。前者着重阐述了土壤耕作的时机和方法，从正反两个方面反复说明正确掌握适宜的土壤耕作时机的重要性。后者包括作物种子的选择、保藏和处理，且着重介绍了一种特殊的种子处理方法——溲种法；第二部分为作物栽培分论。分别介绍了禾、黍、麦、稻、稗、大豆、小豆、枲、麻、瓜、瓠、芋、桑 13 种作物的栽培方法，内容涉及耕作、播种、中耕、施肥、灌溉、植物保护、收获等生产环节；第三部分介绍特殊作物高产栽培法——区田法。这是《氾胜之书》中非常突出的一个部分，《氾胜之书》现存的 3 000 多字中，有关区田法的文字多达 1 000 多字，而且在后世的农书和类书中多被征引。《氾胜之书》系统总结了中国距今 2 000 年前黄河中下游特别是关中地区的农业生产经验，反映了西汉时期农业生产技术已达到了较高水平。唐贾公彦在《周礼·草人》疏中评价：“汉时农书有数家，氾胜为上。”

原书已佚。现在所看到的是从《齐要民术》《太平御览》中辑录出来的。清人洪颐煊辑的是较好的辑佚本（收入《经典集林》中）。石声汉的《氾胜之书今释》

(科学出版社，1956年)，万国鼎的《氾胜之书辑释》(中华书局，1957年；农业出版社，1980年)，都是用现代科学知识对该书进行整理研究的成果。

四民月令

东汉·崔寔撰。约完成于143—147年。中国第一部月令体农书，是中国最早的农家历。崔寔，字子真，冀州安平(今河北安平县)人，任五原(今内蒙古五原县)太守，官至尚书，曾在洛阳经营庄园。崔氏注意总结生产技术和经营管理经验，是东汉末期的政论家和农学家。

《四民月令》按月记载“四民”(指士、农、工、商)生产情况，其中以农业生产和农家生活为主。《四民月令》的主题，是按一年12个月的次序，将一个家庭中的事务，做有秩序、有计划的安排。这些家庭事务，可以区分为三类：一是家庭生产和交换；二是家庭生活(其中又包括祭祀、医药养生、子弟教育、住房和器物的修缮保藏等方面)；三是社会交往。《四民月令》在中国农学史上有其不可替代的重要地位，它是中国第一部“农家月令”书。它不但对《礼记·月令》类著作进行了推陈出新的改造，完成了从“官方月令”到“农家月令”的转换，而且它所反映的农事活动比《礼记·月令》更为丰富和具体，后世月令体农书大都承袭了《四民月令》的体裁。书中有关“别稻”的叙述，是关于水稻移栽的最早记载。

原书已佚。《齐民要术》大量引用。清代有任兆麟、王谟、严可均、唐鸿学4种辑本，以严本为好。今人有石声汉《四民月令校注》、缪启愉《四民月令辑释》。

齐民要术

北魏·贾思勰撰。中国现存最早、最完善的一部农学著作，即就世界范围来说，也是现存最早、最精湛的农学著作之一。贾氏山东益都(今山东寿光市)人，到过河北、河南、山西等地，从事过农牧业生产实践，约于533—544年完成这部巨著。

《齐民要术》10卷92篇，11万余字。基本结构和内容为：卷一至卷五属于种植业范畴，卷六论养殖业，卷七至卷九论食品加工、贮藏和日用品制造，卷十则记“五谷果蓏菜茹非中国物产者”，基本囊括了当时农家生产加工的所有方面。该书卷十引载了100多种有实用价值的热带、亚热带植物，成为中国现存最早、最完备的南方植物志之一；又引录了60多种贾氏认为具有备荒救荒价值的野生可食植物。《齐民要术》的内容极为丰富，综揽了传统大农业的农、林、牧、渔各个方面，凡属于农家生计范围内的问题，书中都有涉及，与此前时期的农书相比，有了飞跃性的发展。该书系统总结了自先秦以来到北魏时期中国黄河中下游地区的旱地耕作技术经验。书中提出了“顺天时，量地利，则用力少而成功多，任情返道，劳而无获”按客观规律办事的农业生产准则，总结了耕耙耱抗旱保墒、绿肥轮作、养用结合、留种田防杂保纯、果树嫁接、嫁树法提高坐果率、相畜术、果蔬保鲜、酿酒造酱等方面的经验，在中国传统农学发展史上具有里程碑的意义。虽然该书以记述黄河中下游农业生产技术为主，但亦有不少内容兼及南方。因此，《齐民要术》可谓内容弘富，蔚为大观，完全可以称得上是一部“中国古代农业百科全书”。

《齐民要术》不仅通过对前代文献的广泛引录，对先秦两汉时期的农学成果进行了系统整理，更为重要的是，它对魏晋南北朝时期农业科技新成就进行了全面的总结，在充分继承和进一步丰富中国传统重农思想和农业经营思想的同时，对这一时期中国北方旱地区域农业生产技术都有非常系统的论述，论事具体详细，说理明晰透彻，针对性强，具有很高的科学理论价值和生产实践价值。它的问世，是中国农学发展史上具有划时代意义的重要里程碑，标志着中国北方旱地精耕细作农业生产技术体系的成熟。在此后的 1 000 余年里，中国北方旱作农业生产技术的发展，基本上没有超越《齐民要术》所指出的方向和范围。后世《王祯农书》《农桑辑要》《农政全书》《授时通考》等大型农书，大体均按其体例撰写。《齐民要术》也受到世界关注，尤其在日本，对其进行深入研究，形成“贾学”。西山武一、熊代幸雄合作将《齐民要术》译成日文出版。

此书有多种版本。现存最早的版本是北宋天圣年间崇文院本，仅存卷五、卷八两卷，现存日本京都博物馆。1949 年前以《四部丛刊》本为好。今人有石声汉《齐民要术今释》（科学出版社，1957 年）、缪启愉《齐民要术校释》（农业出版社，1982 年）等。

四时纂要

唐·韩鄂撰。唐末一部月令体农书。约成书于 9 世纪末至 10 世纪初。

《四时纂要》5 卷，698 条，按春、夏、秋、冬逐月安排应做的事项，涉及农业生产、农副产品加工、医药卫生等。除大量引用《氾胜之书》《齐民要术》《四民月令》等书内容，也吸收了当时的新资料。由于《四时纂要》是一部以北方农业生产为主兼及南方农业生产的农学著作，所以与《齐民要术》相比，它的贡献是对于南方一些农业技术的记述，这其中最为突出的就是对茶叶栽培技术的总结。其次，本书还增加了一些前代农书没有记载过的作物，如薏苡、薯蓣和荞麦等。《四时纂要》还首开农书记载养蜂的记录。作为一本月令体农书，它和东汉崔寔的《四民月令》相比，有继承和发展的一面。《四时纂要》和《四民月令》在内容上是一致的，即以农、工、商来维持士大夫家庭一年四季的生计。但在全书 698 条中，夹杂的祭祀、择吉等封建迷信内容就有 348 条，几占全书的一半。其次，作为士大夫生活来源的商业活动，在《四时纂要》中开始出现萎缩，仅有33条。真正保持不变的是其中的农业生产，共有245条，是本书的主体，其中蔬菜70条，所占比重最大，包括冬瓜、越瓜、茄、芋、葵、蔓菁、萝卜、蒜、葱、韭、蜀芥、芸薹、胡荽、兰香、苜蓿、藕、芥子、菌、百合、莴苣、薯蓣等35种。其中的“种菌子”是人工栽培食用菌的最早记载。大田作物（包括粮食、油料和纤维作物），共59条，居第二，这些方面大体与《四民月令》相当。

原书已佚。1960年在日本发现了明万历年间的朝鲜刻本，1961年由山本书店影印。1981年农业出版社出版了缪启愉的《四时纂要校释》；1982年日本安田学园出版了渡部武的《四时纂要译注稿》。

耕织图

南宋・楼璹撰。中国现存最早的耕织图类图书。楼璹，字寿玉，又字国器，浙江鄞县（治今浙江宁波市）人，曾为于潜县（今浙江临安县于潜）令，关心农业，同情农民，约于1132—1134年完成《耕织图》。

《耕织图》包括耕图和织图。耕图包括浸种、耕、耙耨、耖、碌碡、布秧、淤荫、拔秧、插秧、一耘、二耘、三耘、灌溉、收刈、登场、持穗、簸扬、砻、舂碓、筛、入仓21幅；织图包括浴蚕、下蚕、喂蚕、一眠、二眠、三眠、分箔、采桑、大起、捉绩、上簇、炙箔、下簇、择茧、窖茧、缫丝、蚕蛾、祝谢、络丝、经、纬、织、攀花、剪帛24幅，每图皆配以五言八句。仅从现存题诗来看，就可以了解到当时农业技术的发展状况，是中国以图配诗的形式记述农桑生产的形象资料。

原图已不传。后世出版多种临摹仿刻本，元代有程启摹本。明代《便民图纂》收录《耕织图》31幅，更名为“农务女红图”，将五言诗改为通俗的竹枝词。清代焦秉贞重绘《耕织图》46幅（耕、织各23幅），康熙为各图配七言诗各一首。后来《授时通考》将图、诗转载。中国农业博物馆编辑出版的《中国古代耕织图》（中国农业出版社，1995年），收图像413幅，是历代耕织图的总记。

陈旉农书

北宋・陈旉撰。现存第一部反映宋代江南农业生产的综合性农书。陈旉生平不详，自称“西山隐居全真子”。曾在西山（今江苏仪征境内）从事农圃生产，晚年把实践经验与书本知识结合起来，于南宋绍兴十九年（1149），在他74岁时写成这部农书。

《陈旉农书》共3卷，10 000余字。卷上14篇，总论土壤耕作和作物栽培，主要讲水稻栽培；卷中3篇，讲耕牛的饲养和疾病医治；卷下5篇，讲桑的栽培和蚕的饲养。三卷合一，构成了一个有机的整体。其中上卷是全书的主体，占有全书三分之二的篇幅；卷中的《牛说》，因为牛是农耕的主要畜力，在性质上仍是卷上的一部分，但《陈旉农书》却是现存古农书中第一次用专篇来系统讨论耕牛的问题；卷下讲蚕桑，也是因为蚕桑是农业生产的重要组成部分，尽管如此，把蚕桑作为农书中的一个重点问题来处理，也是这本书的首创。

全书集中记述了江南农业生产的主要内容与特点。该书篇幅虽小，但对中国农学的发展却做出了重大的贡献。例如，关于土壤肥力，提出了“地力常新壮”的观点；对于肥料，提出了火粪、堆肥、沤肥等制作方法和“用粪犹用药”的合理施肥原则；在土地利用上，提出了不同土地特别是高田的利用规划；在育秧上，系统地总结了培育壮秧和防止烂秧的经验等。

此书有多种版本。明《永乐大典》将其收入。另有《四库丛书》本、《知不足斋丛书》本、《兼葭堂》本、《龙威秘书》本、《农学丛书》本、《丛书集成》本等版本。1956年上海中华书局出版了排印本。1965年农业出版社出版有万国鼎的《陈旉农书》校注本。

种艺必用及补遗

南宋末年金人吴怿（或吴欑）撰。吴氏生平不详。约成书于13世纪中后期。

《种艺必用》为笔记体裁，不分卷，全文170条，约7 300字。每条很少注明引自何书，多数是记录下来的民间生产经验。内容包括五谷、豆类、麦作以及麻、桑、蔬菜、瓜果等，该书侧重花卉栽培，有58条，占全书三分之一。

《种艺必用补遗》作者为元人张福。共72条，约3 700字。内容有种竹、花卉、嫁接、种植杂历、吉凶宜忌等。其中以种竹最为周详。

两书均失传，未见任何书目著录。今人胡道静从《永乐大典》中发现并辑出，1963年农业出版社出版了胡道静校注的《种艺必用》，书后附《补遗》。

农桑辑要

元司农司编纂。中国现存第一部官颁大型农书。具体编者有孟祺、畅师文、苗好谦等，完成于至元十年（1273），是颁发给各级劝农官员，用来指导农业生产的。

《农桑辑要》7卷，约6.5万字。卷一典训，讲述农桑起源及经史中关于重农的言论和事迹，相当于全书的绪论；卷二耕垦、播种，包括整地、选种总论及大田作物的栽培各论；卷三栽桑；卷四养蚕，讲述种桑养蚕，篇幅大，内容丰富而精细，远超以前的农书，显示了其农桑并重的特点；卷五瓜菜、果实，讲的是园艺作物，但和以前的农书一样，不包括观赏植物方面的内容；卷六竹木、药草，记载多种林木和药用植物，兼及水生植物和甘蔗；卷七孳畜、禽鱼、蜜蜂，讲动物饲养，牲畜极重医疗，但不采相马、相牛之类的内容，取舍较以前的农书不同。从全书的整个布局来看，内容多为引录历代古籍及农书，以引录《齐民要术》为最多。

除了辑录《齐民要术》和添加许多新的内容，该书还辑录了《士农必用》《务本新书》《四时类要》《博闻录》《韩氏直说》《农桑要旨》和《种莳直说》等农书，由于这些农书的大多数现已失传，而只有通过《农桑辑要》的辑录，才能部分地了解其中的一些内容，因此，本书在客观上起到了保留和传播古代农业科学技术的作用。该书侧重蚕桑生产，有三分之一篇幅讲述蚕桑生产经验，如桑树繁殖、蚕卵选择等，反映出距今700多年前中国蚕桑生产水平。在重视蚕桑的同时，积极倡议向北方推广苎麻和棉花种植。

《四库全书总目提要》对其有“详而不芜，简而有要，于农家之中最为善本”的评语。

此书初版于元代至元年间。版本很多，计有元代3种，明代3种，清代有《武英殿聚珍版丛书》刊本，此后多以“殿本”复刻或排印。1979年上海图书馆影印了所藏元刻大字本《农桑辑要》。

王祯农书

元·王祯撰。王祯，字伯善，山东东平（今山东东平县）人。元时先后任安徽旌德、江西永丰县尹。他为官清廉，关心民间疾苦，重视农业生产。在永丰任内，总结农业生产经验，于皇庆二年（1313）完成该书。

《王祯农书》共36卷，约13.6万字。分《农桑通诀》《百谷谱》《农器图谱》三部分，是中国继《齐民要术》之后第二部大型综合性农书。

《农桑通诀》6卷，19篇，为总论，简介中国农业历史以及授时、水利、耕垦等生产环节，体现了作者的农学体系观念；《百谷谱》4卷，11篇，是各论，包括谷、瓜、蔬、果、竹木、杂类、饮食7类，分述各种作物起源以及栽培管理、收获、贮藏、利用等方法；《农器图谱》是全书重点，也是作者在传统农学上的突出的贡献，收录各种农具100多种，分为20门，插图306幅，约占全书五分之四。包括耕、种、耘、灌溉、收割、脱粒、加工、贮藏、纺织等工具。王祯为北方人，在南方做官，对南北方农业生产均较熟悉，本书第一次将南北农业技术写进同一本农书之中。《农器图谱》的写作，不仅是以前历代无法比拟的，而且后世农书和类书所记载的农具也大都以它为范本。明《农政全书》、清《授时通考》《古今图书集成》等书均采用其有关内容和图文并茂的形式。

此书有多种版本。明《永乐大典》、清《四库全书》将其收入。今人王毓瑚对该书进行考证研究，1991年农业出版社出版了他的《王祯农书》校注本。1994年上海古籍出版社出版了缪启愉的《东鲁王氏农书译注》。

农桑衣食撮要

元·鲁明善撰。月令体农书，又名《农桑撮要》《养民月宜》。鲁明善，原名铁柱，维吾尔族，曾任寿春郡（今安徽寿县）监察官。在寿春任内，于延祐元年(1314）写成这部农书。

《农桑衣食撮要》2卷，约1.1万字，所载农事208条。以农桑为主，逐月列出每月所宜的农事活动。内容包括蔬菜、果树、竹木、水利、气象、畜牧兽医、药材、养蜂、农产品加工、酿造、收藏、房舍修理以及日常生活知识等。作为月令体农书，《农桑衣食撮要》和以往月令体农书相比较，没有任何商业行为的叙述，其中有关教育的条文，也仅仅是以农民为对象，封建迷信的内容也很少。体现了作者“农桑，衣食之本”的思想。为了更好地为农民服务，书中对每项农事活动的具体操作都作了说明，文字通俗易懂，便于读者掌握。

此书元、明均有刻本。清代以后有《墨海金壶》本、《珠丛别录》本、《丛书集成初编》本、《农学丛书》石印本等版本。1962年农业出版社出版有王毓瑚的校注本。

山居四要

元·汪汝懋撰。汪汝懋，字以敬，浮梁人，至正年间曾任国史馆编修，后来弃官讲学。

《山居四要》共4卷。所谓“四要”，就是养生、摄生、卫生、治生之要。治生部分讲农事，体裁仿照月令，每月分标禳法、下子、扦插、栽种、移植、收藏及杂事等目；只记作物、花果的名称，很少涉及操作的方法。后面附有种花果、蔬菜法等。卫生部分附有治六畜病方若干。

此书现有《寿养丛书》本、《格致丛书》本等版本。

居家必用事类全集

著者不详。据《四库全书总目提要》推断，此书为元代作品。

《居家必用事类全集》以天干分集，其中“丁集”有一部分是“牧养良法”，“戊集”主要是讲农桑，“己集”有关于茶、酒之类的文字。“戊集”的农桑分类又分为种艺、种药、种菜、果木、花草、竹木6项，内容大都是录自前人的农书。

此书在中国国家图书馆藏有两种明刻本。南京图书馆藏有一部明嘉靖刻本《日用便览事类全集》，其中第四册、第五册与本书非常相似，疑为同一内容。

多能鄙事

元·刘基撰。刘基，字伯温，元青（今浙江青田县）人，元末进士，明开国元勋之一。约成书于14世纪中后期。

《多能鄙事》共12卷，分春、夏、秋、冬四部分，包括饮食、服饰、器用、百药、农圃、牧养、阴阳、占卜、占断、十神10大类。卷一至卷三为“饮食类”；卷七“农圃类”讲述了花、果、菜、药、茶、竹等的栽培管理技术；卷七“牧养类”介绍了马、牛、羊、鸡、鸭、鹅、犬、猪和鱼的饲养管理、疫病防治等。书中阴阳、占卜等迷信成分占很大比重。

此书目前所见最早的版本是明嘉靖十九年（1540）刊本、1917年上海荣华书局印行石印本。

树畜部

明·宋诩撰。宋诩，字久夫，江南华亭（今上海松江区）人。

《树畜部》前三卷是树类：卷一先是总论栽树的方法，后面是种各种果木法；卷二是种花卉和种竹、芦等法；卷三是种五谷法和种蔬菜法。卷四是畜类，包括畜蚕、畜兽、畜禽、畜鱼、畜蜂五部分。全书所记的多种方法和技术，是第一手的资料。关于甘蔗的种法比较详细，可补《糖霜谱》的不足。

此书存单行明刻本，现藏于国家图书馆，著录书名为《宋氏树畜部》。

种树书

明·俞贞木撰。是以总结明代以前种植花木果树经验、方法为主的农书。俞贞木，江苏吴县（今江苏吴县）人，于洪武十二年（1379）撰成此书。

《种树书》分两部分：一部分是以月令体记述一年十二个月的种植事宜及注意事项；另一部分为种植方法，记述五谷、桑、麻、蔬、果、花木的栽培方法，其中以嫁接技术记述最详，受到中外学者重视。全书多为辑录前人著作的有关资料。

此书有《居家必备》本、《说郛》本、《格致丛书》本、《夷门广牍》本等10多种版本。1962年农业出版社出版有康成懿的注释本。

臞仙神隐书

明·朱权撰。月令体农书。朱权，明太祖朱元璋第十七子，封于南昌，封号宁王，死后谥“献”，有些书中撰者又称为“宁献王”，自号“臞仙”。约完成于15世纪初中期。

《臞仙神隐书》二卷。上卷记述隐居习道、日常杂事，也有关于农具、栽花、养鸟、加工贮藏和烹调等内容；下卷为“归田之计”，以月令体逐月叙述农家活动，包括种植树木、花果、蔬菜、养蚕、治药、牧养等，也有养生、服食、禁忌等内容，资料多取自于鲁明善的《农桑衣食撮要》。

此书流传不广。朝鲜李朝肃宗四十二年（1715）洪万选著的《山林经济》引用该书资料。有《格致丛书》本。华南农业大学藏有明抄残本。

便民图纂

著者不详。原名《便民纂》，是一部关于苏南农业生产和农民生活的通书。原书无图，后有人将楼璹《耕织图》附于卷首一起刻印，故改名为《便民图纂》。嘉靖三十一年（1552）的贵州刻本提到该书系“邝廷瑞始刻于吴中”，故后人都认为邝璠是《便民图纂》的作者。邝璠，字廷瑞，河北任丘（今河北任丘县）人。明弘治间进士，曾任江苏吴县知县，并于弘治十五年（1502）初刻《便民图纂》。

《便民图纂》共16卷。卷一“农务图”，有图15幅；卷二“女红之图”，有图16幅，每幅配有吴语竹枝词；卷三“耕获类”，主要介绍粮食、油料、纤维等大田作物的栽培技术；卷四“蚕桑类”，叙述蚕桑生产；卷五、卷六“树艺类”，主要叙述花、果、蔬菜等园艺作物的栽培技术；卷七“杂占类”，主要讲气象预测，虽有不少穿凿附会的成分，但也不乏老农的经验总结；卷八至卷十分别题为“月占”“祈禳”“涓吉”，基本上属于封建迷信的东西；卷十一“起居类”和卷十二、卷十三“调摄类”，主要讲宜忌和卫生；卷十四“牧养类”，介绍家畜及其他动物的饲养管理；卷十五、卷十六“制造类”，主要介绍农产品加工。此书可以称得上是一部苏南一带农家日用小百科全书。

此书为《四库全书》杂家类著录。1959年农业出版社出版了石声汉、康成懿的校释本。

四民便用不求人博览全书

明·朱鼎臣编。《四民便用不求人博览全书》是百科字典式的坊刻本，由卷一天文门、星宿门，卷二国都门、地理门，卷三诸夷门、山海门，卷四克择门、龙穴门，卷五诸家秘课门、金书门，卷六五星门、星命门，卷七琴学门、博奕门，卷八农桑门、农耕门，卷九书法门、直草门，卷十字法门、笔法门，卷十一演武门、武备门，卷十二臣纪门、名贤门组成。

卷八有农桑门、农耕门，前者附有“耕织总要”、后者附有“治田诀法”的副题。开卷见以“新刻耕织便宜摘要”为题，分为上下两栏，上栏写着“大元诏立大司农司”颁行了《农桑辑要》，“今掇其中至要者列于左”。并附农业、作物、蔬菜、养蚕等小标题，做了简单的叙述。但不是全部照抄《农桑辑要》，其内容与《便民图纂》《多能鄙事》《致富全书》相类似。下栏中说，因为宋代楼璹所作的耕织图与诗“大抵与吴俗少异，其为诗又非愚夫愚妇之所易晓”，所以辑录重新制作的耕织图与诗。

此书有《新刊采辑四民便用文林学海博览全书》本、《新刻眉公陈先生编纂诸书备采万卷搜奇全书》本、《新刻艾先生天禄阁汇编采精便览万宝全书》本等版本。

致富全书

又称《陶朱公致富奇书》。月令体农书。书题“陶朱公原本，陈眉公手订”。所谓陶朱公属托古之词。陈眉公，即陈继儒，明末松江华亭人。约于 15 世纪末 16 世纪初完成这部农书。

《致富全书》共 4 卷。卷一分谷、蔬、木、果四部分；卷二分花、药、畜牧三部分；卷三分占候和诗赋两部分；卷四分为四时调摄、服食方等杂项，内容多为摘引前人文献，注明者有 40 种。该书对发掘中国古代种植、养殖技术等有一定意义。

此书版本很多。1987 年河南科技出版社出版了孙芝斋的校勘点注本。

农说

明·马一龙撰。马一龙，字负图，号孟河，江苏溧阳（今江苏溧阳市）人，嘉靖进士，官至国子监司业，后归里务农。他总结农业生产经验，约于 16 世纪中期完成该书。

《农说》一卷，约 6 000 字，是中国第一部用传统哲学的阴阳理论解释农业生产的农学著作。书中对种子处理、土壤耕作、水稻移栽、施肥技术、土壤改良、灌溉烤田、中耕除草、虫害防治等都有论述并有所发明。书中还提出了“知时为上，知土次之，知其所宜，用其不可弃，知其所宜，避其不可为，力足以胜天矣”的趋利避害、人定胜天的思想，是一种很有价值的观点。

此书有《居家必备》本、《宝颜堂秘笈》本、《广百川学海》本、《古今图书集成》本、《丛书集成》本等版本。《农政全书》中引录。1990 年东南大学出版社出版了宋湛庆的《〈农说〉的整理与研究》。

劝农书

明·袁黄撰。又称《宝坻劝农书》。袁黄，字坤仪，号了凡，江苏吴江（今江苏吴江市）人，万历年间进士，曾任宝坻（今天津宝坻区）知县。在任内，以“训课农桑”为目标，重视农业，兴修水利，于万历十九年（1591）撰成该书。

《劝农书》约 10 000 余字，分天时、地利、田制、播种、耕治、灌溉、粪壤、占验8篇。其中以“灌溉”为重点，附图12幅，将南方灌溉经验介绍到北方来。书中强调兴修水利，发展北方水稻生产。对粪肥积制，列举出踏粪、窖粪、蒸粪、煨粪、煮粪等造肥法，并指出以煮粪为上。

此书在《了凡杂著》《农政全书》中有收录。明代初刻本现藏于上海图书馆。

农政全书

明·徐光启撰。明末大型综合性农书。徐光启，字子先，号玄扈，松江（今上海松江区）人。官至文渊阁大学士。徐氏既重学习，又重实践，对天文、历法、数学等多所研求，造诣颇深，所著《农政全书》是他从事农业实践与科学研究的集结。

《农政全书》共60卷，50余万字。分农本、田制、农事、水利、农器、树艺、蚕桑、蚕桑广类、种植、牧养、制造、荒政12门。内容广泛，大体分为农政与技术两部分。书中还介绍了“泰西水法”，这是中国对西方近代水利技术最早的介绍。该书旁征博引，引用文献达225种，占全部内容的十分之九，又通过夹注、评语阐明自己的见解。他以西方近代科学方法分析农业问题，在北方试种水稻，以实际行动反对“唯风土论”。

此书于崇祯十二年（1639）由其门生陈子龙整理刊刻，称平露堂本。对该书进行研究的学者颇多，1979年上海古籍出版社出版了石声汉校注的版本。2015年中华书局出版了由石定扶依石声汉生前手稿校注的版本。

国脉民天

明·耿荫楼撰。耿荫楼，字旋极，河北灵寿（今河北灵寿县）人。明天启进士，曾任山东临淄（今山东淄博市临淄区）知县。约完成于天启六年至崇祯十一年（1626—1638）。

《国脉民天》一卷，仅300余字。内容分区田、亲田、养种、晒种、蓄粪、治旱、备荒7则。其中“亲田”为耿氏首创，即从百亩农田中，每年拣出20亩，对其“偏爱偏重”，实行精耕细作，5年轮亲一遍，使之成为美田，是改造低产田的好措施。

此书为清道光年间潘曾沂所编《丰豫庄本书》收录，题为《耿嵩阳先生种田法》，但缺少“区田”一节；赵梦龄所辑《区种五种》也将其收入；1955年财经出版社出版的王毓瑚《区种十种》，将《国脉民天》列为第一种。

天工开物乃粒、乃服、甘嗜、曲蘖

明·宋应星撰。宋应星，字长庚，江西奉新（今江西奉新县）人。曾任江西分宜县（今江西分宜县）教谕，课士之余，从事著述。他深入民间，实地考察农业及手工业技术，于崇祯十年（1637）写成这部著名科技著作。

《天工开物》共18篇，讲述多种生产技术，属农业方面的约占40%。其中，《乃粒》篇叙述谷物栽培；《乃服》篇记述江南蚕桑和丝绸技术；《甘嗜》篇讲种甘蔗、制糖和养蜂；《曲蘖》篇记酿酒。每篇后面都有附图，便于具体操作。该书的特点是不引经据典，所述均为作者亲身考察所得。

此书有多种点校本。1959年中华书局出版了据北京图书馆所藏初刻影印本。1976年广东人民出版社出版了钟广言的注释本。2008年上海古籍出版社出版了潘吉星的译注本。

养余月令

明·戴羲辑。戴羲，字驭长，籍贯不详。成书于崇祯十三年（1640）。

《养余月令》主要是辑录前人著述。书前有自序两篇。该书原来只有月令部分，即按月分列测候、经作、艺种、烹制、调摄、栽博、药饵、收采、畜牧、避忌10目；后来又增加蚕、鱼、竹、牡丹、芍药、兰、菊7谱。收录资料不少，但摘引有误。《四库全书提要》有“抄摘旧籍，无所发明”的评语。

此书在《四库全书》中时令类存目。中华书局于1956年出版了排印本。

沈氏农书及补农书

《沈氏农书》和《补农书》是反映明末清初浙江嘉湖地区农业生产状况的地方性农书。

《沈氏农书》为明末湖州涟川（今浙江湖州市练市镇）沈氏著，成书于崇祯十三年（1640）。该书由《逐月事宜》《运田地法》《蚕务》和《家常日用》4篇组成，文字浅显，非常实用。

《补农书》作者张履祥，字考夫，号杨园，嘉兴府桐乡（今浙江桐乡市）人。清兵入关后，张氏居家务农，积累了不少经营管理及生产技术知识，他将《沈氏农书》未尽事宜，于顺治十五年（1658）写成《补农书》，内分《补农书后》《总论》和《附录》三部分。

乾隆年间，朱坤重刻《杨园全集》时，把《沈氏农书》一并列入《补农书》中，此后，《补农书》的内容即包括《沈氏农书》在内，称《补农书》，一般不单独称《沈氏农书》。

《补农书》（包括《沈氏农书》）总结出不少农业经营管理经验，如强调精耕细作，粪多力勤，少种多收；主张多种经营，实现蚕、果、粮、菜、鱼、畜之间的良性循环。

1983年农业出版社出版了陈恒力的《补农书校释》增补本。

老圃良言

清·巢鸣盛辑。巢鸣盛，字端明，号崆峒，又号止庵，浙江嘉兴人。

《老圃良言》分为下种、分插、接换、移植、修补、保护、催养、却虫、贮土、浇灌10项，内容虽简单却很实用。

此书有《学海类编》本、《丛书集成》本等版本。

农丹

清·张标撰。张标，江苏江都人，顺治年间进士。

《农丹》分为天时、地利（上、下）、亲田、养种（上、下）、粪壤、人事、辨谷、占验8篇。抄袭了前人的议论，尤其是抄袭了耿荫楼的《国脉民天》并进行论述。

此书收在缪荃孙辑《藕香零拾》中。

梭山农谱

清·刘应棠撰。记述清代江西奉新地区水稻生产的地方性农书。刘应棠，字又许，号啸民，江西奉新人，科举不第，乃隐居梭山（今江西金溪县境内），务农讲学，人称“梭山先生”。康熙十三年（1674）撰成该书。

《梭山农谱》分三卷，即耕、耘、获三谱，每谱有小序，下分“事”“器”两目，每目又有小目，目后有赞词。分述了从整地、播种到耘田、抗虫以至收获、藏种等水稻生产的全过程。农事之外，还兼及农具。书中未见征引前代农书，所记内容应是当地农民的实践经验和作者本人的见识。书中关于水稻“青风”病及用“虫梳”灭虫技术，为首次记载，值得重视。该书特点是不引经据典，多为实际生产经验，文字也朴实如话。

此书有《半亩园丛书》本。1960年农业出版社出版了王毓瑚校过的排印本。

农桑经

清·蒲松龄撰。蒲松龄，字留仙，号柳泉，山东淄川（今属山东淄博市）人。蒲氏长期生活在农村，了解民间疾苦，熟悉农民及农业生产情况。除了不朽的名著《聊斋志异》，也写过不少反映农业及农民生活的诗文。该书系蒲松龄完成于康熙四十四年（1705）的一部关于农业生产的著作。

《农桑经》分为《农经》和《桑经》两部分。《农经》71则，按月记述农家活动，包括栽培、耕田、救荒、畜养、诸花谱；《桑经》21则，主要是前代资料摘录，但经过增删。

此书一直以抄本形式在民间流传。1926 年路大荒将其收在《蒲松龄集》中。1982 年农业出版社出版了李长年整理的《农桑经校注》。

授时通考

清代官修的大型综合性农书。乾隆帝命内廷词臣从经史子集以及农书中广泛辑录有关农业文献资料，分类汇编，历时 5 年，于乾隆七年（1742）完成。取古代“敬授民时”之意，名为《授时通考》。

《授时通考》共 78 卷，90 余万字，分为天时、土宜、谷种、功作、劝课、蓄聚、农余、蚕桑八门。如全书重点的“功作门”，按照垦种、耙耢、播种、淤荫（施肥）、耘耔、灌溉、收获、攻治等生产环节摘录历代文献资料，并把《泰西水法》列入。全书征引历代文献 400 多种、3 000 余条，超过《农政全书》。不足之处是仅作摘录而未加评述。

此书为《四库全书》《清史稿・艺文志》“农家类”著录。有清武英殿等多种刻本。1956 年中华书局出版排印本，1991 年农业出版社出版马宗申的《授时通考校注》。

知本提纲农则

清・杨屾撰。杨屾，字双山，陕西兴平（今陕西兴平市）人。《知本提纲》共 10 卷，14 章，是杨氏教授生徒的讲义，由“提纲”和“注释”两部分组成。杨氏本人撰“提纲”，他的弟子郑世铎“注释”。完成于乾隆十二年（1747）。

《知本提纲・修业章》中的“农则”部分讲农业生产，以耕作栽培为主。开始的“前论”是总论性质，叙重农思想。以下分述耕稼、园圃、桑蚕、树艺、畜牧等的经营管理及生产技术。针对西北旱农地区，强调时宜、土宜、抗旱保墒、培养地力、精耕细作的重要性。最后是结论。全书不引经据典，文字通俗易晓。

此书成书同年即付刻。光绪三十年（1904）有张元济校的重刻本。今人王毓瑚所辑《秦晋农言》将其收入（中华书局，1957 年）。

农圃便览

清・丁宜曾撰。清代月令体农书。丁宜曾，字椒圃，山东日照县（今山东日照市）西石梁村人，故该书又名《西石梁农圃便览》。

《农圃便览》9 万余字，不分卷。按一年中春、夏、秋、冬四季二十四节气的顺序，记述农事活动，涉及气象、农耕、作物、蔬菜、果木、花卉、园艺、农产品加工、酿造、烹调，直到医药保健、格言杂录等，可视为农家日用百科手册。书中所记西瓜用浇洒浸种、棉花整枝打光等技术是较先进的。

此书虽多为引证古书资料，但注意与日照地区生产实际相结合，并用通俗文字叙述，因而易于流传。有乾隆二十年（1755）原刻本。1957年中华书局出版了王毓瑚的点校本。

三农纪

清·张宗法撰。反映四川一带农业生产情况的综合性农书。张宗法，字师古，号未了翁，四川什邡人，生长于农家，终身不仕，是参加生产劳动的知识分子。乾隆二十五年（1760）完成此书。

《三农纪》共24卷，约30万字。内容从天文、气象和农家月令起，包括各地物产、水利、自然灾害、耕作、大田作物、园艺栽培、植树、药用植物、畜牧、水产等，除引录前人著作并记载不少老农的谈论，作者也有发挥，记录了不少四川农民特有的农事活动及生产技术。

此书初刻于乾隆二十五年（1760）四川文发堂。后经多次传刻，又有青藜阁、藜照书屋、荣茂堂、善成堂、桂林堂、宏道堂等刻本，其中以藜照书屋本印刷质量最佳，桂林堂本也较清楚。1989年农业出版社出版了邹介正等人的《三农纪校释》。

修齐直指

清·杨屾撰，门生齐倬注解。杨屾，字双山，陕西兴平人。杨氏著有《知本提纲》，后认为内容太多不易记诵，于是将“修身”和“齐家”部分提纲挈领缩写成此书。

《修齐直指》提到“五常”等句，注文阐述耕种、养畜、育蚕等的原则，之下申论耕、桑、树、畜的具体技术。

此书有柏经正堂刻本、《烟霞草堂遗书》续刻本、《关中丛书》本等版本。

增订教稼书

清·盛百二撰。盛百二，字秦川，号柚堂，浙江秀水（今浙江嘉兴市）人。客居山东为官，因见到孙宅揆著《教稼书》，用意为之增补，于乾隆四十三年（1778）撰成此书。

《增订教稼书》分上、下卷。上卷即为孙氏的《教稼书》，原名《区田图说》，内容有区田图、田川图说、粪种、蒸粪法、造粪法、制宜说等。盛氏所增补的为下卷，包括区田、代田、种芋、番薯、种蜀黍、种瓠、开田、架谷法、碱地、沙地、沟洫等。

此书收在《柚堂全集》中。王毓瑚所辑《区种十种》（财经出版社，1955年）将两书收进。

宝训

清·郝懿行撰。郝懿行，字恂九，号兰皋，山东栖霞人，嘉庆进士，官户部主事，长于训诂。成书于乾隆五十五年（1790）。

《宝训》共8卷，分杂说、禾稼、蚕桑、蔬菜、果实、木材、药草、孳畜8门。书的体裁是“以农语为经，诸书为传”。即以“农语”为纲，分别征引各书的论述作说明。所谓“农语”，包括民谣、俗谚，有的出于古书，有的采自民间。作者认为：“农家者流街谈里语，言皆着实”，书的题名即表达了作者对这种言论的珍视。

此书有《郝氏遗书》本，为作者之孙联薇、联荪等人于光绪八年（1879）所刻。

郡县农政

清·包世臣撰。总结清代江淮地区农业生产技术的文献。包世臣，字慎伯，安徽泾县（今安徽泾县）人，清代农学家、思想家。《郡县农政》是其所著《齐民四术》中的《农政》篇，完成于嘉庆六年（1801）。

《郡县农政》内分辨谷、任土、养种、作力、蚕桑、树植、畜牧7篇。《辨谷》篇叙稻、麦、黍、玉米、粟、豆类、芝麻、大麻等作物品种的鉴别；《任土》篇叙述耕作、灌溉、土壤、肥料、区田、代田等技术；《作力》篇讲各种作物栽培技术，其中蔬菜部分尤为详尽。书末附农家历，按二十四节气简明扼要地安排主要农事活动。

此书收录在包氏的《安吴四种》中。1962年农业出版社出版了王毓瑚点校的《郡县农政》单行本。

浦泖农咨

清·姜皋撰。清代江苏松江（今上海市松江区）地区的地方性农书。姜皋，字小枚，清代贡生。平生关心农业生产，亲访农民，记录谈话内容，于道光十四年（1834）完成本书。

《浦泖农咨》一卷，约7 000字。包括农时、水利、耕治、稻种、播种、秧田、插莳、肥壅、耘耥、收获、耕牛、水车、农具、麦、豆、油菜以及粮税、田价、雇佣、借贷等，还涉及水稻栽培管理技术。除生产技术，还记载了鸦片战争前夕该地区贫苦农民的生活境况，是不可多得的经济史料。

此书流传不广。有1963年上海图书馆影印道光十四年刻本。

马首农言

清·祁寯藻撰。反映清代山西寿阳县一带农业生产状况的地方性农书。祁寯藻，字春圃，山西寿阳（今山西寿阳县）人，嘉庆进士，官至大学士。道光十六年（1836）撰成此书。

《马首农言》包括地势、气候、种植、农器、农谚、占验、方言、五谷病、粮价物价、水利、畜牧、备荒、祠祀、织事、杂说 14 篇。其中《种植》篇是全书的精华，详细记述了当时寿阳地区各种农作物特性、耕作方式以及轮作情况。此外，本书特辟“农谚”专篇，收录当地农谚 200 余条，其他各篇也多引用农谚说明事理，这在传统农书中是少见的。《粮价物价》篇，记载了不少当时当地的物价状况，是研究农业经济史的宝贵资料。《方言》《祠祀》《杂说》等篇虽与农业技术没有直接关系，但对方言、民俗和地方史研究具有一定参考价值。

此书于咸丰五年（1855）付刻。今人王毓瑚所辑《秦晋农言》（中华书局，1957 年）中收有此书。

农言著实

清·杨秀元撰。反映 19 世纪关中地区农业生产技术的地方性农书。杨秀元，字一臣，自号半半山庄主人，陕西三原（今陕西三原县）人。本书是杨氏对家人所作的关于经营农业的训示。约成书于道光年间（1821—1850 年）。

《农言著实》一卷，分《示训》和《杂记》两部分。《示训》按农历从正月到腊月的顺序，安排农事活动；《杂说》则按条目列出各项农活应注意的事项。书中记载不少西北黄土高原旱作农业生产经验，如采取农田修治、打堰等保持水土措施。

此书于咸丰六年（1856）由其子杨士果付刻。后有光绪二十三年（1897）《清麓堂丛书》本，王毓瑚的《秦晋农言》（中华书局，1957 年）也将其收进。

救荒简易书

清·郭云陞撰。郭云陞，字霖浩，河南滑县（今河南滑县）人。成书于光绪二十二年（1896）。

《救荒简易书》包括月令、土宜、耕凿、种植、饮食、疗治、质买、转移、兴作、招徒、联络、预备 12 目。前六项是应付小荒年的对策，重点讲有关生产知识；后六项是大荒年时所需采取和推广的各种措施。《月令》篇是全书重点，分述谷类和菜类种植技术；《土宜》篇分碱地、沙地、水地、石地、淤地、虫地和草地等，根据不同土质采取适应措施。书中引用不少老农的谈话及经验，很有参考价值。

此书传世刻本仅存前四卷。

（二）植物、气象、占候类

南方草木状

晋·嵇含撰。中国最早的岭南地区的植物志。嵇含，字君道，河南巩县亳丘（今河南巩义市鱼庄）人，自号亳丘子。成书于晋永安元年（304）。

今本《南方草木状》不足5 000字，分3卷。上卷，记草类29种；中卷，记木类28种；下卷，记果类17种、竹类6种。每种植物一般均记述其形态、性味、功用、产地以及有关历史掌故等。主要介绍晋代交州、广州两个辖区（相当于今广东、广西以及越南北部、中部）出产或西方诸国经由交、广进入中国的植物及植物制品共80条，并依其性状和效用分为草、木、果、竹四类。该书是世界上第一部以热带亚热带植物为研究对象的区域植物志，其中许多岭南的植物，是首次见于记载的，其名称沿用至今。书中所载植物多为具有经济价值的植物，人工栽培者占有相当比重。其中关于利用黄蚁治柑橘虫害，是世界上关于生物防治虫害的最早记载；关于在浮筏上栽菜，则是蔬菜无土栽培的最早记载之一。该书所反映的是中国南越族活动的地区，其中包含了珍贵的民族植物学的资料，如浮筏种植，利用野生植物纤维制作的蕉布、竹疏布，利用苏枋作染料，以及越巫、雷信仰传说等。它又首次载录不少从西亚和欧洲传入中国的植物，包括以西亚语、欧洲语音译命名的植物和药物。这些资料对植物学史、农学史、岭南和东亚地方史、民族史、中外文化交流史和医学史研究均有重要意义。由于《南方草木状》汇集了许多珍贵的史料，加之文字典雅，南宋以后流传广泛。先后被20多种丛书所收载，还印过一些单行本，花谱、地方志亦多所引述。

此书最早刊本是宋代《百川学海》本。此后，又陆续出了十几种版本。1955年商务印书馆出版了排印本。

桂海虞衡志

宋·范成大撰。范成大，字致能，号石湖居士，吴郡人。他在广西任职两年，随后调往四川，在去四川途中，追记广西的山川风物而成此书。

《桂海虞衡志》共13卷。“志花”部分只包括广西独有品种，共计15种。“志果”部分只记作者所认识的和可食的，共计55种。“志草木”部分同样以作者确实认识的为限，所记者26种。

此书流传很广，计有《百川学海》本、《说郛》本、《唐宋丛书》本、《学海类编》本、《知不足斋丛书》本、《古今逸史》本、《古今说海》本、《丛书集成》本、《说库》本等版本。

全芳备祖

宋·陈景沂撰。中国最早的植物学辞典，成书于南宋宝祐元年（1253）。陈景沂，名泳，号肥遁，浙江天台人（今浙江天台县）。

《全芳备祖》共50余卷，分前后二集。前集27卷，记花共有128种左右；后集31卷，分果、卉、草、木、农桑、蔬、药7部分，著录植物179余种。“农桑”部分包括谷、稻、米、麦、豆、桑6门。全书共收植物300余种。每种植物名下又分“事实”“赋咏”“乐府”3祖。“事实祖”记植物名号、产地、生态、有关典故及文献；“赋咏祖”辑录有关诗句；“乐府祖”专收词，以词牌标目。全书所引资料绝大多数为诗词，有关前人农书的资料很少。

此书国内已无刻本流传。日本藏有元刻残本。1982年农业出版社出版了影印本。

遵生八笺

明·高濂撰。高濂，字深甫，号瑞南，浙江钱塘人。

《遵生八笺》分8个部分。在《饮馔服食笺》中记录了家蔬64种，可食的野蔬100种。后者被摘出单行，题为《野蔌品》。在《燕闻清赏笺》中有《四时花纪》，所记草花共96种，其中一部分是另有别种的，合计为128种，都一一作了形状、颜色、栽培方法的描述。这一部分后载入孙若英的《花史》中，另有单行本，书名为《草花谱》或《艺花谱》。花草之外，还记录了结子可观的盆栽树木22种。

上述花草中不包括牡丹、芍药、菊花、兰。这四种花加上竹各有专谱，合称《花竹五谱》。每种谱都讲到了栽培方法。后面都附有品种，《兰谱》更附有《种兰奥诀》《培兰四戒》和《逐月护兰诗》12首。

此书有《居家必备》本、《广百川学海》本、《说郛续》本、《水边林下》本、《夷门广牍》本等版本。

植品

明·赵崡撰。赵崡，字屏国，陕西周至人，于晚年写成该书（1617年）。

《植品》二卷，记载花木70余种，还附有果品、蔬品若干，以关中所产和作者种植为主。关于栽培方法，作者常驳斥前人的说法，提出自己的意见。书中还提到万历年间西方传教士传入了“向日葵”和“西番柿”，这是关于向日葵和番茄引入中国较早的记载。

此书现有明万历四十五年（1617）刻本。

群芳谱

明·王象晋编纂。原名《二如亭群芳谱》。王象晋，字荩臣，号好生居士，山东新城（今山东桓台县）人，万历年间进士。王氏喜爱植物，在家乡经营过农业，时时手录农经、花史资料，又经过10多年的实践经验，于天启元年（1621）完成此书。

《群芳谱》共28卷，40余万字。记述了植物的别名、品种、形态特征、生长环境、种植技术及用途等。其中，对谷、蔬、果、茶、竹、桑、麻等的栽培管理记述尤详，并总结出不少先进技术，如无花果的滴灌、棉花的整枝等，反映出当时农业技术的进步。不足之处是摘引诗文、典故过多。

此书为《明史·艺文志》农家类著录。除明汲古阁本，尚有《渔洋全集》本、礼宗书院本、书业古讲堂本、文富堂本等多种版本。1985年农业出版社出版有伊钦恒的《群芳谱诠释》。

广群芳谱

清·汪灏等改编。清代康熙命汪灏等人对明代王象晋《群芳谱》进行增删改编，于康熙四十七年（1708）完成，是一部较完整的植物学著作。

《广群芳谱》共100卷。分为天时、谷、桑麻、蔬、茶、花、果、木、竹、卉、药11个谱。对王氏原书保留的内容在开头注以“原”字，新增补内容的用“增”字标明。新书删去了与农业无关的内容，并对原书脱编及错处加以补证。书中所收艺文典故颇多，康熙帝的诗赋则标以“御制诗”字样。《广群芳谱》较《群芳谱》严谨充实，取材也较丰富。

此书为《四库全书》谱录类著录。有康熙内府刻本，还有《江左书林》本、《万有文库》本、《国学基本丛书》本等版本。1985年上海书店据《国学基本丛书》本影印。

植物名实图考

清·吴其濬撰。清代杰出的传统植物学著作。吴其濬，字瀹斋，号雩娄农，河南固始（今河南固始县）人，嘉庆丁丑（1817年）进士。先后任翰林院修撰、礼部尚书、侍郎、学政、巡抚等职。吴氏对植物学极感兴趣，在各地做官时，随时留心采集标本，观察、记录各种植物的生长状况、分布等，同时向人请教，并广泛搜集有关植物学文献资料，编成《植物名实图考长编》，以后又在此基础上继续调查研究，采集标本，写成该书。

《植物名实图考》共38卷，约71万字，图1 800余幅。分为谷、蔬、山草、隰草、石草、水草、蔓草、芳草、毒草、群芳、果、木 12 大类，收植物 1 714 种，比《本草纲目》多 519 种；其中谷物 52 种，蔬菜 176 种。每种植物均记其形态特征、颜色、性味、气息、用途、产地环境及有关文献。本书不拘泥古书记载，而是大多根据著者亲自观察、访问而择要记录。

此书初刻于道光二十八年（1848），以后有商务印书馆本、《万有文库》本等版本。1957 年商务印书馆出版了校勘本。

抚郡农产考略

清·何刚德撰。何刚德，福建闽侯人，光绪进士。在江西任职期间，调查各地农业生产情况，于光绪二十九年（1903）撰成此书。

《抚郡农产考略》分上、下二卷。上卷记各类作物，以水稻为主，详述其品种；下卷记经济作物、园艺作物以及其他经济植物，归纳为草、木两类。每种先作总的介绍，然后分天时、地利、人事、物用（讲产品特点、质量、价格及加工制作、市场运销等）四目。书后附临川（今江西临川区）知县江召棠撰、记述当地耕作情况的《种田杂说》。

此书成书当年即由抚郡（治今江西临川区）学堂印行，后又有江苏省印刷局重印本。

田家五行

元·娄元礼撰。元末明初的农业气象著作。娄元礼，字鹤天，号田舍子，江苏吴县（治今江苏苏州市）人。娄氏深入民间访问老农，调查研究，搜集民间气象谚语，辑录与农事有关的资料，约于 14 世纪前中期写成该书。

《田家五行》共 3 卷：上卷，从正月到十二月，按日记载占验、谚语，并以实践经验加以验证；中卷，是天文、地理、草木、鸟兽、鳞鱼等类，以物候加以记述，引证谚语颇多；下卷，包括三旬、六甲、气候、涓吉、祥瑞等类，迷信内容较多。全书搜集并引用气象方面的农谚 500 多条，其中记载天气的农谚有 140 余条，关于中长期预报的农谚 100 余条，农业气象方面的农谚 40 余条，从中反映出当时太湖流域农业气象特点及规律。

此书流传广，版本多，有《居家必备》本、《居家要览》本、《田园经济》本、《百名家书》本、《格致丛书》本、《说郛续》本等版本。北京图书馆所藏明刻本较好，书后附《田家五行拾遗》一卷，亦为娄氏所作。1976 年中华书局出版有江苏省建湖县《田家五行》选释小组《田家五行选释》。

农候杂占

清·梁章钜撰。梁章钜，字芷鄰，号闳中，福建长乐（今福建长乐市）人，嘉庆进士，平生著述颇丰。他辑录历代与农事有关的资料，于道光二十七（1847）撰成该书。

《农候杂占》开头有同治十二年（1873）俞樾的序。卷一从正月到十二月，卷二、卷三从天文到时令，卷四是谷蔬草木鱼虫、田家宜忌以及蚕桑宜忌。根据南方农事活动情况，一年中天文、地理、人事、时令乃至草、木、虫、鱼等，凡涉及预测天气、气候变化的内容，均广收博采，分类备列。内容虽详，但有些失之于滥。

此书为《清史稿·艺文志》农家类著录。作者去世后，由其子梁恭辰付刻。现有浙江书局刊刻的《二思堂丛书》本。

（三）农 具 类

耒耜经

唐·陆龟蒙撰。关于唐代江东犁（即曲辕犁）及其他农具的专著，也是中国第一部关于传统农具的著作。陆龟蒙，字鲁望，苏州长洲（治今江苏苏州市）人，生年不详，约唐中和元年（881）卒。进士考试落榜后，陆龟蒙回到故乡松江甫里（今江苏苏州吴中区角直镇），过起了隐居生活，后人因此称他为“甫里先生”。他留心农事，访问老农，对当地农具比较了解。约于唐乾符六年至广明二年（879—881）撰成该书。

《耒耜经》一卷，仅600余字。唐代创制的曲辕犁，吸收了汉魏以来犁的优点，增加了犁盘和耕索，由铁制和木制的11个部件组成，改直辕为曲辕，由一牛挽拉，轻便灵活，能调节耕地深浅，特别适于水田耕作。宋、元、明、清各地基本沿用此犁。《耒耜经》对爬（耙）、砺礋、碌碡等农具也略作说明。

此书收在作者的《甫里先生文集》中。有《百川学海》本、《说郛》本、《居家必备》本、《丛书集成》本、《夷门广牍》本等版本。1990年农业出版社出版今人周昕的《〈耒耜经〉与陆龟蒙》。

代耕架图说

明·王徵撰。介绍人力机械代替牛耕的古代文献，是其所著《诸器图说》中的一篇。作于天启七年（1627）。

代耕架创始于唐代，但形制记载不明。王氏在《代耕架图说》中说明，这种代耕架是利用杠杆原理，在田地两头各置一人形木架，用人力转动辘轳，带动耕犁，从而代替畜力牵引，被称为“耕具之最善者”。该书360字，有图有文，易于理解和操作。

此书除收在《诸器图说》外，尚有《农学丛书》本。

农具记

清·陈玉璂撰。陈玉璂，字赓明，号椒峰，江苏武进（今江苏常州市武进区）人，康熙间进士。陈氏在家乡留心农业及生产工具，亲自考察，并向老农咨询，又参考前人著述，约于17世纪中后期撰成该书。

《农具记》分6部分66种，包括垦耕、灌溉、藏种、播种、收藏、粮食加工等工具，多数是适用于南方水田的农具。

此书有《檀几丛书》本、《常州先哲遗书》本等版本。

杵臼经

清·翁广平撰。翁广平，江苏吴江人。他仿照陆龟蒙的《耒耜经》，撰成该书。《杵臼经》共1 155字，介绍了谷米加工、贮藏所用的砻、杵臼、风车等二十几种农具。

此书收录在《清经世文编续编》四十一《户政、农政上》中。

（四）耕作、农田水利类

管子地员

《管子》相传为春秋时管仲作，实际是后人集各家言论的汇编，并非出自一时一人之手，约作于战国至西汉时期。《地员》篇是其中的一篇，夏纬瑛先生认为它成书于战国时期，是中国最早论述土地与植被关系的著作。

《管子·地员》篇以关中土地为主，内容大体可分为两部分：第一部分是讲述平原区、丘陵区和山区的不同土壤以及这些土壤所宜谷物、草木和泉水深浅的关系；第二部分将“九州之土”详细划分为18种90品，叙述了18种土壤的质地、所宜谷物、草木、果品以至渔产、畜产等，并对其自然生产力进行了比较。书中又按土质的颜色，将土壤分为息土、赤垆、黄堂、赤埴、黑埴五种，较之以前的《禹贡》《周礼》在土壤分类上更为细致，而且明确指出了不同地势的不同土壤和植被之间相互依存的关系，是中国最早的有关生态地植物学的著作。

1958年中华书局出版有夏纬瑛的《管子·地员篇校释》。

思辨录辑要论区田

清·陆世仪撰。陆世仪，字道威，号桴亭，江苏太仓人。

《思辨录辑要》卷十一《修齐》篇讲了区田法，并且结合当时农家的实践为之倡导。

此书的《修齐》篇被收录在《清朝经世文编》及《牧令书》中。

区种五种

清·赵梦龄辑。赵梦龄，字锡九，号菊斋，浙江仁和人。成书于19世纪中期。

《区种五种》辑录5种关于区田法的著作：宋葆湻的《汉氾胜之遗书》；孙宅揆的《教稼书》；帅念祖的《区田编》；拙政老人的《加庶编》；潘曾沂的《丰豫庄本书》。

此书于光绪四年（1878）由赵氏的学生范梁为之刊刻，并增加耿荫楼的《国脉民天》作为附录，这就是莲池四种本。后又有致知书局重刻本。

丰豫庄本书

清·潘曾沂撰。潘曾沂，字功甫，号小浮山人，江苏吴县人。丰豫庄是潘氏家族的义庄。本书是他经营义庄的实录。

潘氏于道光八年（1828）在义庄土地上试行区种法，以通俗的文字写成并刻印《课农区种法直讲》32条，讲述区制、播种、耕耘、用粪的方法，主张深耕早播，稀种多收。及至道光十四年又增进《丰豫庄诱种粮歌》和《课农区种法图》。

此书由其侄潘祖荫于光绪三年（1877）付刻。赵梦龄的《区种五种》将其收入。光绪八年又有津河广仁堂刻本。道光八年的原刻，现藏上海图书馆。

多稼集

清·奚诚撰。又名《耕心农话》。奚诚，别号田道人，江苏吴县人。约在道光十二年至道光二十七年（1832—1847）撰成该书。

《多稼集》分上、下两卷。上卷为《种田新法》，讲述以水稻种植为主的生产经验；下卷为《农政发明》，主要讲区种，包括稽古说今、井田图说、论足食须行区种法、区田种法、历种区田成效考、区种余论6部分。

此书于北京图书馆藏有抄本。王毓瑚辑《区种十种》（财经出版社，1955年）收录此书。

营田辑要

清·黄辅辰撰。系统总结中国屯垦经验的著作。约成书于同治二年至三年

(1863—1864)。

《营田辑要》共 4 卷，4 万余字。卷一主要介绍历代营田经验；卷二专述营田水利；卷三专述历代营田中的弊端；卷四讲述营田技术，也是全书重点，分为尺度、辟荒、制田、堤堰、沟洫、凿池、穿井、粪田、播种、种法、种蔬、杂植 12 目，约占全书的三分之一。

此书大量辑录前代文献，并一一注明出处。该书仅有同治三年（1864）成都刻的《枫林黄氏家乘》本。今人有马宗申《营田辑要校释》（农业出版社，1994 年）。

五省沟洫图说

清·沈梦兰撰。记述古代沟洫制度、介绍北方五省水道的专著。沈梦兰，浙江吴兴（今浙江湖州市）人，乾隆四十八年（1783）进士。嘉庆四年（1799）讲解《周礼》时，为回答有关古代沟洫制度问题而撰此书。

《五省沟洫图说》先刊 4 幅沟洫图及说明；再叙沟洫方法设制、沟洫制度及其优越性；继刊五省（河北、河南、陕西、山东、山西）的河道图，并分述五省河道的起讫及流经地方；书中还附有明代徐贞明的《潞水客谈》等水利著作。

此书有光绪五年（1879）原刻本。1963 年农业出版社出版了标点本。

筑圩图说

清·孙峻撰。孙峻，字远耕，生平不详。成书于嘉庆十八年（1813)。《清史稿·艺文志》将此书误名为《筑圩图式》。

《筑圩图说》一卷，4 000 余字。主要记述修筑塘岸、抢岸的道理与方法，说明无畔、无塘、无抢的害处。书中提出“筑圩六弊”即筑圩容易出现的种种困难，如心力不齐、难筑易废等；并介绍了筑圩时计算稻把、租值及派夫的方法。前有筑圩图 8 幅，后附筑岸图 4 幅。

此书于北京图书馆藏有清刻本。1980 年农业出版社出版了汪家伦整理的《筑圩图说及筑圩法》。

吴中水利书

记述太湖地区水利的专著。同名的书有两种。

其一为北宋·单锷撰。单氏为江苏宜兴（今江苏宜兴市）人。他不愿做官，留心并研究吴中水利，经 30 多年努力，又结合文献记载，于元祐六年（1091）撰成《吴中水利书》。书中阐述治理太湖的主张，提出修筑五堰及水网圩田等，为后人治理太湖提供了依据。单氏的《吴中水利书》有《墨海金壶》本、《丛书集成》本。

其二为明·张国维撰。张氏为山东益都（今山东青州市）人。官至吏部尚书，曾领导修筑苏州、松江等地的水利工程。他根据亲身经验，搜集有关资料，写成《吴中水利书》。该书共28卷，先列东南7府水利总图52幅，次叙水源、水脉、水名等，并辑前人有关三吴水利文献，分类汇编，内容切实。张氏的《吴中水利书》有崇祯九年（1636）刻本和《四库全书》本。

浙西水利书

明·姚文灏编。太湖地区水利文献的摘编。姚文灏，江西贵溪（今江西贵溪市）人。成化进士，曾任常州（治所今江苏常州市武进区）通判，后又以工部主事提督浙西水利，对太湖水利颇有研究。为借鉴历史经验，于弘治十年（1497）编成此书。

《浙西水利书》共3卷，收录前人论述太湖水利的文献，共47篇（宋20篇、元15篇、明12篇）。对各家的论述，经过“去粗取精”，形成一部系统而完备的史料汇编。

此书有弘治十年初刻本、1921年退庐图书馆校刊本。1984年农业出版社出版有汪家伦的校注本。

畿辅河道水利丛书

清·吴邦庆编。收载前人论述河北水利问题的专著。吴邦庆，河北霸州（今河北霸州市）人，官至河东道总督。吴氏一生留心水利，熟悉水利，为给后人提供参考，于道光四年（1824）编成此书。

《畿辅河道水利丛书》共40余万字。收水利书8种：《直隶河渠志》（陈仪）、《陈学士文钞》（陈仪）、《潞水客谈》（徐贞明）、《怡亲王疏抄》（允祥）、《水利营田图说》（陈仪）、《畿辅水利辑览》（吴邦庆）、《泽农要录》（吴邦庆）、《畿辅河道管见·畿辅水利私议》（吴邦庆）。

该丛书有道光四年原刻本。1964年农业出版社出版有排印本。

井利图说

清人周氏纂辑，记述掘井灌溉及区田、代田法的文集。名号不详。

周氏于光绪二年（1876）任陕西大荔（今陕西吴荔县）知县，经历陕西两次大旱，他组织民众凿井灌溉、疏通水泉、推行区田、代田法，进行抗旱耕作，取得成效，遂将有关文献资料辑成此书。

《井利图说》卷首收载官方文件，后列述区田、代田图说，种谷早熟法，王丰川先生区田、代田说及其井利说等。书中介绍的“滑车井”，可汲深井之水，属首次记载。另外，该书把区田、代田与井灌结合起来叙述，都值得重视。

此书有抄本流传。

（五）荒政、治虫类

救荒活民书

南宋·董煟撰。董煟，字季兴，德兴（今江西德兴市）人。曾任瑞安（今浙江省瑞安市）知县。因亲见灾年百姓流离、转死沟壑，遂立志要为贫苦民众减轻水、旱、霜、虫灾害之苦，乃总结历代救荒政策的利弊，探讨救灾措施的得失，并借鉴历代荒政的经验教训，约于嘉泰元年至四年（1201—1204）完成此书。

《救荒活民书》分3卷，3.8万字。上卷是“考古以证今”，选录上古到南宋淳熙九年（1182）历代有关荒政和救荒的文献资料；中卷是“条陈今日救荒之策”，即提出救荒的具体办法；下卷是“备述本朝名臣贤士之所议论，施行可为法戒者”，辑录宋朝各家对荒政的言行。还有《拾遗》一卷，附有捕蝗法7则。

此书有《墨海金壶》本、《珠丛别录》本、《丛书集成初编》本等版本。

救荒本草

明·朱橚撰。中国第一部以救荒为主旨的植物学专著。朱橚，明太祖朱元璋第五子。他搜集草木种苗栽于园圃，亲自观察记录，鉴别性味，于洪武十五年至二十一年（1382—1388）写成此书。

《救荒本草》共2卷，收植物414种。其中，已见于历代本草的138种；新增补的276种，占全书的三分之二。全书分5部：草部245种，木部80种，米谷部20种，果部23种，菜部46种。各部皆按叶、根、实、笋、花、茎、菜等可食部分，分别加以叙述。此书的编写宗旨是以野生植物充食疗饥、抗灾救民，故撰著时为难认的生僻字注音，应用形象的比喻及同类植物互相比拟的手法，配以准确逼真的图画，以求通俗易懂。并以正确辨识植物、安全食用为中心内容，指导民众采食果、叶、树皮、根、茎，合理地加工利用。

此书版本很多，国内现存有十五六种。《救荒本草》原书两卷，永乐四年（1406）由作者刊行于开封，该版本已亡佚。嘉靖四年（1525）山西太原第二次刊刻，即今流行最古刻本，传刻时分为四卷。1959年中华书局据以影印出版。

救荒野谱

明·姚可成辑。生平不可考。

崇祯十五年（1642）大灾，饥民遍野，于是姚氏从李东垣的《食物本草》中辑录了可食的草类60种，又《补遗》草类45种、木类15种，每种都带绘图，还附有歌诀，共计120种救荒植物，各附图说。书后作为附录登载了晋代刘景先的“救荒辟谷简易方”一则、唐代孙思邈“救荒辟谷简便奇方”四则、宋代黄庭坚“山谷救荒煮豆法”一则，并加按语说：“得一煮豆法以通之，则所遇草木件件可口”。

此书有《借月山房彚钞》本。

捕蝗汇编

清·陈僅撰。陈僅，字余山，号涣山，浙江鄞县人，嘉庆年间举人。

《捕蝗汇编》开头辑录了康熙帝的《捕蝗说》，接着收有《捕蝗八论》《捕蝗十宜》《捕蝗十法》《史事四证》以及《成法四证》（马源《捕蝗记》、陆世仪《除蝗记》、李钟份《捕蝗法》、任宏业《布墙捕蝻法》），全是前人著作的辑录，但其间夹有著者的按语。

此书现有道光二十五年（1845）继雅堂重刻本。

捕蝗考

清·陈芳生撰。中国现存最早的捕蝗专著。陈芳生，字漱六，浙江仁和（今浙江杭州市）人。成书于康熙二十三年（1684）以前。

《捕蝗考》分前后两部分。前部分“备蝗事宜”，共10条，前3条录自徐光启的《除蝗疏》，后7条摘自董煟《救荒活民书》中的“捕蝗法”；后部分列述宋、元、明三代捕蝗法，其中转录了《康济录》中的“捕蝗必览”。该书多为前人著作的摘编，但也增加了部分新内容。

此书收入《昭代丛书》《学海类编》《艺海珠尘》等丛书中。

治蝗全法

清·顾彦撰。中国历史上篇幅最大、内容最全的治蝗专书。顾彦，字士美，江苏无锡人。

《治蝗全法》共4卷。咸丰六年（1856）顾氏家乡遭蝗灾，乃急编《简明捕蝗法》33条，即为本书第一卷；翌年，增编《官司治蝗法》为第二卷；第三卷收载前人治蝗成说；第四卷为救荒、恤疫、伐蛟、祈祷等与治蝗有关的事项。该书主要为辑录前人论述，有夹注和评语。

此书初刻于咸丰七年（1857），咸丰十年毁于兵火。光绪十四年（1888年）作者之孙顾森书在安徽重刻，增加了伍辅祥《奏陈治蝗诸法书》。

捕除蝗蝻要法三种

清·李惺甫（正名待考）撰。

作者在陕西省长安县任上率民众捕蝗，作《除蝻八要》，与《治飞蝗捷法》《搜挖蝗子章程》合刻一书。

此书有光绪三年（1877）重刻本流传，书名题作《捕除蝗蝻要法三种》。

（六）农作物类

禾谱

北宋·曾安止撰。中国最早的水稻品种志。曾安止，字移忠，江西泰和（今江西泰和县）人，曾任彭泽（今江西彭泽县）县令。退任后，调查当地水稻品种资源，约于元祐五年至九年（1090—1094）写成该书。

《禾谱》共收载以江西泰和地区为主的水稻品种，计有籼稻 21 个（其中早稻 13 个，晚稻 8 个）、糯稻 25 个（其中早糯 11 个，晚糯 14 个），共 46 个品种。

此书约在政和四年（1114）刊印。宋、元时还在流传，约于明末亡佚。现在所见到的《禾谱》，是光绪《匡原曾氏重修族谱》中保留的佚文。

稻品

明·黄省曾撰。记载明代太湖地区水稻品种的专书。又名《理生玉镜稻品》。黄省曾，字勉之，别号五岳山人，江苏吴县人，嘉靖举人。

《稻品》1 050 余字。记载苏、浙、皖水稻品种 35 个。其中，粳稻 21 个，糯稻 13 个，另有 1 种再生稻。不同品种均载明其名称、别名、异名、生育期、形态及生理特征、品质特点等。中国水稻品种在《管子》《广志》《齐民要术》等古籍中已有所反映，但地区性的水稻品种志只有《禾谱》和《稻品》，前者记江西稻品，后者则对太湖地区的水稻农家品种进行了系统、详细的记载。据研究，35 个品种中有 27 个已见于宋代方志，这些品种许多至明代以后仍在流传，19 世纪末 20 世纪初太湖周围 7 个县的方志中共有 32 个水稻品种同《稻品》所记相同。

此书有《居家必备》《万陵学山》《夷门广牍》《丛书集成》等版本。

九谷考

清·程瑶田撰。清代关于中国传统粮食作物名实考证的著作。程瑶田，安徽歙县人，乾隆举人，擅经学，长于名物考证。约成书于乾隆四十五年至五十年（1780—1785）。

《九谷考》约 3 万字。考证了粱、黍、稷、稻、麦、大豆、小豆、麻、瓜 9 种粮食作物。对它们的同名异物、同物异名、生态特征以及种植方法等，均有论证，并能广征博引，同时进行实地考察，开文献考证与农业实践相结合的先河。

此书有嘉庆八年（1803）《通艺录》本。道光九年（1829）又有《皇清经解》本。

泽农要录

清·吴邦庆撰。记述华北地区水稻种植技术的农书。吴邦庆，字霄峰，直隶霸州（今河北省霸州市）人。其家乡地势低洼，常有积水，可以种稻，因而于道光四年（1824）撰此书。

《泽农要录》共6卷，约6万字。分授时、田制、辨种、耕垦、树艺、耘耔、培壅、灌溉、用水、收获10门。概述了北方农业生产的各项技术，主要是辑录历代农书中有关水稻的生产技术资料。每项前，有作者结合实际所写的引言，值得重视。

此书在成书当年即刊刻。由作者所编辑的《畿辅河道水利丛书》也将该书收录在内。

江南催耕课稻编

清·李彦章撰。李彦章，字兰卿，福建侯官（民国时与闽县合并，即今福建闽侯县）人，嘉庆进士。曾任山东、广西、江苏地方官。在任内，关心农事，重视总结农业生产经验，在江苏试种早稻成功。在江苏任按察时，于道光十四年（1834）编纂此书。

《江南催耕课稻编》一卷，约3.3万字。分10目：国朝劝早稻之令；春耕以顺天时；早种以因地利；早稻原始；早稻之时；早稻之法；各省早稻之种；江南早稻之种；再熟之稻；江南再熟之稻。该书主要是辑录各种农书、志书的有关记载。每节后面，都附有作者按语，提出个人见解，如倡种双季稻以提高土地利用率等。李彦章搜集的早稻历史文献，包括品种资源、种植技术等，有很重要的农学价值，为其他农书所不及。

此书在写成当年即刻印，前有陶澍、林则徐的序和作者自序，收在李氏的《榕园全集》中。

释谷

清·刘宝楠撰。清代考释作物名称的农书。刘宝楠，字楚桢，江苏宝应（今江苏宝应县）人，道光进士。曾任文安、三河（今河北文安县、三河市）知县，著述颇丰。道光二十年（1840）撰成此书。

《释谷》共4卷。卷一释禾；卷二释黍、稷、稻、麦；卷三释豆、麻、苽蒋；

卷四释谷，逐一论证五谷、六谷、八谷、九谷。作者广引历代训诂、本草、医学、农学等文献，详为论述农作物的来源等，持之有据，并提出个人见解。

此书初刻于道光二十年。此外，尚有咸丰五年（1855）、光绪十四年（1888）等刻印本。

金薯传习录

清·陈世元撰。清代宣传推广甘薯的文献彙辑。陈世元，字捷先，号觉斋，福建晋安人。他的六世祖陈振龙于明万历间从吕宋（今菲律宾）引种甘薯到福建。当时正值福建旱饥，为救荒，陈振龙之子陈经纶将种薯法献给巡抚金学曾，在全省推广，收到好效果，因而称甘薯为“金薯”。

《金薯传习录》二卷。上卷是全书重点，收录了有关甘薯的记事和档案，介绍了甘薯的种植、食用、保藏、加工方法等；下卷是有关甘薯的歌咏题词。

此书原刻于乾隆三十三年（1768），乾隆四十一年又经删补重刻。福建省图书馆藏有原刻孤本。1982 年农业出版社出版有《金薯传习录·种薯谱》的合刊本。

甘薯录

清·陆燿撰。清代记述甘薯种植、贮藏、加工、食疗的专著。陆燿，字朗夫，江苏吴江（今江苏吴江市）人，乾隆举人。作者在山东为官时，为宣传推广种植甘薯而撰此书。

《甘薯录》一卷，约 3 300 字。书前有小引，记述了前任布政使李渭教导山东农民种甘薯之事。全书皆为前人论述甘薯文献的辑录，有谢肇淛《五杂俎》、王象晋《群芳谱》、李时珍《本草纲目》、徐光启《甘薯疏》、陈世元《金薯传习录》等，分为辨类、劝功、取种、藏实、制用、卫生 6 目。

此书现存乾隆四十一年（1776）原刻本，又有《赐砚堂丛书》本、《昭代丛书》本、《海粟庐丛书》本等版本。

棉花图

清·方观承撰。方观承，字遐谷，号问亭，安徽桐城（今安徽桐城市）人，任直隶总督 20 余年。他留心观察河北植棉技术及纺织工艺，于乾隆三十年（1765）将棉事活动绘图列说，撰成《棉花图》。同年乾隆帝南巡，驻保定行宫，方氏献呈《棉花图》，乾隆欣然为之题诗，故又称《御题棉花图》。

《棉花图》有图 16 幅。计有：布种、灌溉、耘畦、摘尖、采棉、拣晒、收贩、轧核、弹花、拘节、纺线、挽经、布浆、上机、织布、练染。每图均有乾隆帝和方观承的七言诗，并有文字说明。图前有方氏奏折，图后附康熙帝的《木棉赋》。

《棉花图》石刻现存于河北省博物馆。1986 年河北科学技术出版社出版有《御题棉花图》。

木棉谱

清·褚华撰。褚华，字文洲，又字秋萼，江苏上海县（今上海市）人。生当清代乾嘉时期，当时上海一带种棉业及纺织业极为繁盛。褚氏留心棉事，乃著《木棉谱》。

《木棉谱》不分卷，约 7 500 字。主要是辑录《农政全书》及其他有关文献，内容包括播种、施肥、整枝、采摘等植棉技术以及轧花、弹花、纺纱、织染等纺织技术等。反映出当时上海地区植棉业与纺织业的特色。

此书有《艺海珠尘》本、《昭代丛书》本、《农学丛书》本、《上海掌故丛书》本、《丛书集成》本等版本。

糖霜谱

宋·王灼撰。中国古代关于甘蔗栽培与制糖的专著。王灼，字晦叔，号颐堂，四川遂宁（今四川遂宁县）人。作者家乡盛产蔗糖。约于绍兴年间（1131—1162年）写成此书。

《糖霜谱》共一卷，全书分原委、故事、种蔗方法、制糖器具、糖霜制法、制作结果、成品功用 7 节。后面有绍兴二十四年（1154）卧云庵僧人守元的跋。该书对研究中国甘蔗栽培及制糖技术的发展史，很有参考价值。

此书有《楝亭十二种》本、《学津讨源》本、《美术丛书》本、《丛书集成》本等版本。

烟谱

清·陆燿撰。关于烟草的专著。陆燿，字朗夫，江苏吴江人，乾隆举人。完成于乾隆三十一年至三十九年（1766—1774）。

《烟谱》分生产、制造、器具、好尚、宜忌 5 部分。后附《烟草歌》，简叙烟草的来历、产地、种植、加工、烟具等。此后又有陈琮的《烟草谱》、赵古农的《烟经》等书问世。

此书有《昭代丛书》本。

（七）园 艺 类

学圃杂疏

明·王世懋撰。王世懋，字敬美，自号损斋道人，南京太仓（今江苏省太仓市）人。作者生平爱种花木，对花的培育颇有经验。万历十五年（1587）撰成此书。

《学圃杂疏》分 3 卷：卷一，花疏；卷二，果疏、蔬疏、瓜疏、豆疏、竹疏；卷三，拾遗。并附有慎懋官的《华夷花木考》中栽培牡丹法等若干条。全书以花为主，所记 30 余种，以及各种树木，大都是作者本人花园中所种，内容多为实践经验，简要而切实。

此书收在《王奉常杂著》中，另有《说郛续》本、《广百川学海》本。

灌园史

明·陈诗教撰。记述花、果、茶、竹掌故及其栽培的专著。陈诗教，字四可，号绿夫，浙江秀水人。书前有陈继隽、（释）智舷两序，均署万历丙辰（万历四十四年，1616 年），可能作者于这一年完成此书。

《灌园史》四卷，即古献前、古献后、今刑前、今刑后。“古献”前后两部分记述从五帝三代到明代有关花、果、蔬、谷的掌故。“今刑”前后两部分又分花月令、总结、花卉、竹树、瓜果、茶蔬 6 目，介绍各种花卉、瓜果的栽培方法。《灌园史》对后世园艺研究有一定影响，《汝南圃史》多所引用。

此书仅见万历刻本，另有一些抄本。

汝南圃史

明·周文华撰。明代记述种植花木蔬果的农书。周文华，字含章，苏州人。书前的陈元素序，题万历庚申（1620 年），该书当于是年完成。

《汝南圃史》共 12 卷，分为月令、栽种十二法、花果、木果、水果、木本花、条刺花、草木花、竹木、蔬菜、瓜豆。卷一“月令”详列每月园艺活动安排。卷二“栽种十二法”介绍从下种到收种等 12 项栽培管理技术。这两部分多为辑录前人文献，并注明出处。卷三至卷十二，分别介绍了 185 种植物的栽培技术。本书除引用资料外，多为作者“较为切实”的实践经验。

此书除万历刻本，尚有清初复刻本。

笋谱

宋·（僧）赞宁撰。中国最早的竹笋专著。赞宁，俗姓高，浙江德清（今浙江德清县）人。约于10世纪末撰成该书。

《笋谱》一卷，约1万字。共分5目："一之名"列举笋的别名，并记其栽培法；"二之出"记述98种笋的名称、形态、生长特性、产地以及各种竹的用途等；"三之食"记述笋的性味、调治、烹饪加工、保藏方法；"四之事"记述笋的典故；"五之说"为有关笋的杂说。该书所引古籍，今多不传，因此很有参考价值。

此书有《百川学海》本、《说郛》本、《山居杂志》本、《唐宋丛书》本等版本。

菌谱

南宋·陈仁玉撰。中国最早的菌类专谱。陈仁玉，字碧栖，浙江台州仙居（今浙江仙居县）人。家乡台州是"菌类之乡"，于淳祐五年（1245）撰此书。

《菌谱》一卷，约900字。共记述合蕈、稠膏蕈、栗壳蕈、松蕈、竹蕈、麦蕈、玉蕈、黄蕈、紫蕈、四季蕈、鹅膏蕈11种食用菌。分别记其产地、生长环境、形态特性、采撷时间以及色味等，还附有解毒法。该书对研究古代食用菌有重要参考价值。此后产生的菌类专著，有明代潘之恒的《广菌谱》、清代吴林的《吴菌谱》等。

此书有《百川学海》本、《说郛》本、《山居杂志》本、《墨海金壶》本、《仙居丛书》本、太平陈氏枕经阁本、《古今图书集成》本、《植物名实图考长编》本等版本。

野菜谱

明·王磐撰。王磐，字鸿渐，号西楼，南京高邮（今江苏高邮市）人。生活在正德嘉靖年间，时值江淮连年遭受水旱灾害，饥民以野草充饥。王氏唯恐饥民误食野草伤生，经过调查访问，于嘉靖三年（1524）撰此书，又名《王西楼野菜谱》。

《野菜谱》仅一卷，记述60多种野菜的性状及食用方法。每种野菜都有附图，并配诗歌一首。本书流传较广，徐光启《农政全书》将其收入。后由明滑浩剔去绘图，依次题诗，排列次序有所改动，仍用原书名《野菜谱》印行。

此书有《山居杂志》本、《说郛续》本、《古今图书集成》本等版本。

野菜博录

明·鲍山撰。鲍山，字元则，号在斋，自署香林主人，南京婺源（今江西婺源县）人。性喜以野菜充饥。早年将野菜移植园中以供食用。后到黄山筑宝隐居，尝遍当地野草，将其名称、性味、调制方法等分门别类，于天启二年（1622）完成此书。

《野菜博录》共3卷，记野菜435种，分草、木二部，又按可食部分，分若干类。每种野菜均有图，并注明性状和食用方法。原书三卷，《四库全书总目》农家类著录作四卷，但所记野菜只有 262 种。

此书有天启初刻本，后又有《四部丛刊》影印本。

茹草编

明·周履靖撰。周履靖，字逸之，号梅墟山人，浙江嘉兴人。

《茹草编》记录野菜 100 余种，都有附图。卷一载李日华、张之象的文字，后面绘有荷花、紫草等 49 种草类之图，咏之以诗，同时叙述了采集的时间和食用方法。卷二用图的形式介绍了倒灌高等 52 种草类。卷三、卷四列记有关茹草的古语以及古人服食草木事迹。

此书有《夷门广牍》本。

野菜笺

明·屠本畯撰。屠本畯，字田叔，浙江鄞县人。

《野菜笺》自序中讲本书所记品种与《野菜谱》和《茹草编》收录的种类不同，共有 22 种。

此书传世版本只有《说郛续》本。

野菜赞

清·顾景星撰。顾景星，字赤方，号黄公，湖北蕲州人。作者因遇顺治九年（1652）灾荒采食野菜得以不死后成此书。

《野菜赞》对 44 种野菜一一记述其性状、食用方法，每种后附“赞”。

此书有《昭代丛书》本。

荔枝谱

宋·蔡襄撰。最早记述福建荔枝的专著。蔡襄，字君谟，福建仙游（今福建仙游县）人。生于荔枝之乡，于嘉祐四年（1059）撰成该书。

《荔枝谱》分 7 篇。第一篇记福建荔枝的史实；第二篇专记仙游的荔枝；第三篇叙述福州产荔之盛及远销情况；第四篇述荔枝用途；第五篇记荔枝栽培法；第六篇讲贮藏加工；第七篇记荔枝品种 32 个，并述其产地、特点。蔡襄的《荔枝谱》是中国现存最早的荔枝专著，也是现存最早的果树栽培学专著。唐宋时期至少还有 3 本荔枝专著，但是这 3 本荔枝谱都没有流传下来。不仅如此，蔡襄的《荔枝谱》还是最早的果树栽培学著作，较之后的《永嘉橘录》在成书时间上要早 100 多年。

此书收在作者的《蔡忠惠公集》中。另有《百川学海》本、《说郛》本、《艺圃搜奇》本、《丛书集成》本等版本。2008年中国农业出版社出版的彭世奖《历代荔枝谱校注》收有此书。

闽中荔枝通谱

福建荔枝谱的合集。有两种：其一是明・屠本畯编，收蔡襄和徐𤊹的两谱；其二是明・邓庆采编，收蔡襄、徐𤊹、宋珏、贾蕃及编者本人的五种荔枝谱，其中以徐著的《荔枝谱》最重要。邓庆采，字道协，福建福州人。

徐𤊹，字兴公，明福建闽县（今福建闽侯县）人。所著《荔枝谱》共7卷。卷一叙福建荔枝品种，计有福州41种、兴化25种、泉州21种、漳州13种，共100种；卷二介绍荔枝的种植、贮藏、加工与食用方法；卷三述荔枝的典故；卷四、卷五、卷六收录有关荔枝的诗文；卷七收作者的荔枝诗。徐谱收录较详，是研究荔枝史的重要参考资料。

屠编《闽中荔枝通谱》初刻于万历二十五年（1597）。邓编的《闽中荔枝通谱》刻于崇祯二年（1629）。

荔谱

清・陈定国撰。陈定国，字紫严，福建长乐人。

福建长乐荔枝树高大，有高达40丈者。其果实丰硕，大熟之年一棵树就能摘四五千斤。《荔谱》就是他在该处所写，分为辨种、辨名、辨地、辨时、辨核、辨运6项进行叙述，后有附录若干条。

此书有《昭代丛书》本。

岭南荔枝谱

清・吴应逵撰。记述广东荔枝的专书。吴应逵，字鸿来，号雁山，广东鹤山（今广东鹤山市）人，乾隆举人。此书撰于道光六年（1826）。

《岭南荔枝谱》分6卷：卷一，总论；卷二，种植；卷三，节候；卷四，品类；卷五、卷六，杂事。该书多为汇辑前人有关广东荔枝的记事，引文注明出处，并附加作者按语，是研究广东荔枝的重要资料。

此书有《岭南丛书》本、《丛书集成》本等版本。2008年中国农业出版社出版的彭世奖《历代荔枝谱校注》收有此书。

龙眼谱

清・赵古农撰。记述广东龙眼的专书。赵古农，字圣伊，广东番禺（今广东番禺县）人。于道光五年（1825）撰成该书。书前有高廷瑶、方仰周二序及自序。

《龙眼谱》记述珠江三角洲龙眼的产地、品种、种植、嫁接、贮藏加工方法以及有关龙眼的典故、前人题咏等。

此书有道光九年（1829）广州厂广山房刻本。

打枣谱

元·柳贯撰。中国最早记枣的专书。柳贯，字道传，浦阳（今浙江浦江县）人，官至翰林待制。

《打枣谱》一卷，不足500字。内容分“事”与“名”两部分。“事”述枣的用途及有关掌故；“名”记枣73种，有的记其产地，见于何书；有的仅有名称。该书内容较简略。

此书仅有《说郛》本一种版本。

水蜜桃谱

清·褚华撰。褚华，字文洲，又字秋萼，江苏上海县人。记载上海水蜜桃的专书。水蜜桃是上海特产。《水蜜桃谱》书前有嘉庆十八年（1813）陈文述的序。此书约完成于18世纪末到19世纪初。

《水蜜桃谱》共22段，详述水蜜桃的源流、栽培、嫁接以及防虫方法等，还讲到水蜜桃的特点。篇幅不长，但条理明晰。

此书最早有申江李氏刊本。后又有《农学丛书》本、《上海掌故丛书》本以及北洋官报局石印本。

橘录

宋·韩彦直撰。又称《永嘉橘录》。韩彦直，字子温，陕西延安府肤施县（今陕西延安市东北）人，是南宋著名抗金将领韩世忠的长子。曾任温州（今浙江温州市）知府。温州（古称永嘉）盛产柑橘，韩氏进行调查研究，于淳熙五年（1178）撰此书。

《橘录》共3卷，5 000余字。上卷、中卷记柑橘品种，包括柑8种、橘14种、橙5种，共27种；下卷分述种治、始栽、培植、去病、浇灌、采摘、收藏、制治、入药9个方面的技术知识。

《橘录》不仅是世界上最早的一部柑橘专书，而且是世界上第一部果品分类专书。世界柑橘分类学专家美国斯文格认为这是描述柑橘属各品种的一部最古老的科学论著。1923年该书英文版在荷兰问世。

此书问世800年来，素负盛名，多次雕版重印，计有《百川学海》本、《说郛》本、《山居杂志》本等七八种版本，其中以《百川学海》影印本为最早。2010年中国农业出版社出版有彭世奖的《橘录校注》。

槜李谱

清·王逢辰撰。记述浙江嘉兴特产槜李的专书。王逢辰，字艺亭，浙江嘉兴（今浙江嘉兴市）人。咸丰七年（1857）撰此书。

《槜李谱》一卷，30条。主要记述槜李的栽植、移接、虫害、采摘、收贮、食用等。此书的序、题词等文字较多，约占三分之二。与此书同名的还有民国年间朱梦仙的《槜李谱》，较王谱为详，今人逸梅为之序，有上海中央印刷公司排印本。

此书除原刻，还有槐花吟馆重刻本和《农学丛书》本。

魏王花木志

撰者不详。

简述16种花木：思惟、紫菜、木莲、山茶、溪荪、朱槿、莼根、孟娘菜、牡桂、黄辛、紫藤花、郁树、卢橘、楮子、石南、茶叶。

此书辑录在重校《说郛》第104与国学扶轮社辑《香艳丛书》1914年上海中国图书公司和记排印本第五集中。

洛阳牡丹记

北宋·欧阳修撰。中国现存最早的牡丹专著。欧阳修，字永叔，号醉翁，又号六一居士，江西吉水（今江西吉水县）人。在洛阳见到当地农业繁盛，民俗酷爱牡丹，乃将所见所闻，于天圣九年（1031）撰成此书。

《洛阳牡丹记》一卷，约1 700余字。分三篇：一为“花品序”，记牡丹名品24个；二为“花释名”，记牡丹品种及栽培史；三为“风俗记”，记民间赏花风俗。书中反映出宋代已有经营花卉业的“花户”，并总结了时人种花、接花、浇花、养花、医花的方法，是研究北宋花卉园艺的珍贵资料。

此书流传极广，有《百川学海》本、《山居杂志》本、《墨海金壶》本、《丛书集成》本等10余种版本。

扬州芍药谱

北宋·王观撰。王观，字达叟，江苏如皋人，知扬州江都县事时写下此书。

《扬州芍药谱》开卷先讲芍药的栽培方法，中间列举芍药的品种，最后有一篇后论。

此书有《百川学海》本、《说郛》本、《山居杂志》本、《珠丛别录》本、《墨海金壶》本、《香艳丛书》本、《扬州丛刻》本、《丛书集成》本等版本。

洛阳花木记

北宋·周师厚撰。宋代记述洛阳地区花卉品种和栽培技术的专书，是花卉著作中最早的一种。周师厚，字敦夫，鄞（今浙江宁波鄞州区）人，曾在洛阳做官，遍游名园花圃，见到不少名花名木，并参照他人的有关著作，于元丰五年（1082）完成此书。

《洛阳花木记》一卷。记述牡丹品种109个，芍药品种41个，杂花82种，各种果花147种（其中，桃30个、梅6个、杏16个、梨27个、李27个、樱桃11个、石榴9个、林檎6个、木瓜5个、柰10个），刺花37种，草花89种，水花19种，蔓花6种。花品之后，详述其栽培技术。

此书有《说郛》本。

洛阳牡丹记

北宋·周师厚撰。

《洛阳牡丹记》中所记牡丹64种，可视为《洛阳花木记》的补充。

此书有《说郛》本、《香艳丛书》本、《古今图书集成》本、《植物名实图考长编》本等版本。

陈州牡丹记

宋·张邦基撰。张邦基，字子贤，高邮人。政和年间（1111—1117年），张邦基侨居陈州，写下这篇短文。

《陈州牡丹记》所记为一次牡丹的突变现象，有一定农学参考价值。

此书有《说郛》本、《笔余丛录》本、《香艳丛书》本、《古今图书集成》本等版本。

亳州牡丹史

明·薛凤翔撰。薛凤翔，字公仪，安徽亳州人。

《亳州牡丹记》体裁仿效史书，分为纪、表、传、外传、别传、花考、神异、方术、艺文等目。其中的“八书”部分为一种、二栽、三分、四接、五浇、六养、七医、八忌，各自成篇，详论牡丹栽培方法。“表”的部分包括：一为花之品；二为花之年，注明牡丹种植管理的时令。

此书南京图书馆藏有万历刻本。

曹州牡丹谱

清·余鹏年撰。余鹏年，字伯扶，安徽怀宁人，乾隆举人。成书于乾隆五十七年（1792）。

《曹州牡丹谱》记录的牡丹达56种，后面作为附记叙述了7条曹州牡丹的栽培方法，记载得非常详细。

此书有《丛书集成初编》本、《喜咏轩丛书》本。

牡丹谱

清·计楠撰。计楠，字寿乔，自号甘谷外史，又称薏华农和雁湖花主，浙江秀水人。成书于嘉庆十四年（1809）。

《牡丹谱》“前引”部分记录了撰者与平望程鲁山、嘉定韩湘仲、赵沧螺等友人花时互相投赠新种，秋时进行分接等事。并以释花名的形式，列记了亳州种24、曹州种19、法华（松江）种47、洞庭山种8、平望程氏种5，共计103种，各附简单说明。后面分为原略、种法、浇灌、接法、花式、花品、花忌、盆玩等项目，对栽培方法进行了详细的叙述。

此书有《昭代丛书》本、《农学丛书》本等版本。

花史左编

明·王路撰。王路，字仲遵，号澹云，浙江嘉兴人。明末综述花卉品名、种艺技术、利用及病虫害防治的专书。王路平生有花癖，入山经营草堂，种花栽竹，辑录有关各种花木品目、故事以及艺植方法等，于万历四十五年（1617）著此书。

《花史左编》共24卷。每卷为一部，都用三个字为标题，如“花之名”“花之品”等。其中，“花之辨”部辨析一花数名、一名数色以及异瓣、异实、异味、异产、培灌异法等；“花之候”部讲述花的培养、寒暑、朝暮、春秋、年月时日各有讲究；“花之宜”部记花的栽培、浇灌、护持等，关于种菊尤为详细；“花之忌”部列举各花的病害、虫害和疗法。

此书版本多为明万历间刻本或抄本。

花佣月令

清·徐石麒撰。徐石麒，字又陵，号坦庵，江都人。

《花佣月令》记述了约250种果蔬花木在一年中的栽培法，包括移植、分栽、下种、过接、扦压、滋培、修整、收栽、防忌九事。所述地域是江苏。所述内容都由他本人一度亲自试种，否则便一一附言说明。

此书长期以来都以写本流传，后吴丙湘将其刻板收入到《传砚斋丛书》中印行。

花镜

清·陈淏子撰。清代著名的观赏园艺植物专著。陈淏子，一名扶摇，自号西湖花隐翁，明末杭州人。生平酷嗜栽花，明亡后，退隐田园，以园艺为乐，于康熙二十七年（1688）即陈氏77岁时完成此书。

《花镜》共6卷，约11.2万字。卷一是栽花月令，详记各月应做之事；卷二"课花十八法"，即栽花总论，概述种花原理和技术、培护方法及造园艺术，是全书的精华；卷三至卷五是栽培各论，共收花352种，分述其异名、性状及栽培方法；卷六附录，略述45种鸟兽虫鱼的饲养方法。《花镜》文字简洁流畅，技术性强。后世翻刻，往往又题《秘传花镜》《园林花镜》《群芳花镜书》等名。

国内现存10多种版本，以康熙间刻本为最早。此书传到日本，经日本学者加注训诂，在日本重刻出版。1962年农业出版社出版有伊钦恒的校注本。

培花奥诀录

清·古鄂绍吴散人知伯氏撰（自署）。

《培花奥诀录》先讲小型庭园的布置，其次是庭园花木四时培植法，列举60余种，关于牡丹、芍药、菊、兰、竹谈得最为详细。附记接剥、扦插、布种、移栽、截取、骟嫁、除虫、蔽日、御寒、浇粪等法。又次讲宜于盆栽花木60多种，而诸法附于后。

中国国家图书馆有藏本，与《赏花幽趣录》合刊一本。

芍药谱三种

北宋记述芍药的专谱。共3种，作者分别为刘攽、王观、孔武仲。

刘谱名《芍药花谱》，作于熙宁六年（1073），是最早的芍药谱。书中记扬州芍药31个品种，评为7等，所记诸花均附图。陈景沂《全芳备祖》收其全文。

王谱名《扬州芍药谱》，作于熙宁八年（1075），本书大体依刘谱序次，另增补8种。此书版本颇多，以《百川学海》本为最早。

孔谱名《芍药图序》，约完成于元祐元年（1086）。记芍药名品33个，详叙各种特色，并附图。宋代吴曾的《能改斋漫录》收其全文。《豫章丛书》和《清江三孔集》亦收录。

菊谱

北宋·刘蒙撰。现存最早的菊花专著。成书于崇宁三年（1104）。

《菊谱》记名菊35品。除各叙其形色，还兼及产地。

此书有《百川学海》本、《说郛》本、《香艳丛书》本等版本。

自宋至清，先后产生菊谱类书近40种，著名的有宋代范成大的《菊谱》(又名《范村菊谱》)、明代黄省曾的《艺菊书》、清代陆廷灿的《艺菊志》等。

百菊集谱

宋·史铸撰。史铸，字颜甫，号愚斋，山阴（今浙江绍兴市）人。本书汇辑各家的专谱，加上史氏自撰的新谱，汇编成有关菊花品种的专书。

《百菊集谱》共6卷，补遗一卷。卷首列举菊的品目163种。卷一记洛阳、虢地、吴中、石湖四地的菊花名品；卷二以“诸州品类”为题，辑各地菊花品种；卷三分“种艺”“故事”，记艺菊之法及有关典故；卷五摘录胡融的《菊谱》；卷六录自题各种菊品诗及唐宋人咏菊诗；补遗为杂选咏菊诗文。本书收录资料颇多，反映出宋代艺菊成就。《四库全书总目提要》认为是书非一次编成。

此书有《山居杂志》本和单行本。

德善斋菊谱

根据王毓瑚《中国农学书录》记载：“德善斋菊谱，一卷。此书也只见于《千顷堂书目》，撰人题‘镇平恭靖王有炫’。按，《明史·周王传》附有其子镇平王有爌传，有炫必是有爌的兄弟，后来袭爵的。书没有流传下来。”

《德善斋菊谱》汇集了明代中州及毗邻地区100个菊花优良品种的图谱，包括黄色41种，白色20种，红色30种，紫色9种。每图前赋有七言诗一首，序言每页10行，每行17字，共401字。目录1 580字。诗每行10字（其中一行为8字)，每页3行，共2 800字。品种的形态特征1 064字。种植浇灌之法531字。后序364字。卧云房补遗种菊法550字。书名12字。总计6 780字。全书分天、地两册，每册54页，共108页。

此书明代版本现存于美国哈佛大学燕京图书馆。

艺菊书

明·黄省曾撰。黄省曾，字勉之，别号五岳山人，江苏吴县人，嘉靖举人。

《艺菊书》是撰者所写《农圃四书》之一，分为贮土、留种、分秧、登盆、理缉、护养六目，叙述了艺菊的详细心得，较之以论述花品为主的宋代菊谱，确为园艺学上更进一步的著作。

此书有《百陵学山》本、《山林经济籍》本、《格致丛书》本、《新刻农圃四书》本、《夷门广牍》本、《丛书集成初编》本等版本。

菊谱

明·周履靖撰。周履靖，字逸之，号梅墟山人，浙江嘉兴人。

《菊谱》上卷，以“艺菊法”为题，分述了培根、分苗、择本、摘头、掐眼、剔蕊、扦头、惜花、护叶、灌溉、去蠹、抑扬以及拾遗、品第、名目（222种）15目；下卷收有前述黄省曾撰的《艺菊书》。

此书有《夷门广牍》本，《丛书集成》本据《夷门广牍》本影印。

种菊法

明·陈继儒撰。陈继儒，字仲醇，号眉公，又号麋公。

《种菊法》分为养胎、传种、扶植、修葺、培护、幻弄、土宜、浇灌、除害、辨别10目叙述。

此书有《农学丛书》本、《古今文艺丛书》本等版本。

菊谱

清·叶天培撰。撰者生平不详。

《菊谱》分别讲述培根、蓄子、择地、换土、布子、开畦、栽苗、分芽、分枝、删繁、培土、护叶、扶干、系线、灌水、培肥、扦插、留蕊、捕虫、救种、便移、遮篷、登盆、盆植的技巧，并且谈到了编篱、列屏、插瓶等。后列举各色著名品种145个，都不见于旧谱。

此书收录于《问秧馆菊录》中。

菊说

清·计楠撰。计楠，字寿乔，自号甘谷外史，又称薏华农和雁湖花主，浙江秀水人。作者对菊花有浓厚的兴趣，并常与江浙各地友人互相交换。

《菊说》列举了菊花品种236种，并对其中50种菊花新种作了释名。又以“艺法臆言”为题，分为储土、蓄肥、分苗、灌溉、修葺、扦接、保叶、捕虫、惜花、位置、养秧、通情、细种别法、子出14目，叙述了作者蕴蓄多年的菊艺心得。又以“新种续录”为题续举了54种。

此书有《昭代丛书》本。

艺菊新编

清·萧清泰撰。撰者生平不详。据作者女婿李永振的跋文记载，此书为萧清泰口述，李永振记录整理形成。据说是这位菊花爱好者在30余年经验的基础上，综合诸家精意写成的。

《艺菊新编》共40条，对于菊花的种植、护养讲得极为详细。

此书收入赵诒琛、王保譿同辑《甲戌丛编》1934年昆山赵学南太仓王慧言排印本。

海天秋色谱

清·闵廷楷撰。闵廷楷，字贡甫，江苏吴县人。

《海天秋色谱》审定了撰者多年爱好的菊花170余种，分为9品，详细描写了它们的形态和色泽等，然后以“养菊法”为题，叙述了留种、贮土、分苗、培干、护叶、利水、粪肥、防患、知性、锡类10条。

此书有《艺海一勺》本。

艺菊须知

清·顾禄撰。顾禄，字铁卿，号茶磨山人，江苏吴县人。此书参照明代屠承爔《艺菊十要》，兼采友人与自己种菊心得写成。

《艺菊须知》分上、下两卷，下卷增加了培子、护脚、区种、置盆、选竹、浸草、剔泥、采花、乞种、觅伴、辨性共12条。最后附栽菊宜忌各24项。

此书有茶磨山馆刻本和《艺海一勺》本。

金漳兰谱

南宋·赵时庚撰。中国第一部兰花专著。赵时庚，号澹斋，为宋宗室，自称爱兰成癖，于绍定六年（1233）撰此书。

《金漳兰谱》共3卷，分5篇：“叙兰容质”记兰花品种21个；“品兰高下”论兰花品质优劣；“天地爱养”记兰的方位、气候、干湿、治虫等养兰方法；“坚性封植”论分根、覆沙、培育方法；“灌溉得宜”记浇灌、施肥之法。因作者有实践经验，内容翔实，是研究兰史的重要资料。

明代高濂编《遵生八笺》将其收入。此书又有《说郛》本、《群芳清玩》本、《笔余丛录》本、《香艳丛书》本、《广百川学海》本等版本。

兰谱

南宋·王贵学撰。又名《王氏兰谱》。王贵学，字进叔，临江人。书前有作者的自序，作于淳祐丁未（1247年），较赵氏兰谱晚出10余年。

《兰谱》共6条，即品第之等、灌溉之候、分析之法、沙泥之宜、爱养之地、兰品之产。

此书有《百川学海》本、《说郛》本、《文房奇书》本、《山居小玩》本、《笔余丛录》本、《香艳丛书》本等版本。

兰蕙镜

清·屠用宁撰。屠用宁，字晸曜，又字芸庄，江苏荆溪人。书前自序作于嘉庆十六年（1811）。

《兰蕙镜》为作者多年养兰心得，共30目，其中包括“十二月养花法”。

此书有《艺海一勺》本。

艺兰记

清·刘文淇撰。刘文淇，字孟瞻，江苏仪征人，嘉庆年间优贡生。

《艺兰记》先略述兰的品种（80余字），然后分为艺兰口诀（从正月到腊月的注意事项）、种植、位置、修整、浇灌、收藏、卫护、酿土等目进行叙述。

此书收入《美术丛书》1928年上海神州国光社单排本初集第一辑第三册，标明是依撰者手写本刊印。

兰蕙同心录

清·许鼐龢撰。许鼐龢，字羹梅，号霁楼，浙江秀水人。成书于同治四年（1865）。

《兰蕙同心录》分上、下两卷。上卷讲栽种、浇灌、施肥、防护等方法，共40目；下卷讲品状，共27目，内容大部分是作者的经验和心得。后附有“种兰蕙四季口诀”及“蕙蕊头形八法”。书中配有几十幅插图，附带详细解释。

此书现有竟芳仙馆石印本。

范村梅谱

南宋·范成大撰。范成大，字致能，号石湖居士，江苏吴县人，绍兴进士，为政有绩，晚年归故里。“范村”是其家花园名。约于1187—1193年撰成此书。

《范村梅谱》记载范氏私园中所种梅花名品12个。首次记载了梅树营养枝和生殖枝。

此书有《百川学海》本、《说郛》本、《艺圃搜奇》本、《山居杂志》本、《墨海金壶》本等版本。

缸荷谱

清·杨钟宝撰。杨钟宝，字瑶水，上海人。平生钟爱荷花，培育缸荷颇有经验。于嘉庆十三年（1808）完成此书。

《缸荷谱》一卷，约 2 800 字。列述缸荷品种 33 个，分为：单瓣大种 10 个，单瓣小种 7 个，重台种 1 个，千叶大种 9 个，千叶小种 6 个。这种分类法基本与现代分类法一致。书中还总结出出秧、莳藕、位置、培养、喜忌、藏秧 6 条艺荷技艺。

此书有《农学丛书》本、《艺海一勺》本、《农荟》本等版本。

（八）竹木、茶类

竹谱

晋·戴凯之撰。中国第一部竹类专著。戴凯之，字庆预，武昌人。刘宋泰始二年（466）为南康相，《竹谱》约成书于此时。

《竹谱》约 2 000 字。正文为四字韵语，附注释，言简意赅。文中记载中国南北各地所产竹子达 40 余种（一说 61 种），并自为之注，引用古书近 30 种。对各种竹子的形态特征、分布地区、利用价值以及相关历史典故，进行了全面的叙述。其中许多竹种特别是岭南地区的竹种，乃首次见于该书的记载，对研究中国竹子种类的历史分布，进一步开发利用丰富的竹林资源，具有重要的学术价值。更为重要的是，该书开创了中国古代植物学文献著述的一种全新体例，在此之后，一批专门植物谱志相继出现。

此书版本颇多，计有《百川学海》本、《山居杂志》本、《说郛》本、《湖北先正遗书》本、《龙威秘书》本等版本。

桐谱

北宋·陈翥撰。世界上最早论述桐树的专著。陈翥，字子翔，安徽铜陵（今安徽铜陵市）人。因喜种桐及竹，自称桐竹君。该书作于皇祐元年（1049）。

《桐谱》一卷，约 1.6 万字。分叙源、类属、种植、所宜、所出、采斫、器用、杂说、记志、诗赋 10 篇。前四篇和“采斫”“器用”为科学技术性论文；“所出”和“杂说”是关于桐树产地及有关桐树史料的辑录；“记志”载有作者自著的《西山植桐记》和《西山桐竹志》，是作者在西山从事桐树生产和研究的记录。《桐谱》的问世填补了中国农学史上没有植桐专著的空白，同时本书还是古农书中现存唯一的一本桐树专著。

此书有《说郛》本、《唐宋丛书》本、《适园丛书》本、《丛书集成》本、《古今图书集成》本、《植物名实图考》本等版本。今人有潘法连的《桐谱校注》（农业出版社，1983 年）。

茶经

唐·陆羽撰。世界上第一部关于茶的专著。陆羽，字鸿渐，自号竟陵人，又号桑苧翁，湖北竟陵（今湖北天门市）人。陆氏隐居余杭苕溪时，约于唐乾元三年至永泰元年（760—765）撰成该书，后尊称其为“茶圣”。

《茶经》分三卷十门，即一之源、二之具、三之造、四之器、五之煮、六之饮、七之事、八之出、九之略、十之图。其中“一之源”记茶的生产和特性；“二之具”记采茶所用的器物；“三之造”记茶叶的加工，这节的中心是叙述饼茶的制法；“四之器”记茶叶加工时所用的器物；“八之出”记茶的产地，都属农学范围。《茶经》系统地记载了中国古代有关茶事活动的历史，从而说明中国是世界上茶树的原产地。对饮茶功能的探讨，为茶叶学的建立和发展提供了动力和基础。同时，《茶经》总结、推广了唐代中期中国先进的造茶工艺。

此书流传广，版本多，有《百川学海》本、《说郛》本、《山居杂志》本、《格致丛书》本、《唐宋丛书》本、《学津讨源》本等近 30 种版本。明、清、民国均有单行本。此外，还有日译本和英译本。1987 年农业出版社出版有吴觉农主编的《茶经述评》（2005 年再版）。

茶录

北宋·蔡襄撰。蔡襄，字君谟，莆田（今福建莆田市）人，曾任福建转运使，习知茶事。约于皇祐年间（1049—1054 年）撰成该书。

《茶录》不足 800 字，分上、下两篇。上篇论茶，分色、香、味、藏茶、炙茶、碾茶、罗茶、候汤、熁盏、点茶 10 条。下篇论茶器，分茶焙、茶笼、碪椎、茶钤、茶碾、茶罗、茶盏、茶匙、汤瓶 9 条。

此书有治平元年（1064）刻石拓本。此外，还有《百川学海》本、《说郛》本、《格致丛书》本、《丛书集成》本等版本。

东溪试茶录

北宋·宋子安撰。撰者事迹无考。东溪在福建建安（今福建建瓯市）境内，是闽茶产地之一。该书约完成于治平元年（1064）前后。

《东溪试茶录》约 3 000 字。首为绪论；次分叙焙名、北苑、壑源、佛岭、沙溪、茶名、采茶、茶病八目，对诸焙沿革以及所属各茶园的位置和特点，叙述较详。“采茶”与“茶病”讲采茶方法与茶病防治技术，所论皆很切实。

此书有《百川学海》本、《说郛》本、《格致丛书》本、《丛书集成》本、《茶书全集》本等版本。

大观茶论

北宋·赵佶撰。约成书于大观年间（1107—1110 年）。

《大观茶论》一卷，近 3 000 字。前为绪言；次分地产、天时、采择、蒸压、制造、鉴辨以及藏焙、品名等 20 目，对茶的产地、采制、烹试、品质，叙述翔实。

此书为宋·晁公武《郡斋读书志》著录，题作《圣宋茶论》。有《说郛》本、《古今图书集成》本。

品茶要录

北宋·黄儒撰。黄儒，字道辅，建安人，熙宁六年（1073）进士。

《品茶要录》叙述了建茶的采制、烹试方法，指出了制茶的疵病和售茶的欺诈。本书正文约 1 300 字，分为采造过时、白合盗叶、入杂、蒸不熟、过热、焦釜、压叶、渍膏、伤焙、辨壑源沙溪 10 目进行叙述。

此书有《说郛》本、《夷门广牍》本、《五朝小说》本、《茶书全集》本等版本，也有单行本。

宣和北苑贡茶录

南宋·熊蕃撰。熊蕃，字叔茂，号独善先生，建阳人。

《宣和北苑贡茶录》约 1 700 字，图 38 幅，旧注约 1 000 字。在简述建安茶的沿革、贡茶的变迁、茶芽的等级之后，还列举了贡茶 40 余种的名称及其制造的年份。他的儿子熊克把贡茶的形态和尺寸一一图示，并把他父亲的“御苑采茶歌十首并序”辑入其中，于淳熙九年（1182）出版。

此书原刻本没有流传下来，辑录本有涵芬楼《说郛》卷第六十、《五朝小说》宋人百家第三十册。

北苑别录

南宋·赵汝砺撰。赵汝砺是熊蕃的门生，他在担任福建路转运使主管帐司之时，有感于《宣和北苑贡茶录》一书有不完备的地方，于淳熙十三年（1186）撰著此书。

《北苑别录》一卷，约 2 800 字，旧注约 700 字。补“别录”所遗，熊氏书中辑入贡品，此书均有著录，内容详于采茶、制茶的方法。

此书有《读画斋》本、《说郛》本、《五朝小说》本等版本。

茶谱

明·钱椿年（1539 年）撰，明·顾元庆删校（1541 年）。顾元庆，字大有，号大石山人，长洲人。嘉靖二十年（1541）完成该书。

《茶谱》约 1 200 字。分为茶略、茶品、艺茶、采茶、藏茶、制茶诸法等目。后附“煎茶四要”和“点茶三要”，是讲烹茶与品茶的。并附茶具图赞 8 幅。是明代茶书中较好的一种。

此书有《顾氏文房丛刻》本、《山居杂志》本、《格致丛书》本等版本。

茶疏

明·许次纾撰。许次纾，字然明，浙江钱塘（今浙江杭州市）人。生平嗜茶，精于茶理。该书成书于万历二十五年（1597），是一部综合性茶书。

《茶疏》不分卷，约 4 700 字。分为 36 则，论述茶的产地、制茶法、收贮法、茶水、冲茶、饮茶等。主要是总结经验，颇多切实的心得。

此书有《宝颜堂秘笈》本、《茶书全集》本、《居家必备》本、《广百川学海》本等版本。

茶史

清·刘源长撰。刘源长，字介祉，生卒不详，江苏淮安人。书端题“八十翁”，说明该书作于刘氏晚年，即康熙八年（1669）。

《茶史》约 3.3 万字，分二卷。卷一为茶之原始、茶之名产、茶之分产、茶之近品、名家品茶以及采茶、焙茶、藏茶、制茶等；卷二为品水、名泉、名家品水、贮水、候汤以及茶具、茶事、名家咏茶等。

此书初刻于康熙十四年（1675）。雍正六年（1728）由其子刘乃大重刻，《四库全书》存目。

（九）畜牧兽医类

司牧安骥集

唐·李石编著。中国现存最早的中兽医专著，又名《安骥集》。约成书于 8 世纪后期至 9 世纪前期。

《宋史·艺文志》中作李石《司牧安骥集》三卷，又《司牧安骥方》一卷。南宋以后增补为八卷，明弘治刊本就是八卷本（医六、方二）。《司牧安骥集》系统汇集前后兽医学论著，对马病的诊断是该书的核心，有系统论述，特别是对五疗十毒、各种汗症、黄症、结症等论述尤详。该书收录的《伯乐针经》是现存最早的兽医针灸文献，书中许多兽医处方至今仍在应用。

此书流传颇广，多次翻刻重印。北京图书馆藏有残存的两卷本。南京图书馆有残存的五卷本。1957年，中华书局把经南京农学院畜牧兽医系谢成侠教授校订过的南京图书馆所藏明弘治十七年（1504）的《新刊校正安骥集》，排印出版了《司牧安骥集》五卷。1959年农业出版社出版有邹介正校注的八卷本。

马经通玄方论

元·卞宝撰。据说卞宝是东原人，曾任“管勾”之职，后世称其为“卞管勾”。又名《马经通元方论》《痊骥通玄论》《司牧马经痊骥通玄论》。因此书注释马病经典《司牧安骥集》中的手术疗法和诊断中难解的各种问题，通晓玄妙方法，故名。

《马经通玄方论》原为6卷。据《四库总目提要》，书在《永乐大典》中被节录成两卷。书中包括“三十九论”和“四十六说”两大部分。“三十九论”的一至三十三论是注释《司牧安骥集》的起卧入手论歌诀，对直肠入手诊断和治疗结粪引起的马疝痛病有较深的认识；三十四至三十六论是论述三种眼病；三十七论说明病危临死前的五十四种症候；三十八论讲述跛行病的诊断要点；三十九论讲述三种咽喉疾病的区分、诊断和急救方法。“四十六说”的一至十五说论述五脏的生理病理机制和受病真相；十六至二十五说是注释“十毒症”的病因和疗法；二十六至四十六说是解释脏腑经络和脉诊以及针治补泻、神圣工巧四诊和四百四病等名词的来源和意义。

此书是《司牧安骥集》以外现存的另一部较早的兽医学专著。明正德元年（1506）曾重刻过，当时的苑马寺卿车霆和医师龚锦作序，虽然历来藏书家不予重视，但一直在民间流传。现在常用的是中国农业科学院中兽医研究所以明代杨时乔《马书》中所载“三十九论”和“四十六说”为底本，用西安陈氏家藏本参校，又加进了西安阎氏家藏的《痊骥通玄论注解汤头》，用《校正增补痊骥通玄论》之名重新付印的本子。

马书

明·杨时乔撰。杨时乔，字宜迁，号止庵，江西上饶（今江西上饶市）人。曾久任太仆寺卿，熟悉马政。在任内，于万历二十二年（1594）撰此书。

《马书》系明代养马、相马、疗马专著，原为14卷，现残存一至十一卷，包括养马法、相马法、疗马法，以疗马法为主，分述色脉、运气症候、脏腑针烙、八十一难、三十六黄、蹄病、三十六起卧、七十二大病、痊骥通玄三十九论和四十六说、七十二症图说、四时调养诸方等。附驼病及疗方。

此书有明刻本，清末翻刻。北京图书馆藏有孤本，缺最后三卷。1984年农业出版社出版有吴学聪的校点本，名《新刻马书》。

元亨疗马集

明·喻仁（本元）、喻杰（本亨）撰。又称《牛马驼经》或《元亨疗牛马驼经》。一部理、法、方、药、针皆备的总结性的中兽医著作。喻氏兄弟系庐州六安（今安徽六安市）人，是当时著名兽医。他们搜集历史资料，吸取群众经验，并结合自己的实践，于万历三十六年（1608）编成该书。

该书的内容包括《元亨疗马集》《元亨疗牛集》和《驼经》三部分，其中《驼经》可能是后人所加，著者不明。《元亨疗马集》是全书精华，明刊本的内容分为春、夏、秋、冬四卷，论述相马、牧养以及三十六起卧、七十二大症等病症及治疗诸法，内容广泛、医理精深。《元享疗牛经》有“相耕田牛”等节，介绍牛病56种。《驼经》记述48种驼病的诊断方法。全书各有“证论”“图”“方”，插图113幅，并附有歌赋等，是兽医学经典文献，在民间流传颇广，并传到日本、朝鲜等国。

此书以万历刻本为佳。清人李玉书删补重编，把《元亨疗马集》四卷，改为《马经大全》六卷，把《元亨疗牛集》二卷改为《图像水黄牛经大全》二卷，加上《驼经》一卷，一起付刻，题名为《牛马驼经大全集》。本书或作《牛马驼经大全集》，或作《元亨疗马牛驼经全集》，或作《元亨疗马集附牛经、驼经》，还有的作《元亨疗牛马驼集》。1983年农业出版社出版有《新刻注释马牛驼经大全集》，1984年又出版了中国农业科学院中兽医研究所主编的《元亨疗马集选释》。

养耕集

清·傅述凤撰。傅述凤，字丹山，江西新建（今江西新建区）人，民间中兽医。晚年总结毕生实践经验，经他口述由其子善苌兄弟笔录，于嘉庆五年（1800）完成这部牛病专著。

《养耕集》分上、下集。上集评述针灸法；下集备录牛病98种及种种药方。傅氏对此前仅有的《牛体穴法名图》作了修正和补充，并分述40多个穴位的正确位置、入针深浅和手法以及各穴位主治的病症等，同时还分述了破牛癀法、火针法、烫针法、出血针法等20余种特殊的针灸方法，丰富了中国传统的兽医针灸术。

此书以抄本形式在江西新建县一带流传。后经江西省中兽医实验所整理，1959年由江苏人民出版社出版。1981年农业出版社出版了杨宏道的《养耕集校注》。

抱犊集

撰者未详。清代牛病专著。约成书于18—19世纪。

《抱犊集》内容包括：《看病入门》篇，论述牛病的诊疗基础理论；《牛全身针法》篇，共收 33 个穴位，每个穴位均述其部位、适应症等；《牛病症候》篇和《兽医方》篇，收方 165 个，其中许多是民间的良方；《论补泻温凉药性配方》篇，共收药物 140 多味。书中理法兼备，方药严谨，总结了明清两代江南群众医治牛病的理论及技术经验，是一部少见的医牛古籍。

此书现有江西省农业厅中兽医实验所校影印本（农业出版社，1956 年），江西省农业厅中兽医实验所校勘本（农业出版社，1959 年），杨宏道、邹介正校注本（农业出版社，1982 年）。

相牛心镜要览

清·黄繍谷撰。清代役用牛外形鉴别专著。成书于道光二年（1822）。

《相牛心镜要览》共分 36 节。1～31 节专论役用水牛，分述水牛的全身、前身、后身、四膊、四脚、蹄爪、皮毛等部位及特征；32 节为黄牛总论；33 节为赶盘总论；34 节为牛常服表清启膘药方；35 节为发乳单方；36 节为治牛生疮单方。该书从使役和性情两方面制定出牛体外形的鉴定标准。

此书有善成堂的初刻本。1958 年南京畜牧兽医图书出版社从湖北荆州专署葛颐昌处得到“敦善闲”原本整理出版。1987 年农业出版社出版了邹介正注释的《相牛心镜要览今释》。

猪经大全

著者不详。清代猪病专著。约成书于 19 世纪前中期。

《猪经大全》分列猪病 48 种。每症之下有患病猪图，并列出治疗法及处方；有些症名首先出现于该书，如烂心肺症、肿腰子症等。

此书流传于四川、贵州等地。后经清人李德华、李时华增补，约于光绪十八年（1892）以前完成。现存有三种木刻本。1960 年农业出版社出版了贵州省兽医实验所用三种木刻本互校的整理本。1979 年贵州人民出版社出版了贵州省畜牧兽医研究所等注释的《猪经大全注释》。

鸡谱

著者不详。清代饲养斗鸡的著作，中国现存古代唯一的养鸡专著。

《鸡谱》51 篇，约 14 000 字。主要记述斗鸡的外貌特征与鉴定；良种斗鸡的送配繁育；斗鸡的饲养管理及疾病防治等。书中还论述了食料、水、阳光、沙土、季节变化与养鸡的关系。

此书仅有乾隆五十二年（1787）的抄本流传。1989 年农业出版社出版了汪子春的校释本。

鸽经

清·张万钟撰。现存唯一的中国古代养鸽专著。张万钟，字扣之，明末清初山东邹平人，贡生。约成书于17世纪初。

《鸽经》不分卷，约6 500字。分为论鸽、花色、飞放、翻跳、典故、赋诗6部分。“论鸽”论述鸽的形态特征、性情、习性、种类分布、产卵孵化、疾病防治等；“花色”主要介绍观赏家鸽40多个品种；“赋诗”摘录皮日休、孟浩然、苏东坡等人咏鸽诗赋10余首。

此书流传不广。现仅见《檀几丛书》中收录。

蜂衙小记

清·郝懿行撰。中国古代唯一的关于蜜蜂的专著。郝懿行，字恂九，号兰皋，山东栖霞（今山东省栖霞县）人。嘉庆进士，官至户部主事。约成书于18世纪后期至19世纪初期。

《蜂衙小记》包括识君臣、坐衙、分族、课蜜、试花、割蜜、相阴阳、知天时、择地利、恶螫人、祝子、逐妇、野蜂、草蜂、杂蜂共15条，较系统地讲述了蜂的形态、习性、品种、分封方法、采蜜以及饲养经验等。

此书收在《郝氏遗书》中。另有光绪五年（1879）东路厅署刻本。

（十）蚕 桑 类

蚕书

北宋·秦观撰。中国现存最早的论述养蚕与缫丝的文献。秦观，字少游，江苏高邮（今江苏省高邮市）人。成书于元丰七年（1084）。

《蚕书》篇幅小，文字简略，共1 000余字，内容包括：变种、时食、制居、化治、钱眼、琐星、添梯、车、祷神、戎治10目。记述了蚕的龄期和食量、温度与发蛾的关系，对缫丝法也有记述。

此书为《宋史·艺文志》农家类著录。有《说郛》本、《夷门广牍》本、《知不足斋丛书》本、《农学丛书》本等版本。

蚕经

明·黄省曾撰。或作《养蚕经》。现存唯一的明代蚕书。黄省曾，字勉之，别号五岳山人，江苏吴县人，嘉靖举人。

《蚕经》共九部分：一之艺桑、二之宫宇（指蚕室）、三之器具、四之种连（蚕纸）、五之育饲、六之登簇（上簇）、七之择茧、八之缫板、九之戒宜，是了解明代太湖沿岸蚕桑生产方法的重要文献。

此书有《百陵学山》本、《广百川学海》本、《格致丛书》本、《新刻农圃四书》本等版本。

豳风广义

清·杨屾撰。杨屾，字双山，陕西兴平人。杨氏生活于康熙乾隆年间，一生不应科举，在乡间教书务农。他据《诗经·豳风》的描述，相信陕西古代养过蚕，乃于乾隆五年（1740）著《豳风广义》，并把它献给当地政府，借以推动蚕桑生产。

《豳风广义》共3卷，约8万字，记述了陕西关中地区栽桑养蚕技术。该书特别重视种桑，认为“若桑务一举，则蚕事自兴”。书中详尽地讲述栽桑的各项技术。内容多为实践经验。文字浅明易懂，还附图50幅，以图示意，说明有关方法和工具，很有特色。书后附有家畜饲养和畜病防治方法，并有少量园艺内容。

此书为《四库全书总目》农家类存目。在陕、豫、鲁等地多次刊刻。后有《关中丛书》本。1962年农业出版社出版有郑辟疆、郑宗元的校注本。

蚕桑说

清·李拔撰。李拔，四川犍为人，乾隆年间进士。曾在福建任职，认为当地气候温和，但蚕桑业不发达，因此介绍四川人种桑养蚕之法，进行宣传。

《蚕桑说》即为专讲四川地区蚕桑技术的一篇文字。

此书收录于《清经世文编》和《牧令书》中。

养蚕成法

清·韩梦周撰。又称《东省养蚕成法》。韩梦周，字公复，号理唐，山东潍县（今山东潍坊市）人，乾隆进士，曾任安徽来安（今安徽省来安县）知县。当地多柞树，他为教民饲养柞蚕，于乾隆三十一年至三十四年（1766—1769）写成这部技术指导书。

《养蚕成法》内容包括春季养山蚕法、秋季养山蚕法、山蚕避忌、养椿蚕法、茧绸始末和养蚕器具。书末附种簸箩椿树法。

此书为光绪《山东通志·艺文志》农家类著录。有《花近楼丛书》本、《农学丛书》本等版本。1983年农业出版社出版的由杨洪江、华德公校注的《柞蚕之书》将其收入。

蚕桑简编

清·杨名飏撰。杨名飏，字密峰，云南云龙人。杨氏在陕西汉中府做官时，为了提倡蚕桑业，把原来陕西巡抚叶世倬根据杨屾的《豳风广义》所作的《桑蚕须知》加以缩编，又参考了知县周兰坡的《蚕桑宝要》，写成此书。

《蚕桑简编》收录了从养野蚕法、纺野茧法到种青㭎、橡、槲树法，末附《劝桑行》。

此书有《青照堂丛书》本、《关中集》本、《刘二西堂》本等版本。

山左蚕桑考

清·陆献撰。陆献，江苏丹徒人。在山东为官时为了提倡蚕桑事业，辑录全省十二府州志书的有关文献，并加以补充成为此书。书后附有狄继善的《蚕桑问答》和作者的《课蚕事宜》。作者以问答的形式讲述栽桑养蚕的方法。约于道光十五年（1835）付刻。

樗茧谱

清·郑珍撰。郑珍，字子尹，号柴翁，贵州遵义人，道光年间举人。

《樗茧谱》记录了乾隆七年（1742）春，贵州遵义知州陈玉壁从家乡山东买来山茧种，教导遵义农民养蚕的经过，并对种槲、育蚕、缫丝、制织、用具等约50项进行了叙述，贵州独山人莫友芝为之作注，卷首、卷尾共有8个序跋，莫氏的“书后”对当时遵义的情况记载得很清楚。

此书有《农学丛刻》本、《农学丛书》本、《巢经巢全集》本、遵义官书局铅印本等版本。

广蚕桑说

清·沈练撰。沈练，字清渠，江苏溧阳（今江苏溧阳市）人，道光年间举人。他在安徽绩溪（今安徽绩溪县）作训导时，种桑养蚕，于咸丰五年（1855）编成此书。

《广蚕桑说》包括：说桑19条，从桑地说起；说蚕66条，从自留种说起，按蚕事生产过程叙述。文字简练通俗。光绪初年，浙江严州（治所在今浙江省建德市）设蚕局，推广蚕桑生产，并请淳安县（今浙江淳安县）的学博仲昂庭对沈氏的《广蚕桑说》进行增补，题名《广蚕桑说辑补》，并重新付刻。

此书于同治二年（1863）由沈练之子沈琪刻印。尚有光绪及民国时等版本。《广蚕桑说辑补》有光绪三年（1877）刻本。1960年农业出版社出版有郑辟疆、郑宗元的校注本。

蚕桑辑要

清·沈秉成撰。沈秉成，字仲复，浙江归安人，咸丰年间进士。约成书于同治十年（1871）。沈氏在任江苏常镇通海道道台时，为倡导推进蚕桑，采录各家著述撰成本书。

《蚕桑辑要》分告示规条、杂说、图说及乐府四项，其中，“杂说”是采录了道光时何石安的《蚕桑浅说》，系统而又简要地分条叙述养蚕栽桑，“图说”描绘了蚕桑工具36幅，各有说明，便于仿制。此书常为后出各蚕书所采用，流传较广并经多次翻刻。

此书有金陵书局、会清书局、江西书局等刻本及广西刻本。

湖蚕述

清·汪曰桢撰。汪曰桢，字谢城，号刚木，浙江乌程（今浙江湖州市）人，咸丰举人。曾任会稽（今浙江绍兴市）教谕。参加《湖州府志·蚕桑门》的编纂工作。于同治十三年（1874）将志稿增删编成该书。

《湖蚕述》共4卷。卷一为总论、蚕具及栽桑；卷二为养蚕技术，包括育种、饲蚕、采桑等；卷三为上山、缫丝等；卷四为卖丝、纺织等。后附乐府诗。本书主要从30余种蚕桑文献中辑录而成，多取材于近时近地，很切合实用。

此书为《清史稿·艺文志》农家类著录。有光绪六年（1880）刻本，还有《农学丛书》本、《荔墙丛书》本等版本。1987年农业出版社出版有蒋猷龙的《湖蚕述注释》。

野蚕录

清·王元綎撰。记述清代山东一带野蚕生产的专著。王元綎，字文甫，山东宁海（今山东牟平区）人，光绪进士。由于家乡柞蚕业繁盛，王氏熟悉育蚕、缫丝及织绸技术，他从光绪二十四年（1898）在安徽任职，知道当地历史上蚕业发达，遂搜集有关资料，于光绪二十八年写成此书。

《野蚕录》共4卷。卷一分考证和杂录，是史料的考证；卷二为野蚕名、柞树种类和栽培法以及育蚕等；卷三介绍春蚕、秋蚕的放养技术及柞茧缫丝法；卷四为织绸法等。作者所绘蛾图、蚕图和饲喂野蚕所用9种树木的图，可与书中文字记载相辅。

此书除安徽原刻本，还有光绪三十一年（1905）商务印书馆本。1962年农业出版社出版有郑辟疆的校注本。

（十一）水 产 类

陶朱公养鱼法

托名范蠡撰。中国最古的养鱼文献。约成书于前 4 世纪至前 2 世纪。

《陶朱公养鱼法》约 500 字。总结了养鲤鱼的经验。内容有："做鱼池法"，论述鱼塘的选择与构建等；"养鱼法"，讲述鲤鱼的选种、留种、雌雄比例、繁殖、饲养周期、敌害防治、捕鱼时间和数量等；并述养鱼的经济意义，指出养鱼是致富的门径。

此书为《隋书·经籍志》著录，后亡佚。《齐民要术》有辑录。有《说郛》本、《玉函山房辑佚书》本等版本。

鱼经

明·黄省曾撰。现存最早的淡水养殖专著，亦称《养鱼经》。黄省曾，字勉之，别号五岳山人，江苏吴县（今江苏省虎丘区）人，嘉靖举人。成书于嘉靖十九年（1540）以前。

《鱼经》共 3 篇，约 3 000 字。第一篇鱼种，记述了天然鱼苗的捕捞、养殖以及青鱼、草鱼的食性等；第二篇记述养鱼方法，包括鱼池建设、鱼病防除、饲料投喂等；第三篇记海洋鱼类的性状及异名。

此书有《居家必备》本、《明世学山》本、《百陵学山》本、《夷门广牍》本、《文房奇书》本、《广百川学海》本、《丛书集成》本等版本。

异鱼图赞

明·杨慎撰。杨慎，字用修，号升奄，正德进士。成书于嘉靖二十三年（1544）。

《异鱼图赞》共 4 卷。其中鱼图 3 卷，记异鱼 87 种，赞 86 首；附《海错》一卷，记海物 35 种，述其品质及形状特征，赞 30 首。

此书版本不多。中华书局有影印本。

闽中海错疏

明·屠本畯撰。中国现存最早的地区性海洋动物志。屠本畯，字田叔，浙江鄞县（宁波）人。成书于万历二十四年（1596）。

《闽中海错疏》共 3 卷，约 1.7 万字。上、中卷为鳞部，记海产鱼类 167 种；下卷为介部，记贝壳类海产 90 种、福建沿海水生动物 200 余种。每种包括名称、形态、生活习性、地理分布和经济价值。为辨别是非，作者征引古籍时，均加案语。并附虽非福建产、但时常见到的海粉、燕窝 2 种。

此书为《四库全书总目》地理类著录。徐𤊹又有《补志》。有《艺海珠尘》本、《学津讨源》本、《农学丛书》本、《万有文库》本等版本。福建省图书馆藏有万历刻本。

海错百一录

清·郭柏苍撰。郭柏苍，字簾秋，福建侯官人。光绪十二年（1886）成书。

《海错百一录》共5卷。重点记述福建沿海水产动植物，包括记渔、记鱼、记介、记壳石、记虫、记盐、记菜等篇。后附记海鸟、海兽、海草等。其中，“记渔”记述渔具渔法；“记鱼”主要记述福建沿海的经济鱼类。

此书有光绪刻本传世。

朱砂鱼谱

明·张谦德撰。中国第一部有关金鱼饲养的专著。成书于万历年间。

《朱砂鱼谱》分上、下两篇，共20条。上篇叙容质，主要介绍金鱼的形态、品种、遗传变异及人工选择；下篇叙爱养，主要介绍金鱼的生态习性、繁殖和饲养方法。全书是作者根据自己养金鱼的实际经验写成。

此书流传不广，有《美术丛书》本。

官井洋讨鱼秘诀

著者不详。又名《官井洋拾捌只招腊与讨鱼秘诀》《官井洋暗礁情况与讨鱼秘诀》。成书于乾隆八年（1743），《官井洋讨鱼秘诀》于1952年在福建宁德县被发现，是一部关于福建地区捕捞黄鱼的专著。共3部分，分别讲述官井洋18个暗礁的位置、外形、体积和周围环境，官井洋找鱼群的方法及捕鱼应注意的事项。书中到处都是方言术语，颇不易懂，但记录的都是当地渔民捕鱼的实际经验，很有实用价值。

此书未见刊行，只有抄本。

说明：

本附录在编写过程中，主要参考了王毓瑚先生的《中国农学书录》（农业出版社，1964年），〔日〕天野元之助《中国古农书考》（农业出版社，1992年），引用了《中国农业百科全书·农业历史卷》（农业出版社，1995年）中的部分资料；《德善斋菊谱》相关信息参考了华夏昆虫文献研究中心王夫华《明代佚本〈德善斋菊谱〉述略》（《中国农史》，2006年1期）一文。特此致谢。

图书在版编目（CIP）数据

中国农业通史．附录卷 / 闵宗殿主编；—2 版．—北京：中国农业出版社，2020.4
ISBN 978-7-109-25848-8

Ⅰ．①中… Ⅱ．①闵… Ⅲ．①农业史—中国 Ⅳ．①S-092

中国版本图书馆 CIP 数据核字（2019）第 181845 号

中国农业通史．附录卷
ZHONGGUO NONGYE TONGSHI FULU JUAN

中国农业出版社出版
地址：北京市朝阳区麦子店街 18 号楼
邮编：100125
责任编辑：孙鸣凤　赵　刚　杨　春
版式设计：杨　婧　　责任校对：沙凯霖
印刷：北京通州皇家印刷厂
版次：2020 年 4 月第 2 版
印次：2020 年 4 月北京第 1 次印刷
发行：新华书店北京发行所
开本：787mm×1092mm　1/16
印张：19.75
字数：390 千字
定价：120.00 元